省部级示范性高等职业院校重点专业建设规划教材

工 程 水 文

主　编　潘　妮
副主编　杨　冰　潘　露　卫仁娟
主　审　林　伟

黄河水利出版社
·郑　州·

内容提要

本书是省部级示范性高等职业院校重点专业建设规划教材，是为适应现代高职教育培养应用型、技能型人才的需求，结合示范建设对专业改革发展的要求，按照教育部颁布的工程水文课程标准编写完成的。全书共分8个项目，主要内容包括项目综述、水文信息采集与处理、年径流分析与计算、设计洪水分析与计算、水文预报、径流调节、水功能区划与水资源保护、水污染与防治、水法等。

本书为高职高专水利类专业教材，也可供水利工程技术人员学习参考。

图书在版编目(CIP)数据

工程水文/潘妮主编. —郑州：黄河水利出版社，2014.11

省部级示范性高等职业院校重点专业建设规划教材

ISBN 978-7-5509-0999-1

Ⅰ. ①工… Ⅱ. ①潘… Ⅲ. ①工程水文学 Ⅳ. ①TV12

中国版本图书馆CIP数据核字(2014)第297804号

组稿编辑：王路平　电话：0371-66022212　E-mail：hhslwlp@163.com

出 版 社：黄河水利出版社

地址：河南省郑州市顺河路黄委会综合楼14层　邮政编码：450003

发行单位：黄河水利出版社

发行部电话：0371-66026940、66020550、66028024、66022620(传真)

E-mail：hhslcbs@126.com

承印单位：河南承创印务有限公司

开本：787 mm×1 092 mm　1/16

印张：15.5

字数：360千字　　印数：1—2 000

版次：2015年1月第1版　　印次：2015年1月第1次印刷

定价：35.00元

前 言

本书是根据国家“十二五”教育发展规划纲要及《现代职业教育体系建设规划(2014～2020年)》、《中共中央 国务院关于加快水利改革发展的决定》(2011年中央1号文件)、《国家中长期教育改革和发展规划纲要》(2010～2020年)、《教育部关于全面提高高等职业教育教学质量的若干意见》(教高〔2006〕16号)等文件精神，以及现代水利职业教育要求，在总结水利类高等职业教育多年教学改革的基础上，本着理论够用，实践突出，体现现代水利新技术、新材料、新理念的原则，对工程水文这门专业基础课进行项目化结构整改编写完成的。

本书以2009年8月完成的四川阿坝州双磨坊水电站初步设计为项目导向，分解工程任务，并以工程任务确定教学点，实现课程项目化，使以职业能力培养为本位的“项目导向，任务驱动”的课程体系更加完整。本书力求概念清晰，技术方法步骤清楚，深入浅出，强化实践，淡化理论，理论上以适度够用为原则，力求结合专业培养技能，突出实用性，以学生为本，以培养学生的应用能力为主，体现高等职业技术教育的特点。

本书是在多年教学实践经验及原有讲义的基础上，广泛吸收国内外工程水文教材中的优点，结合四川阿坝州双磨坊水电站初步设计项目编写而成的。

本书由四川水利职业技术学院与四川省水文局共同编写完成。本书由四川水利职业技术学院潘妮担任主编，田明武负责全书统稿，杨冰、潘露、卫仁娟担任副主编，四川省水文局林伟担任主审。

本书在编写过程中，还得到了四川水利职业技术学院张智涌等老师以及兄弟单位同仁们的大力支持，在此表示感谢！同时，本书在编写过程中，学习和借鉴了很多参考书，在此对相关作者表示衷心的感谢！

对书中存在的不足之处，恳请读者批评指正，多提宝贵意见。

编 者

2014年10月

目　录

项目综述

工程水文学是水文学的一个分支,是为工程规划设计、施工建设及运行管理提供水文依据的一门科学,主要内容分为水文分析计算和水文预报两方面。水文学知识,河川径流,水文学的基本原理和方法,包括水文资料的收集与统计,径流计算,设计洪水分析,水质及水质评价和水法等。

本书是在多年教学实践经验及原有讲义基础上,广泛吸收国内外试验教材中的优点,以小金县双磨坊水电站初步设计为项目导向,分解工程任务,并以工程任务确定教学点,联系实际工程项目编写而成。本书力求概念清晰,技术方法步骤清楚,深入浅出,强化实践,淡化理论,理论上以适度够用为原则,力求结合专业培养技能,突出实用性,体现高等职业技术教育的特点,以学生为本,以培养学生的应用能力为主。

任务1 水文学简介

【学习目标】 (1)了解地球上水体的分布及储量。
(2)了解水资源的分布及特点。
(3)了解工程水文的任务。

【学习要点】 (1)水资源的分布及特点。
(2)工程水文的任务。

1 水文学(Hydrology)

1.1 地球上各种水体的数量与分布

水体:大气中的水汽,地面上的江河、湖沼、海洋、冰川和地下水,以及生物水等统称为水体,见图0-1。

图0-1 地球上的水体

水文学研究各种水体的存在、循环和分布,物理与化学特性,以及水体对环境的影响和作用,包括对生物特别是对人类的影响。

地球上各种水体的数量和分布如表 0-1 所示。

表 0-1　水文循环各环节中的近似水量及其更新所需时间

环节	总量（$\times10^3$ km^3）	占总量（%）	占淡水（%）	年循环量（km^3）	更新所需时间
海洋	1 338 000	96.5		505 000	2 650 年
直至 2 000 m 深的地下水	23 400	1.7		16 700	1 400 年
其中淡水	10 530	0.76	30.1		
土壤水	16.5	0.001	0.05	16 500	1 年
冰川与永久雪	24 064.1	1.74	68.7		
其中南极	21 600	1.56	61.7		
格陵兰	2 340	0.17	6.68	2 477	9 700 年
北极岛屿	83.5	0.006	0.24		
其他山区	40.6	0.003	0.12	25	1 600 年
地面冰（永冻）	300	0.022	0.86	30	10 000 年
湖泊	176.4	0.013		10 376	17 年
其中淡水湖	91	0.007	0.26		
咸水湖	85.4	0.006			
沼泽	11.47	0.000 8	0.03		5 年
河流	2.12	0.000 02	0.006	49 400	16 d
大气水	12.9	0.001	0.04	577 000	8 d
生物水	1.12	0.000 1	0.002 3		数小时
总水量	1 385 981.6	100			
总淡水量	35 029.21	2.53	100		

1.2　全球的水储量

某一时刻储存于地球表面（5.1 亿 km^2）上的水量约为 13.86 亿 km^3。其中，分布在海洋的水量约为 13.38 亿 km^3，占总水量的 96.5%，陆地上的水量约为 0.48 亿 km^3，占总水量的 3.5%。而陆地水中有 77% 存在于极地冰雪，22% 存在于地下水中，仅有 1% 存在于地面和大气中，其中大气水量很小，仅为 12 900 km^3。

但地球上的水分循环不已，每年通过大气的水量是很大的，年循环量达 600 000 km^3。

水体通过水循环得到更新，更新所需时间 t_r 可由式（0-1）计算：

$$t_r = \frac{s}{q} \tag{0-1}$$

式中　s——水体的储量；

q——流量。

【例 0-1】　大气中的水量 s 为 12 900 km^3（见表 0-1），流量 q（年降水量 = 陆地458 000

km^3/年 + 海洋 119 000 km^3/年 =577 000 km^3/年），试计算大气水体更新所需时间 t_r。

$$t_r = 12\ 900/577\ 000 = 0.022(\text{年}) = 8.2\ \text{d}$$

2 水资源(Water Resources)

地球表层可供人类利用的水称为水资源。

水资源包括水量、水质、水能资源和水域。

有效水资源：对人类最为实用的水资源，是陆地上每年可以更新的降水量、江河流水量和浅层地下水的淡水量。

降水可以直接为人类利用，同时它又是江河径流和浅层地下淡水的来源。全球陆地上多年平均年降水量为 800 mm，我国为 628 mm（在整个国土上平均每年的降水量为 6.0 万亿 m^3），比全世界平均少 22%。江河径流是人类最重要和最经常利用的水资源。人类可从江河引水，供城市、工矿、农业灌溉利用。在全球 46.8 万亿 m^3 的江河年径流量中，我国占 2.72 万亿 m^3，折合水深 284 mm。我国水资源量与世界各国比较，仅次于巴西、俄罗斯、加拿大、美国及印尼，居世界第六位。但因为人口众多，人均占有 2 400 m^3，只有世界人均占有量的 1/4，排在世界百位以后。耕地平均分摊水量只有世界平均数的 3/4。

中国降水量的地区分布也很不均匀：南部和东南沿海平均年降水量大于 1 600 mm；台湾省的平均年降水量为 2 540 mm，是全国最湿润地区；华北和东北平均年降水量为 400 ~ 800 mm；西北的大部地区平均年降水量只有 200 ~ 400 mm；一些沙漠边缘地区平均年降水量少于 100 mm；新疆塔里木盆地和青海柴达木盆地平均年降水量小于 25 mm，是全国最干旱的地区。我国平均年降水量分布见图 0-2。

我国境内江河年径流深的分布趋势大致与年降水量分布相似，自东南向西北逐渐递减。东南沿海年径流深大于 900 mm，而西北部的沙漠边缘地区年径流深小于 10 mm。降水径流分区见图 0-3。

降水径流与耕地间的不相适应，造成我国水土资源不平衡，需要跨流域调度水资源。各地的降水量和江河径流量，在各年之间和年内各月之间分配都不均衡，这就使水资源利用困难，并造成洪涝和干旱灾害。

水能资源，全球的理论蕴藏量为 44.28 万亿 kWh/年，其中技术上可开发的水能资源为 19.39 万亿 kWh/年。我国径流丰沛，地形有利，在可开发容量和可开发年发电量方面，均居世界第一位。根据 1997 ~ 1998 年全国水力资源普查成果：全国水能资源蕴藏量为 6.67 亿 kW（包括台湾省为 6.91 亿 kW），其中可开发的装机容量为 3.78 亿 kW（包括台湾省为 3.83 亿 kW）。我国大量的水能资源可以进行长期可持续开发利用。

3 工程水文学(Engineering Hydrology)及其任务

从水文学的研究对象来看，水文学是地球物理科学的一部分。进入 20 世纪，特别是第一次世界大战以后，大量兴起的防洪、灌溉、水电、航运工程、铁路、桥梁和农业、林业及城市建设，向水文科学提出了许多新课题。解决这些新课题的方法也由经验的、零碎的知识逐渐理论化和系统化，水文科学的应用特色也逐渐显现出来，并率先形成最重要的分支学科——工程水文学。

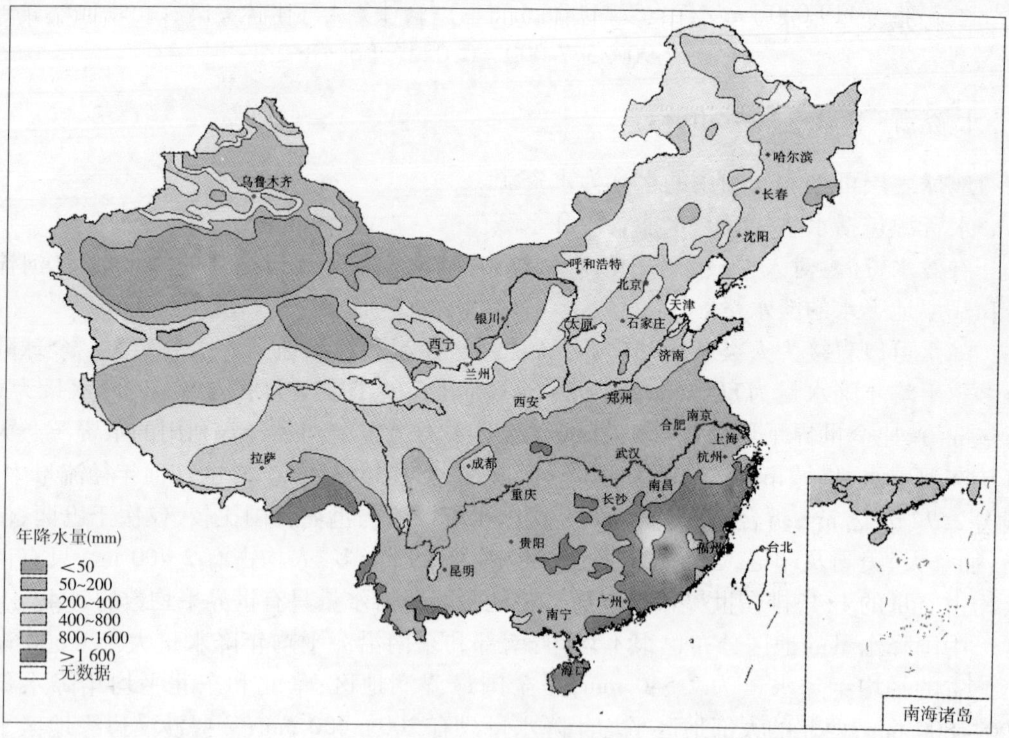

图 0-2　我国平均年降水量分布

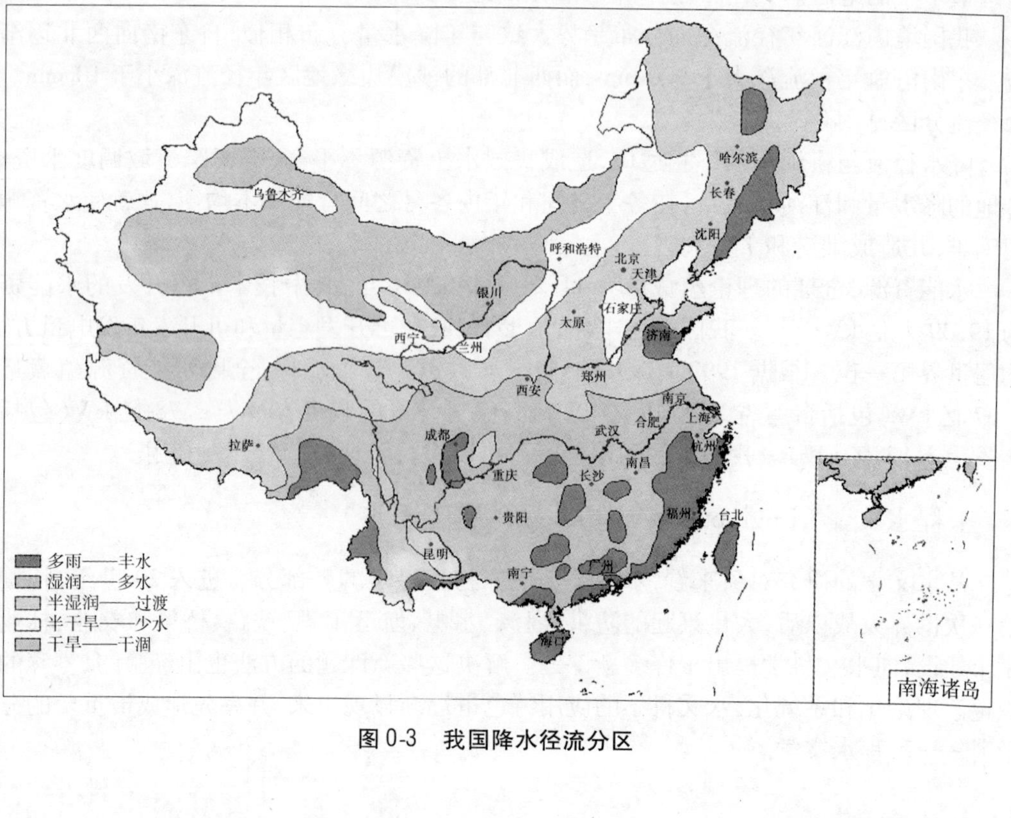

图 0-3　我国降水径流分区

工程水文学是水文学应用于工程建设的一门技术科学，其研究内容包括四个重要组成部分，即水文测量、水文预报、水文计算和水利计算，简称“测、报、算”。研究的内容包括以下几个方面：

(1)水文测量。研究观测与收集基本水文资料和数据(如水位、流量、泥沙、蒸发、水文、冰凌和水质等)的手段和方法，布设水文站网的理论，整编水文资料以及进行水文调查的一个分支学科。

(2)水文预报。利用实测的水文气象资料，探索水文现象演变规律，编制预报方案(如水情、冰情、沙情和水质)，预测未来水文要素的一个分支学科。

(3)水文计算。为防洪排涝、水资源开发利用和桥涵建筑等工程或非工程措施的规划、设计、施工和运用，提供水文数据的各种水文分析与计算的总称。其主要任务估算工程在规划设计阶段和施工运营期间可能出现的水文设计特征值及其在时间和空间上的分布。

(4)水利计算。为水资源系统开发利用和治理中对江河湖库等水体的水文情况、国民经济各个部门的用水需求、径流调节和经济论证等所进行的定量分析与计算的总称，主要包括兴利计算、水能计算和防洪计算。其最终的目的是“兴利除害”。

水利工程建设全过程：项目决策、规划设计、项目招投标、工程施工、运用管理五个阶段。

工程水文学主要是为水利工程建设服务的，在各个阶段有着不同的水文水利计算任务。水文计算基本任务是通过对河流水情的分析研究，提供河流未来长时期内水文规律(情势)，为工程规模的确定、指导施工以及工程运行管理提供科学依据。水利计算基本任务是在水文计算提供水文规律的基础上，综合研究水文规律及考虑上、下游和国民经济各部门的要求，对流域水资源的规划、开发利用和水害治理进行综合计算，以合理确定工程规模，分析工程效益和编制调度计划，达到兴利除害的目的。

规划设计阶段(见图0-4)，水文计算的主要任务是确定工程的规模。规模过大，会造成工程投资上的浪费；过小，又使水资源不能充分利用，也是一种浪费。对于防洪措施若标准过低，还可能导致工程失事，造成工程本身和下游人民生命财产的巨大损失。在多沙河流兴建水利工程还需估算蓄水引水工程的泥沙淤积量，以便考虑延长工程寿命的措施。水利工程的使用期限一般为几十年甚至百年以上，规划设计时，必须知道控制水体在使用期间的水文情势。水文计算就是研究这类问题的学科。

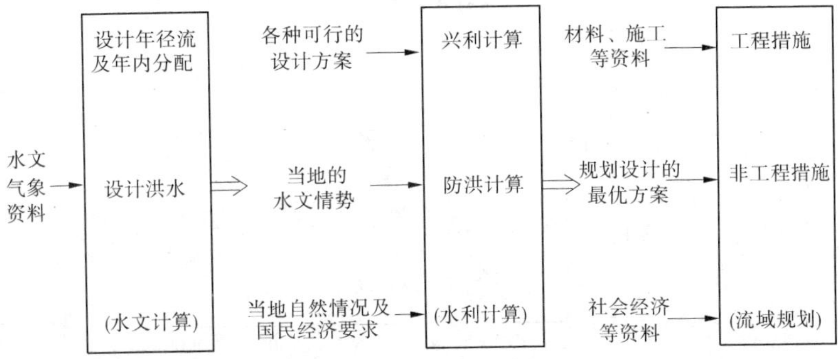

图0-4 流域规划工作流程

施工阶段,其任务即将规划设计的工程付诸实施。因而在施工期间必须对水文情势有所了解。水利工程施工期一般较长,往往需要一个季度甚至长达几年。对水文情势的了解应包括以下两个方面:

(1)为了临时性建筑物如围堰、引水隧洞或渠道等,提供长期(如整个施工期之内)的水文预告(天然来水情势),而通常的水文和气象预报,往往不能提供如此长期的预报,仍需通过水文计算来解决这个问题。

(2)为了安排日常工作也必须了解近期更为确切的水情,这就需要提供短期(如几天之内)的水文预报。水文预报是为解决这一类问题服务的。

管理运营阶段,其主要任务在于使建成的工程充分发挥作用。为此需要未来一定时期的水文情况,以便确定最经济合理的调度方案。此时需要由水文分析得到的长期平均情势结合水文预报的短期水情,从而提出最佳的调度运用方案。

综上所述,在可持续开发利用水资源的过程中,为了建好、管好和用好各种水利工程,都必须应用工程水文与水利计算的基本知识和原理、方法。因此,本学科涉及的研究范围很广,内容丰富,并且还在不断发展中,有些问题还需要进一步深入探索。

任务2 了解工程水文学的研究方法

【学习目标】 了解工程水文学的三种研究方法。

【学习要点】 (1)成因分析法。
(2)数理统计法。
(3)地区综合法。

根据水文现象的基本特点,工程水文学的研究方法相应地可以分为以下三种方法。

1 成因分析法(Cause Analysis)

成因分析法:利用水文现象与其影响因素之间的比较确定的因果变化关系,通过对实测资料或试验资料的分析,建立某一水文要素与其主要影响因素之间的定量关系(见图0-5),从而由当前的影响因素状况预测未来的水文情势。

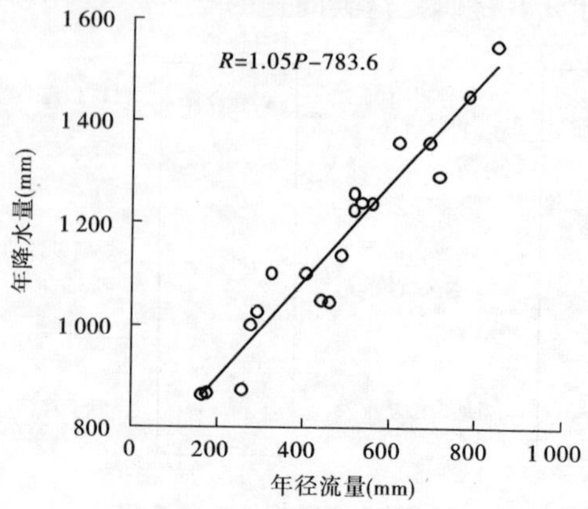

图0-5 降雨径流关系曲线

这种方法在水文预报上应用较多，但是由于水文现象的影响因素非常复杂，使其在应用上受到一定的限制，目前并不能完全满足实际的需要。

当某种水文现象与其影响因素之间存在着确定性变化关系，一般可建立该水文现象与影响因素之间的定量关系，如相关分析、产流计算、汇流计算等。

2 数理(水文)统计法(Mathematical Statistics Method)

数理(水文)统计法：根据水文现象的随机性特点，运用概率论和数理统计的方法，分析水文特征值实测资料系列的统计规律，对未来问题的水文情势作出概率预估，为工程的规划设计和施工提供基本依据。该方法是目前水文分析计算常用的一种重要方法。

不过因为这种方法只注重于水文现象的随机性特点，所得出的统计规律并不能揭示水文现象的本质和内在联系，因此在实际应用中必须和成因分析法相结合。

运用水文统计法步骤如下：

(1)推求水文变量的概率分布。

(2)估计概率分布的总体参数。

(3)推求水文特征设计值。

3 地区综合法(Regional Comprehensive Method)

地区综合法：根据水文现象的地区性特点，气候和地理因素相似的地区，水文要素的分布也有一定的地区分布规律，故可以依据本地区已有的水文资料进行分析计算，找出其地区分布规律，并以等值线图或地区经验公式等形式表示。

该方法对缺乏实测资料或无资料地区的工程进行水文分析计算尤显重要。

洪峰流量地区经验公式：

$$Q_P = C_P F$$

式中 Q_P——洪峰流量；

C_P——洪峰流量模数；

F——流域面积。

上述三种方法相辅相成，互为补充。在实际运用中应结合工程所在地的地区特点以及水文资料情况，遵循“多种方法，综合分析，合理选用”的原则，以便为工程规划设计提供可靠的水文数据。

另外，目前用于科研比较常见的研究方法是水文模拟法，是指采用物理的或数字化的手段，通过模拟原型的水文现象来分析研究水文问题的方法，可分为水文试验模型和水文数学模型两大类。

任务3 了解水文学的发展

【学习目标】 了解水文学的发展及其特色。

【学习要点】 水文学的发展。

水文学经历了由萌芽到成熟、由定性到定量、由经验到理论的发展过程。

1　萌芽时期(1400 年以前)

在一些古文明国家和地区,从历代古籍、文献、碑刻古迹和发掘的文物中,可以发现水文科学萌发的一系列史实:古埃及在公元前 3500 ~ 公元前 300 年因灌溉引水开始观测尼罗河水位,至今还保存有公元前 2200 年所刻水尺的崖壁。中国古代的一些水利工程如都江堰(见图 0-6)、灵渠等建成后,能较长时期地发挥效益,都与运用水文知识有关,尤其是 2 000 年前建成的都江堰,至今仍在发挥巨大的效益。西汉四年(公元 4 年),张戎最先提出的"以水攻沙",对当时和后世治理黄河的影响甚大。中国的测雨可追溯到公元前 11 世纪以前的商代,甲骨文中有细雨、大雨和骤雨的分类。宋秦九韶在《数书九章》记有当时全国都有天池盆测雨量及测雪量的计算方法。北魏郦道元的《水经注》(公元 527 年)记述干支河流达 1 252 条之多,比欧洲同类水平的著作约早 1 000 年,是一部水文地理巨著。《吕氏春秋》(公元前 239 年)完整地提出了水循环概念"云气西行云云然,冬夏不辍;水泉东流,日夜不休;上不竭,下不满,小为大,重为轻,圜道也"。最先提出水文循环,至今尚为世界学术界所称道。

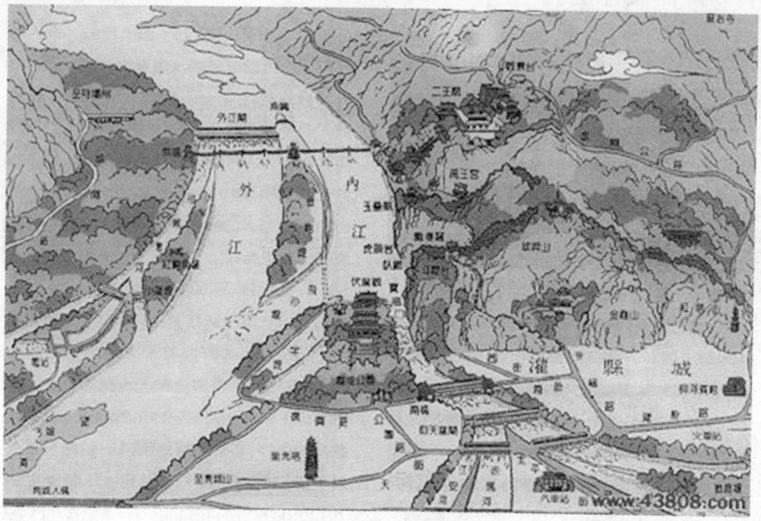

图 0-6　都江堰水利枢纽

总的说来,这一时期中国的水文知识居于世界领先地位。

2　奠基时期(1400 ~ 1900 年)

14 ~ 16 世纪欧洲文艺复兴和 18 ~ 19 世纪欧洲工业革命给自然科学的发展以很大影响。此时期水文方面雨量器、蒸发器和流速仪等一系列观测仪器的发明,为水文现象的实地观测、定量研究和科学试验提供了必要的条件。水文循环在观测和试验基础上得到验证,水文现象由概念描述深入到定量表达,为水文科学的建立奠定了基础。这一时期,水文学首先在西欧发展,后在北美兴起,并应用于实际。

1424 年,中国开始全国统一制作和使用标准测雨器。

1610 年,意大利卡斯泰利提出流量测量方法;英国雷恩发明自记雨量计。

1790 年,法国活尔特曼发明了转子式流速仪。

1870 年,美国埃利斯发明了旋桨式流速仪。

1885 年,美国普赖斯发明了旋杯式流速仪(见图 0-7)。

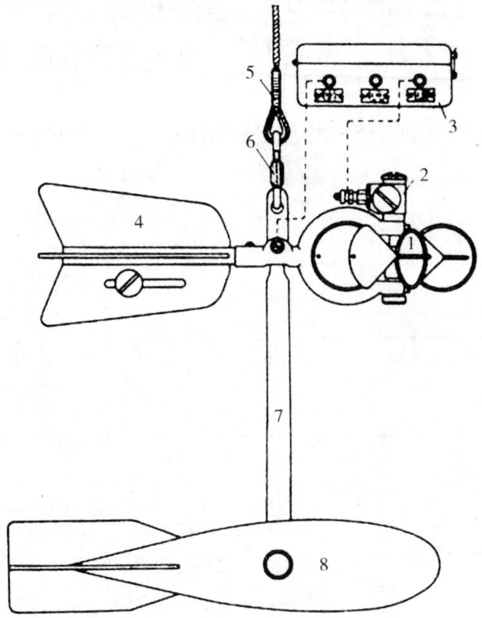

1—旋杯;2—传讯盒;3—电铃计数器;
4—尾翼;5—钢丝绳;6—绳钩;7—悬杆;8—铅鱼

图 0-7　旋杯式流速仪

以上为水文定量观测和水文科学提供了有力的工具。

在欧洲,实测水文资料增加和许多试验研究,揭示了一系列水文基本规律。在中国,徐霞客经过 28 年的野外考察,他的游记关于岩溶地貌和水文地理的记述,早于国外同类著作近 300 年。18 ~ 19 世纪西欧产业革命促进城市、交通和工业发展,大量的水利建设要求解决各种设计中的水力计算问题,使水力学理论得到较大进步,由此又为一些水文规律的理论研究提供了有力的工具。水文学基本理论和方法逐步完善,使水文计算和水文预报水平得到提高,在工程建设中和防洪中的效果日益显著,从而形成以水文计算和水文预报为主的新分支学科——应用水文学。但总的说来,在这一时期中国水文科学进展比较缓慢。

3　应用水文学的兴起(1900 ~ 1950 年)

进入 20 世纪,特别是经过两次世界大战的破坏后,各国都致力于经济恢复和发展,迫切需要解决城市建设、动力开发、交通运输、工农业用水和防洪等水利工程中的一系列水文问题,促进了水文科学的迅速发展。此时期水文站网扩大,实测资料积累丰富,为水文分析研究提供了前所未有的条件,应用水文学取得了许多新进展。美国在这一时期取得的成果较多，处于领先地位。

1900 年，美国塞登提出了著名的塞登定律，为天然河道洪水演进提供了理论。1935 年，霍顿就提出产流理论或产流机制，即降雨径流的产生受控于以下两个条件：降雨强度超过地面下渗能力；包气带的土壤含水量超过田间持水量。

1935 年，美国的麦卡锡提出的马斯京根方法简化了河道洪水演进计算。

为适应工程设计和防洪要求，在水文计算和水文预报方面得出了许多新的概念和方法。

1914 年，黑曾首先用正态概率格纸选配流量频率曲线（见图 0-8）。

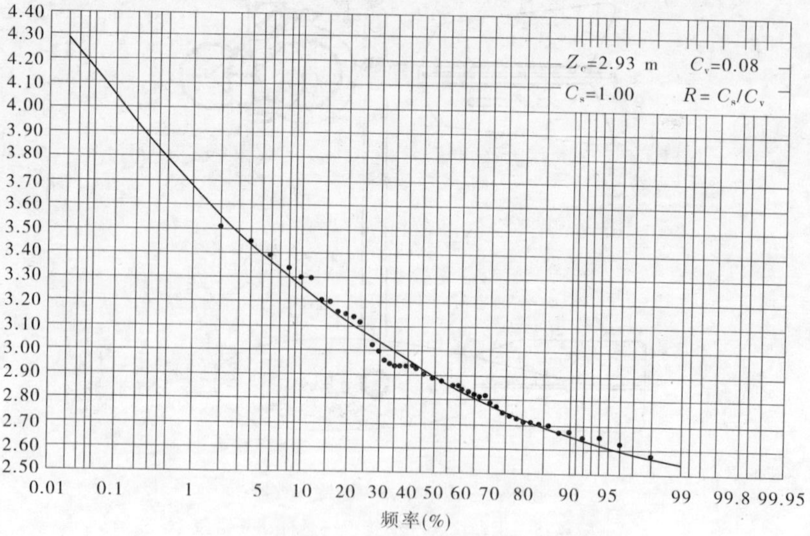

图 0-8　燕尾港站年最高 4 d 平均高潮位频率曲线

1924 年，福斯特完整地提出了 P-Ⅲ频率曲线的分析方法；韦伯尔提出了经验频率计算公式。这些学者把概率论和数理统计引入到了水文学。

1932 年，美国谢尔曼提出的单位过程线被誉为水文学进展的里程碑。

1937 年，美国贝纳德和林斯雷等提出可能最大降水/洪水方法。

这些水文计算方法在实际应用中得到迅速推广，丰富了应用水文学。

1936 年，美国的霍伊特提出将随机过程引入水文计算，形成了随机水文学。

此外，许多应用水文学著作的出版，标志着水文学进入了成熟阶段。

这一时期中国在停滞了数个世纪之后，开始从西方引进新的水文科学，用于中国江河水文学的研究。

4　水文学的现代特色与发展（1950 年以后）

20 世纪后期，水文科学的发展出现了新的形势：

首先，由于新技术特别是计算机的应用，水文信息（实时资料）的获取、传递和处理大为方便、迅速，节省了大量人力和时间（见图 0-9）。

图 0-9 黄河水情信息查询及会商系统主界面

其次，由于工农业和城市建设的需要，应用水文学发展迅速。

再次，由于生产用水和生活用水的增加，环境污染日趋严重，出现了水资源紧张局面，迫使水文学特别侧重于水资源研究，不仅注重水量还要注重水质；不仅注重洪水，还要注重枯水；不仅研究一条河流、一个流域的水文特性，还要研究跨流域、跨地区的水资源联合调度问题；不仅要研究短期、近期的水文预报（forecast），还要研究长期的水文趋势预估（predication）。

从此，水文科学进入了一个现代化的新时代。

美国于 1971 年建立了水文资料库，能够在各州终端上获得全美任一地点的资料。20 世纪 80 年代前期先后发射 4 颗陆地卫星，取得了许多水文研究成果，并为国际服务。美、英和挪威等国采用测深仪直接绘制了断面图。这一时期，中国水文站网发展迅速，全国基本站达 21 600 处，可以基本掌握全国各主要河流的水文情势，在长江、黄河等流域开始应用卫星图片和遥感技术研究水文和水资源问题。

20 世纪 50 年代，随着电子计算技术的发展，出现了许多水文数学模型，为水文科学的进一步发展开创了新途径。

1966 年，美国林斯雷和克劳福法提出的斯坦福流域模型和美籍华人周文德在 20 世纪 60 ~ 70 年代提出的流域水文模型以及一系列的水文随机模型、水系统模型等，推动了水文预报和水资源系统分析的发展。中国水文预报自 50 年代初开始，也提出了具有中国特色的洪水预报方法（新安江模型）。

调查、考证和分析历史洪水资料，以弥补实际资料的不足。除广泛调查历史洪水外，20 世纪 90 年代又发展古洪水研究，利用放射性同位素（^{14}C）获得全新世（约距今 10 000

年)以来的古洪水资料,在长江三峡、黄河小浪底等水利枢纽工程的洪水计算中取得了有巨大意义的成果。70年代以来,中国还相继编绘出版了《全国可能最大降水等值线图》和《全国暴雨参数等值线图》等,为中国的暴雨洪水研究和计算做出了贡献。

20世纪70年代中期开展的国际水文合作,兴起了全球性的水文科学研究和国际水文十年(IHD)、世界气象组织(WMO)的业务水文计划(OHP)、联合国教科文组织的国际水文计划(IHP)等。广泛的国际合作,促进了全球水文、水资源知识的交流,推动了水文科学的发展。

任务4 项目简介

双磨坊水电站(见图0-10)位于四川省小金县抚边河右岸一级支流美诺沟梯级开发的第二级电站,主要任务是发电,为单一径流引水式电站,双磨坊电站取水口布置在美诺沟与大草坝沟交汇口下游200 m处,坝址控制集水面积为239 km^2,电站厂址布置在美诺沟沟口上游500 m处的左岸河滩地上,控制集水面积为310 km^2。电站设计引用流量9.5 m^3/s,设计工作水头264 m。装机容量21 MW,多年平均发电量8 695.81万kWh,枯水期发电量为1 137.40万kWh,年利用小时数为4 141 h。

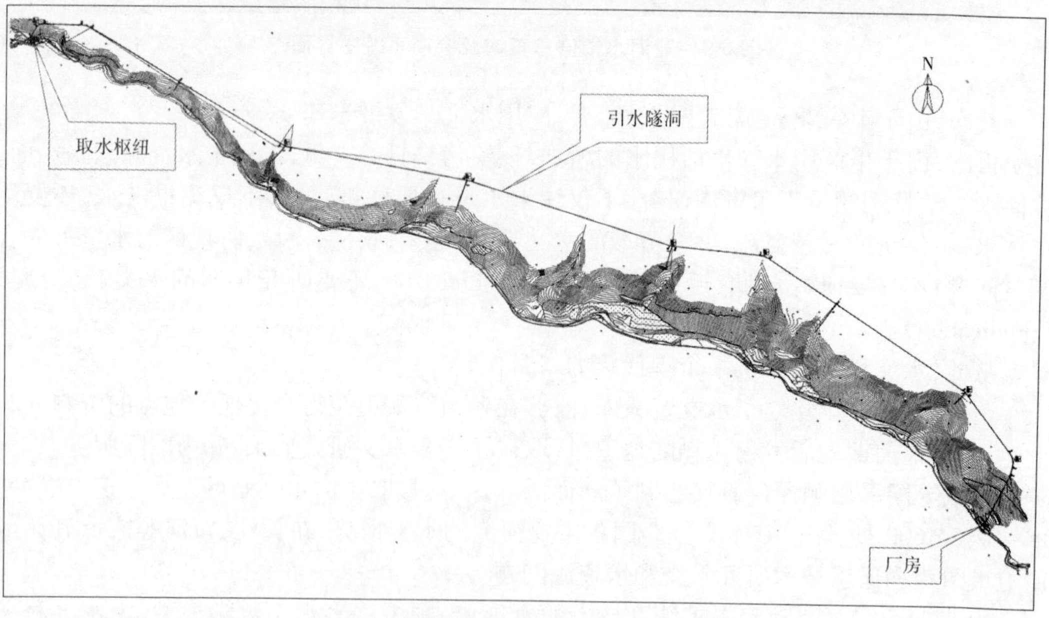

图0-10 双磨坊电站枢纽总平面布置图

电站开发河段河床比降大,水流湍急,河谷狭窄,两岸为陡岸,无通航之利,两岸无灌溉及居民引用水要求,上游森林已停止砍伐,也无漂木要求,因此本河段内无其他综合利用要求,工程开发任务主要是发电,并兼顾河流生态用水要求。

电站位于四川省小金县境内,根据其地理位置和装机规模,该电站建成后接入小金地方电网,今后在满足地方电力需求的前提下,余电送四川电网。

修建双磨坊电站对于促进小金县地区经济发展，将水力资源优势转变成经济优势，提高人民生活水平是非常必要的；对改变当地的能源结构，实现“以电代柴”，保护和改善生态环境，巩固退耕还林成果具有十分重要的意义；对促进边远山区的共同繁荣和进步，维护社会稳定均具有重要作用。因此，双磨坊电站建成后将对抚边河流域的经济发展和社会稳定有着积极作用。

项目1　水文信息采集与处理

水文信息采集与处理是研究各种水文信息的测量、计算与数据处理的原理和方法的一门科学，是水文学与水资源学的重要组成部分。

水文信息的采集有两种情况：一种是对水文事件当时发生情况下实际观测的信息；另一种是对水文事件发生后进行调查所得的信息。

获取水文信息的方法多种多样。现代科学技术的不断发展，新技术、新仪器的不断出现，更促进了获取水文信息手段不断更新。

项目任务书

项目名称		项目综述	参考课时　10
学习型工作任务		任务1　掌握水文信息的采集方法	4
		任务2　掌握水文统计的基础知识及水文数据处理方法	4
		任务3　了解案例基本资料	2
项目任务		让学生掌握水文信息的采集和数据处理等工作	
教学内容		(1)测站与测网；(2)水位观测；(3)流量测验；(4)水文统计基础知识；(5)水文数据处理；(6)案例分析	
教学目标	知识	(1)测站与测网；(2)水位观测；(3)流量测验；(4)水文统计基础知识；(5)水文数据处理；(6)案例分析	
	技能	(1)能够进行水位、流量、流速的测量工作；(2)能够进行水文数据的处理	
	态度	(1)具有刻苦学习精神；(2)具有吃苦耐劳精神；(3)具有敬业精神；(4)具有团队协作精神；(5)诚实守信	
教学实施		实地测量、参观仪器室、结合图文资料　展示+理论教学	
项目成果		根据双磨坊电站的基本资料进行水文数据的采集和处理	
技术规范		《水利水电工程等级划分及洪水标准》(SL 252—2000)，《水电枢纽工程等级划分及设计安全标准》(DL 5180—2003)	

任务1 水文信息采集

【学习目标】 掌握水文信息的采集方法。

【学习要点】 (1)测站与站网。

(2)水位观测。

(3)流量测验。

1 测站与站网

1.1 测站

测站:在流域内一定地点(或断面)按统一标准对所需要的水文要素作系统观测以获取信息并进行处理为即时观测信息。这些指定的地点称为测站。

水文测站所观测的项目有:水位、流量、泥沙、降水、蒸发、水温、冰凌、水质、地下水位等。只观测上述项目中的一项或少数几项的测站,则按其主要观测项目而分别称为水位站、流量站(也称水文站)、雨量站、蒸发站等。

根据测站的性质,河流水文测站又可分为基本站、专用站两大类。

基本站是水文主管部门为全国各地的水文情况而设立的,是为国民经济各方面的需要服务的。

专用站是为某种专门目的或用途由各部门自行设立的。这两类测站是相辅相成的,专用站在面上辅助基本站,而基本站在时间系列上辅助了专用站。

1.2 水文站网

测站在地理上的分布网称为站网。

单个测站观测到的水文要素信息只代表了站址处的水文情况,而流域上的水文情况则须在流域内的一些适当地点布设站网观测。广义的站网是指测站及其管理机构所组成的信息采集与处理体系。

布站的原则是通过所设站网采集到的水文信息经过整理分析后,达到可以内插流域内任何地点水文要素的特征值,这也就是水文站网的作用。

水文站网规划的任务就是研究测站在地区上分布的科学性、合理性、最优化等问题。

站网规划的原则如下:

(1)河道流量站的布设,当流域面积超过3 000~5 000 km^2 时,应考虑能够利用设站地点的资料,把干流上没有测站地点的径流特性插补出来。

(2)预计将修建水利工程的地段,一般应布站观测。

(3)对于较小流域,虽然不可能全部设站观测,应在水文特征分区的基础上,选择有代表性的河流进行观测。

(4)在中、小河流上布站时,还应当考虑暴雨洪水分析的需要,例如对小河应按地质、土壤、植被、河网密集程度等下垫面因素分类布站。

(5)布站时还应注意雨量站与流量站的配合。

(6)对于平原水网区和建有水利工程的地区,应注意按水量平衡的原则布站,也可以根据实际需要,安排部分测站每年只在部分时期(如汛期或枯水期)进行观测。

水质监测站的布设,应以监测目标、人类活动对水环境的影响程度和经济条件这三个因素作为考虑的基础。

我国水文站网于1956年开始统一规划布站,经过多次调整,布局已比较合理,对国民经济发展起积极作用。但随着我国水利水电的发展,大规模人类活动不断改变着天然河流产汇流、蓄水及来水量等条件,因此要对水文站网进行适当调整、补充。

1.3 水文测站的设立

建站包括选择测验河段和布设观测断面。

在站网规划规定的范围内,具体选择测验河段时,主要考虑在满足设站目的要求的前提下,保证工作安全和测验精度,并有利于简化水文要素的观测和信息的整理分析工作。

具体地说,就是测站的水位与流量之间呈良好的稳定关系(单一关系)。该关系往往受一个断面或一个河段的水力因素控制,前者称为断面控制,后者称为河槽控制。

断面控制的原理是在天然河道中,由于地质或人为的原因,造成河段中局部地形突起,如石梁、卡口等,使得水面曲线发生明显转折,形成临界流,出现临界水深,从而构成断面控制。

河槽控制:当水位流量关系要靠一段河槽所发生的阻力作用来控制时,若该河段的底坡、断面形状、糙率等因素比较稳定,则水位流量关系也比较稳定,这就属于河槽控制。

在河流上设立水文测站应注意以下几点:

(1)平原地区应尽量选择河道顺直、稳定,水流集中,便于布设测验的河段,且尽量避开变动回水、急剧冲淤变化、分流、斜流、严重漫滩等以及妨碍测验工作的地貌、地物。

(2)结冰河流,还应避开容易发生冰塞、冰坝的地方。

(3)山区河流应在有石梁、急滩、卡口、弯道上游附近规整河段上选站。

(4)水文测站一般应布设基线、水准点和各种断面,即基本水尺断面、流速仪测流断面、浮标测流断面和比降断面。

(5)基本水尺断面上设立基本水尺,用来进行经常的水位观测。

(6)测流断面应与基本水尺断面重合,且与断面平均流向垂直。若不能重合,亦不能相距过远。浮标测流断面有上、中、下三个断面,一般中断面应与流速仪测流断面重合。上、下断面之间的间距不宜太短,其距离应为断面最大流速的50~80倍。

(7)比降断面设立比降水尺,用来观测河流的水面比降和分析河床的糙率。

(8)上、下比降断面间的河底和水面比降,不应有明显的转折,其间距应使所测比降的误差在±15%以内。

(9)水准点分为基本水准点和校核水准点,均应设在基岩或稳定的永久性建筑物上,也可埋设于土中的石柱或混凝土桩上。基本水准点是测定测站上各种高程的基本依据。校核水准点是经常用来校核水尺零点的高程。

(10)基线通常与测流断面垂直,起点在测流断面线上。其用途是用经纬仪或六分仪测角交会法推求垂线在断面上的位置。基线的长度视河宽 B 而定,一般应为 $0.6B$。在受地形限制的情况下,基线长度最短也应为 $0.3B$。基线长度的丈量误差不得大于1/1 000,如图1-1所示。

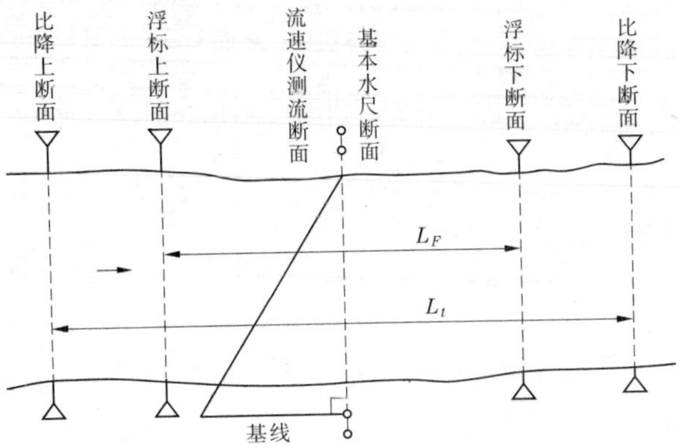

图1-1 水文测站基线与断面布设示意图

1.4 收集水文信息的基本途径

驻测:上述在河流或流域内的固定点上对水文要素所进行的观测。

驻测是我国收集水文信息的最基本方式。但存在着用人多、站点不足、效益低等缺点。为了更好地提高水文信息采集的社会效益和经济效益,经过20多年的实践,采取驻测、巡测、间测及水文调查相结合的方式收集水文信息,可更好地满足生产的要求。

巡测是观测人员以巡回流动的方式定期或不定期地对一地区或流域内各观测点进行流量等水文要素的观测。

间测是中小河流水文站有10年以上资料分析证明其历年水位流量关系稳定,或其变化在允许误差范围内,对其中一要素(如流量)停测一时期再施测的测停相间的测验方式。停测期间,其值由另一要素(水位)的实测值来推算。

水文调查是为弥补水文基本站网定位观测的不足或其他特定目的,采用勘测、调查、考证等手段进行收集水文信息的工作。

2 水位观测

学习要求:掌握水位观测的设备、方法和计算日平均水位的两种计算方法。

水位是指河流、湖泊、水库及海洋等水体的自由水面离开固定基面的高程,以m计。水位与高程数值一样,要指明其所用基面才有意义。

水位观测的作用一是直接为水利、水运、防洪、防涝提供具有单独使用价值的资料,如堤防、坝高、桥梁及涵洞、公路路面标高的确定;二是为推求其他水文数据而提供间接运用资料,如水资源计算,水文预报中的上、下游水位相关法等。

2.1 测站基面

目前全国统一采用黄海基面,但各流域由于历史的原因,多沿用以往使用的大沽基面、吴淞基面、珠江基面,也有使用假定基面、测站基面或冻结基面的。使用水位资料时一定要查清其基面。基面、水准点、水尺零点和水位的关系如图1-2所示。

2.2 设备及观测

水位观测的常用设备有水尺和自记水位计两类。

按水尺的构造形式不同,可分为直立式、倾斜式、矮桩式与悬锤式等。观测时,水面在

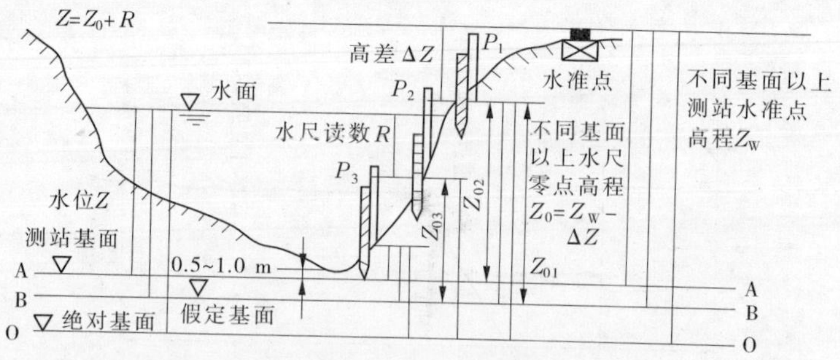

图 1-2　基面、水准点、水尺零点和水位的关系

水尺上的读数加上水尺零点的高程即为当时的水位值。可见，水尺零点高程是一个重要的数据，要定期根据测站的校核水准点对各水尺的零点高程进行校核。

自记水位计能将水位变化的连续过程自动记录下来，有的还能将所观测的数据以数字或图像的形式远传室内，使水位观测工作趋于自动化和远传化。在荷兰水文信息服务中心，从计算机屏幕上可直接调看或用电话直接询问全国范围内各测站当时的水位，而这些又几乎都是无人驻守测站。

水位的观测包括基本水尺的观测和比降水尺的观测。

基本水尺的观测，当水位变化缓慢时（日变幅在 0.12 m 以内），每日 8 时和 20 时各观测一次（称 2 段制观测，8 时是基本时）；枯水期日变幅在 0.06 m 以内，用 1 段制观测；日变幅在 0.12 ~ 0.24 m 时，用 4 段制观测；依次 8 段制、12 段制等。有峰、谷出现时，还要加测。

比降水尺观测的目的是计算水面比降，分析河床糙率等，其观测次数视需要而定。

水位观测数据整理工作的内容包括日平均水位、月平均水位、年平均水位的计算。

2.3　日平均水位计算

日平均水位的计算方法有以下两种。

（1）算术平均法计算：若一日内水位变化缓慢，或水位变化较大，但系等时距人工观测或从自记水位计上摘录，采用算术平均法计算，其计算公式为

$$\overline{Z} = \frac{1}{n}\sum_{i=1}^{n} Z_i \tag{1-1}$$

（2）面积包围法：若一日内水位变化较大，且系不等时距观测或摘录，则采用面积包围法，即将当日 0 ~ 24 h 内水位过程线所包围的面积，除以一日时间求得（见图 1-3），其计算公式为

$$\overline{Z} = \frac{1}{48}[(Z_0 + Z_1)\Delta t_1 + (Z_1 + Z_2)\Delta t_2 + \cdots + (Z_{n-1} + Z_n)\Delta t_n] \tag{1-2}$$

若 0 时或 24 时无实测数据，则根据前后相邻水位直线内插求得。

根据逐日平均水位可算出月平均水位和年平均水位及保证率水位。这些经过整理分析处理后的水位资料即可提供各生产单位应用。如长江 × × 水文站的水文年鉴中，均载有各站的日平均水位表，年平均水位，年及各月的最高、最低水位。汛期内水位详细变化过程则载于水文年鉴中的汛期水文要素摘录于表 1-1 内。图 1-4 为根据表 1-1 所画曲线图。

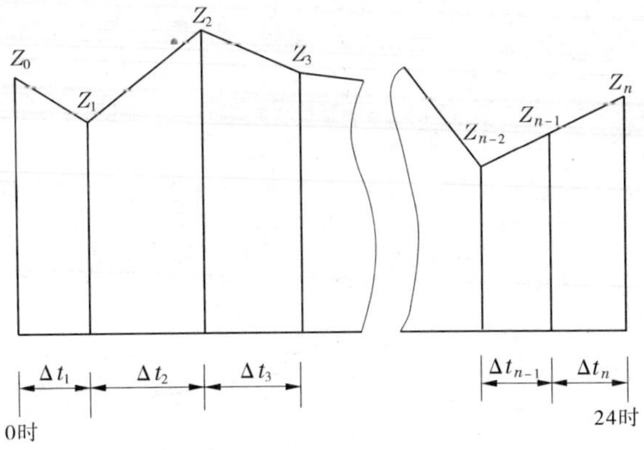

图1-3　面积包围法示意图

表1-1　长江××站1974年日平均水位历时曲线统计

水位分级（m）	各月各级水位发生日数												分级水位日数	累计分级水位日数	保证率（%）
	1月	2月	3月	4月	5月	6月	7月	8月	9月	10月	11月	12月			
219.00～220.42						1	2	4	4				11	11	3.01
217.00～218.99							5	3	4				12	23	6.30
215.00～216.99							7	14	11				32	55	15.07
213.00～214.99						3	14	9	11	2			39	94	25.75
212.00～212.99						7	3	1		5			16	110	30.14
211.00～211.99						5				8			13	123	33.70
210.00～210.99					2	10				16			28	151	41.37
209.00～209.99					6	4					17		27	178	48.77
208.00～208.99				13	17						13	18	61	239	65.48
207.51～207.99				8	6							13	27	266	72.88
207.00～207.50	7			7									14	280	76.71
206.80～206.99	18	6	8	1									33	313	85.75
206.70～206.79	6	6	5	1									18	331	90.68
206.60～206.69		14	3										17	348	95.34
206.50～206.59		2	2										4	352	96.44
206.40～206.49			12										12	364	99.73
206.30～206.39			1										1	365	100
日最低206.37															
各月总日数	31	28	31	30	31	30	31	31	30	31	30	31		365	

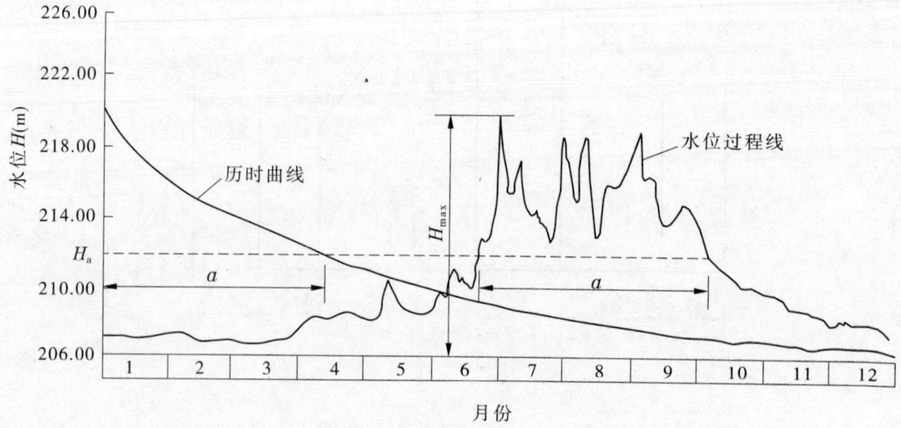

图1-4 长江××站1974年日平均水位过程线、历时曲线

3 流量测验

学习要求:掌握水道断面测量(包括水深和起点距的测量)的方法、流速仪及其测速、流量计算的步骤和方法。

3.1 概述

$$Q = vA \tag{1-3}$$

所以,流量 Q 的测验一般包括流速 v 测量和断面面积 A 测量两部分工作。

流量是单位时间内流过江河某一横断面的水量,以 m^3/s 计。它是反映水资源和江河、湖泊、水库等水体水量变化的基本数据,也是河流最重要的水文特征值。

测流方法很多,按其工作原理,可分为下列几种类型:

(1)流速面积法。有流速仪法、航空法、比降面积法、积宽法(动车法、动船法和缆道积宽法)、浮标法(按浮标的形式可分为水面浮标法、小浮标法、深水浮标法等)。

(2)水力学法。包括量水建筑物和水工建筑物测流。

(3)化学法。又称溶液法、稀释法、混合法。

(4)物理法。有超声波法、电磁法和光学法。

(5)直接法。有容积法和重量法,适用于流量极小的沟涧。

本节主要介绍流速仪法测流。

3.2 流速仪法测流

由于河流过水断面的形态、河床表面特征、河底纵坡、河道弯曲情况及冰情等,都对断面内各处流速产生影响,因此在过水断面上,流速随水平及垂直方向的位置不同而变化。

$$v = f(b,h) \tag{1-4}$$

式中 v——断面上某一点的流速;

b——该点至水边的水平距离;

h——该点至水面的垂直距离。

因为 $f(b,h)$ 的关系复杂,目前尚不能用数学公式表达,实际工作中把上述积分变成有限差分的形式来推求流量 Q(见图1-5)。

$$Q = \int_0^A v\mathrm{d}A = \int_0^b\int_0^h f(b,h)\,\mathrm{d}h\mathrm{d}b \tag{1-5}$$

式中 A——水道断面面积；

$\mathrm{d}A$——A 内的单元面积(其宽为 $\mathrm{d}b$,高为 $\mathrm{d}h$),m^2；

v——垂直于 $\mathrm{d}A$ 的流速,m/s；

b——水面宽度,m；

h——水深,m。

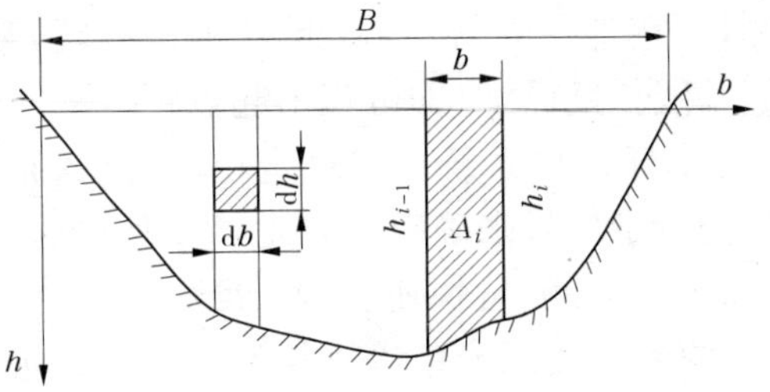

图1-5 测流原理示意图

流速仪法测流,就是将水道断面划分为若干部分,用普通测量方法测算出各部分断面的面积,用流速仪施测流速并计算出各部分面积上的平均流速,两者的乘积称为部分流量,各部分流量的和为全断面的流量,即

$$Q = A_1v_1 + A_2v_2 + \cdots + A_nv_n \tag{1-6}$$

需要注意的是,实际测流时不可能将部分面积分成无限多,而是分成有限个部分,所以实测值只是逼近真值;河道测流需时间较长,不能在瞬时完成,因此实测流量是时段的平均值。

由此可见,测流工作实质上是测量横断面及流速测验两部分工作。

3.2.1 断面测量

断面流速分布:水面以下0.2倍水深处流速最大,垂线平均流速约在水面以下0.6倍水深处。断面流速分布见图1-6。

$$v_{\max}|_h = 0.2H \tag{1-7}$$

$$v_{\min}|_h = 0.6H \tag{1-8}$$

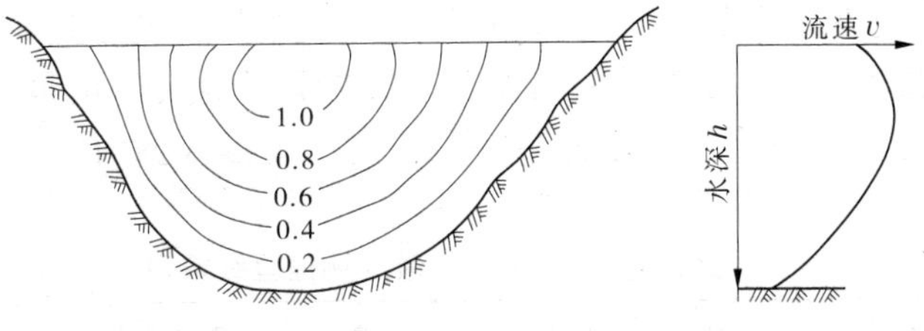

(a)断面上等流速线 (b)垂线上流速分布

图1-6 断面流速分布

河道水道断面的测量,是在断面上布设一定数量的测深垂线,施测各条测深垂线的起点距和水深并观测水位,各测深垂线处的河底高程为:

河底高程 = 水位 - 水深

测深垂线的位置,应根据断面情况布设于河床变化的转折处,并且主槽较密,滩地较稀。

测深垂线的起点距是指该测深垂线至基线上的起点桩之间的水平距离。

测定起点距的方法有多种:

(1)断面索法,适宜中小河流,可在断面上架设过河索道,并直接读出起点距的方法。

(2)仪器测角交会法,大河上常用仪器测角交会法。常用仪器为经纬仪、平板仪、六分仪等。例如用经纬仪测量,在基线的另一端(起点距是一端)架设经纬仪,观测测深垂线与基线之间的夹角。因基线长度已知,即可算出起点距。

(3)目前最先进的是用全球定位系统(GPS)定位的方法,是利用全球定位仪接收天空中的三颗人造定点卫星的特定信号来确定其在地球上所处位置的坐标,其优点是不受任何天气的干扰,24 h 均可连续施测,且快速、方便、准确。

水深一般用测深杆、测深锤或测深铅鱼等直接测量。超声波回声测声仪也可施测水深,它是利用超声波具有定向反射的特性,根据声波在水中的传播速度和超声波从发射到回收往返所经过的时间计算出水深,具有精度好、工效高、适应性强、劳动强度小,且不易受天气、潮汐和流速大小限制等优点。

大断面:河道水道断面扩展至历年最高洪水位以上 0.5 ~1.0 m 的断面。它是用于研究测站断面变化的情况以及在测流时不施测断面可供借用断面。

大断面的面积分为水上、水下两部分。水上部分面积采用水准仪测量的方法进行;水下部分面积测量称水道断面测量。

由于测水深工作困难,水上地形测量较易,所以大断面测量多在枯水季节施测,汛前或汛后复测一次。但对断面变化显著的测站,大断面测量一般每年除汛前或汛后施测一次外,在每次大洪水之后应及时施测过水断面的面积。

3.2.2　流速测量

流速仪法测流速时必须在断面上布设测速垂线和测速点,以测量断面面积和流速。测流的方法,根据布设垂线、测点的多少繁简程度而分为精测法、常测法和简测法。根据测速方法的不同又可分为积点法和积深法两种。

3.2.2.1　测速垂线的数目与布置

在断面上布设测速垂线的多少,取决于所要求的流量精度,此外还应考虑节省人力和时间。所以,合理的测速垂线数目应为能充分反映横断面流速分布的最少的垂线数。

目前,我国对测速垂线数目规定如表 1-2 所示,它主要是根据河宽和水深而定的。宽浅河道测速垂线数目多一些,窄深河道则少一些。

表 1-2　我国精测法、常测法最少测速垂线数目

水面宽(m)	<5.0	5.0	50	100	300	1 000	>1 000
精测法(条)	5	6	10	12 ~ 15	15 ~ 20	15 ~ 25	>25
常测法(条)	3 ~ 5	5	6 ~ 8	7 ~ 9	8 ~ 13	8 ~ 13	>13

注:宽浅河道取上限,窄深河道取下限。

一般国际上多采用多线少点测速。国际标准建议测速垂线不少于20条,任一部分流量不超过总流量的10%。美国在127条不同河流上的测站,每站在断面上布设100条以上的测速垂线,对不同测速垂线数目所推求的流量进行流量误差的统计分析,见表1-3。表中说明,标准差的变化范围从8条垂线的4.2%到104条垂线的假定值零,即垂线数越多,流量的误差越小。因此,测速垂线的数目应该引起足够的重视。

表1-3 各种测速垂线数对流量的标准差

测速垂线数(条)	8~11	12~15	16~20	21~25	26~30	31~35	104
标准差	4.2	4.1	2.1	2.0	1.6	1.6	0

测速垂线布置:垂线布设应均匀分布,并应控制断面地形和流速沿河宽分布的主要转折点,无大割大补。主槽较滩地为密;对测流断面内,大于总流量1%的独股水流、串沟,应布设测速垂线;随水位级的不同,断面形状或流速横向分布有较明显的变化,可分高、中、低水位级分别布设测速垂线。

另外,测速垂线布置尽量固定,以便于测流成果的比较,了解断面冲淤与流速变化情况,研究测速垂线与测速点数目的精简分析等。出现以下情况时,应及时调整或补充测速垂线:

(1)当遇到水位涨落或河岸冲淤,靠岸边的垂线离岸边太远或太近时。

(2)断面出现死水、回流,需确定死水、回流边界或回流量时。

(3)河流地形或流速沿河宽分布有明显变化时。

(4)冰期的冰花分布不均匀、测速垂线上冻实、靠近岸冰与敞露河面分界处出现岸冰时。

3.2.2.2 精测法、常测法与简测法的简介

精测法是指在较多的垂线和测点上用精密的方法测速,以研究各级水位下测流断面的水力要素的特点,并为制订精简测流方案提供依据。精测法工作量大,不适于日常工作,主要是为分析研究积累资料。

常测法是指在保证一定精度下,经过精简分析,或直接用较少的垂线、测点测速,计算流量,该法是平时测流常采用的方法。

简测法是为适应特殊水情,在保证一定精度的前提下,经过精简分析用尽可能少的垂线、测点测速。

这里提出了精度要求,它是以精测法为标准,经过精简分析,符合一定精度要求而采用常测法、简测法。其误差的限界见表1-4。

表1-4 常测法、简测法的误差限界

测流方法	偶然误差		系统误差 X''_Q(%)
	累积频率75%以上的误差 X_Q(%)	累积频率95%以上的误差 X'_Q(%)	
常测法(以精测法资料精简)	不超过±3	不超过±5	不超过±1
简测法(以精测法资料精简)	不超过±5	不超过±10	
简测法(以常测法资料精简)	不超过±4	不超过±8	

常测法和简测法，在垂线上一般用两点法测速。在水位涨落急剧的断面，为了缩短测速历时，提高测流成果精度，可改用一点法测速。

3.2.2.3　积点法测速与测速点

积点法测速就是在断面的各条线上将流速仪放在许多不同的水深点处逐点测速，然后计算流速、流量。这是目前最常用的测速方法。

垂线上测速点的数目多少，主要考虑资料精度要求、节省人力与时间等因素。精测法测流时，测速垂线上测速点数目根据水深及流速仪的悬吊方式等条件而定。测速点的位置，主要取决于垂线流速分布(见表1-5)。

表1-5　精测法测速点的分布

水深或有效水深(m)		垂线上测速点数目和位置	
悬杆悬吊	悬索悬吊	畅流期	封冻期
>1.0	>3.0	五点(水面、0.2h、0.6h、0.8h、河底)	六点(水面、冰底或冰花底、0.2h、0.4h、0.6h、0.8h、河底)
0.6~1.0	2.0~3.0	三点(0.2h、0.6h、0.8h)或二点(0.2h、0.8h)	三点(0.15h、0.5h、0.85h)
0.4~0.6	1.5~2.0	二点(0.2h、0.8h)	二点(0.2h、0.8h)
0.2~0.4 0.16~0.2	0.8~1.5 0.6~0.8	一点(0.6h) 一点(0.5h)	一点(0.5h)
<0.16	<0.6	改用悬杆悬吊或其他测流方法;改用小浮标法或其他方法	改用悬杆悬吊

3.2.2.4　积深法测速

积深法测速不是流速仪停留在某点上测速，而是流速仪沿垂线均匀升降而测得流速。该方法可直接测得垂线平均流速，减少测速历时，是简捷的测速方法，故常测法、简测法测流时，可用积深法测速。由于在积深法中流速仪的工作状态与积点法不同，对垂线平均流速的计算方法分析如下：

垂线上任一点的流速为v，则垂线平均流速v_m为

$$v_m = \frac{1}{h}\int v\mathrm{d}h \tag{1-9}$$

式中　h——水深。

设流速仪在垂线上均匀升降速率为ω，则$\omega\mathrm{d}t=\mathrm{d}h$，$h=\omega t$。将流速仪检定公式$v=Kn+C$代入上式，得

$$v_m = \frac{1}{h}\int(Kn+C)\mathrm{d}h = K\frac{\omega}{h}\int n\mathrm{d}t + C = K\frac{N}{T} + C = K\bar{n} + C \tag{1-10}$$

式中　N——流速仪转子在垂线上的总转数；

$\bar{n}$——流速仪转子在垂线上的平均转速，r/s；

T——流速仪在垂线上测速总历时，s。

用$\bar{n}$代入检定公式即得垂线平均流速。

积深法测得的流速是水流速度 v 与流速仪升降率 ω 的合成流速，它与水平线交角的正切为 $\tan\alpha = \frac{\omega}{v}$。将合成流速改正还原为水流速度应乘以改正系数 $\cos\alpha$，若不加改正，将使测得流速系统偏大 $1-\cos\alpha$，见表1-6。

表1-6　积深法测速时未改正的流速系统偏大值

$\tan\alpha = \frac{\omega}{v}$	1.0	0.5	0.25	0.167	0.10
α	45°	27°	14°	9.5°	6°
$\cos\alpha$	0.707	0.891	0.970	0.986	0.995
$1-\cos\alpha$	29.3%	10.9%	3.0%	1.4%	0.5%

与常测法中二点法测速相比的误差为 ±(2.5%～3.0%)，所以积深法测速时，流速仪均匀升降速率 $\omega \leqslant 0.25v$ 为宜。

流速仪用悬杆或悬索吊挂，仪器距河底都有一定距离(0.1～0.2 m)，所以用积深法测速时，近河底的流速未测到。若按椭圆形流速分布估算误差，经分析从水面到 $0.9h$ 范围内，其相对误差为 +1.5%；从水面到 $0.8h$ 范围内，则相对误差达 +3.7%。因此可知：积深法测速适用于较大的水深。若允许误差为2%，应能测到 $0.9h$ 的流速，悬杆悬吊流速仪时水深应大于1 m；悬索悬吊流速仪时水深应大于2 m。

在ISO 748中及WMO要求，$\frac{\omega}{v}$不得大于0.05，在任何情况下 ω 不得大于0.04 m/s。

从流速仪对流向反应的敏感性看，积深法测速宜采用旋桨式流速仪而不宜用旋杯式流速仪。因后者在静水中垂直升降时，旋杯也会转动，而旋桨的桨叶是不旋转的。

积深法具有快、准、简等优点，测量精度和常测法一样，测速历时比常测法缩短1/2～4/5，使用方便，因此许多国家都采用，积深法测速适用于水深为1～20 m，垂线平均流速为0.15～2.5 m/s的水流。

3.2.3　测速历时

由于流速脉动的影响，流速仪在某测点上测速历时愈长，实测时均流速愈接近真值。但历时太长，流量失去了代表性，同时为了节省人力物力，又希望缩短测速历时。因此，不少测站曾进行试验分析，为正确地选择测速历时提供依据。

流速脉动影响的测速误差是偶然误差。测速点多，能相互抵消一部分。广东省分析的成果，以测速历时100 s的流量为准，测速历时50 s的累积频率75%的误差在1%以内。

测站通常用常测法测流，要求每一测速点的测速历时一般不短于100 s，其流速相对误差为 ±2%～±4%。在特殊水情时，为缩短测速历时，或需要在1 d内增加测流次数时，采用简测法测流。简测法的测速历时可缩短至50 s，这样引起全断面流量的相对误差(以100 s为准)可控制在 ±1.0%～±1.5%以内，能保证一定精度，但无论如何不应短于

20 s,因为当测速历时为20 s时,测点流速的累积频率75%的相对误差已达±7%,加上测流条件恶劣等,偶然误差还可能增大。

无论用哪种方法测流,都应缩短测流历时,在一次测流过程中的水位涨落差,一般应小于平均水深的20%。具体办法是减少测速垂线、测点和测速历时。若还不能满足要求,可在几条测速垂线上分组同时测流。

3.2.4 流向测量

流向是反映水流特征的重要因素,天然河道的水流,不但流速的大小随时随地变化着,而且流向也在不断变化。它不仅影响流量测验精度,并对确定河道测流断面,研究水工建筑物的布置,研究河道冲淤变化,海洋、湖泊上的测流等,都是不可缺少的资料。

3.2.4.1 流向测量的时机

河流中的水文站,流向观测并不是一项必测项目,大多数的情况下是不必测流向的,但在下列情况下必须测定流向:

(1)新设的水文站,在决定测流断面线前,先测定横断面上各垂线的流向,求横断面的合成流向,以确定测流断面线,使测流断面垂直于断面平均流向。

(2)在有斜流或流向变化较大的河流,测速的同时必须测流向,然后对实测流速加以改正,以获得垂直于过水断面的流速和流量。

(3)在海洋和湖泊上测流,必须同时测定流向。

(4)在某些情况下,流向测量可作为一个独立的任务。例如在河流上建筑桥梁,研究桥墩轴线的方位;研究建筑物对水流自然规律的影响;合理设计和布置水工建筑物;研究河道冲淤变化及河床变形等问题。

流向一般指水平流向的方位。在研究水流内部结构,说明河床演变规律时,除测定水平流向外,还要测量垂直流向。

流向测量大多是与流速测量结合进行的,同时测定起点距、水深、水位等项目。

3.2.4.2 测定流向的仪器

(1)流向仪。

利用航空仪表磁同步远读罗盘仪来测定水流方向,工作简便,成果准确。流向仪主要结构如图1-7所示。该仪器同时可测定流速和流向,仪器分为水上指示器和水下感应器两部分。水下感应器包括环形线圈、导磁环和永久磁铁等。线圈每隔一定的角度,有一抽头引向水上指示器。指示器结构与感应器相同,并装在铁磁性物质作成的磁屏蔽中,永久磁铁芯带有指针,指示器上有方位盘。

水下感应线圈和尾舵都固定在仪器的支架上,线圈方向随水流方向而定。感应器内装油液,液面漂浮着永久磁铁,其方向取决于大地磁场方向。

当线圈通过电流时,根据电磁学原理,指示器磁芯将随水下感应器转动,即水上、水下线圈与磁芯相对方位保持恒定,并带动指针在方位盘上指示出流向。

(2)流向器。

流向器是由基层测站根据各自的特点自行研制的,一般是采用一管筒固定在测船上,筒内安装旋转灵活的转轴,轴的下端入水部分安装一方向舵,以指示水流方向,轴上端安有指针,与下端的方向舵平行,上下同轴转动一致,指针下面安有固定不动的度盘,实现流

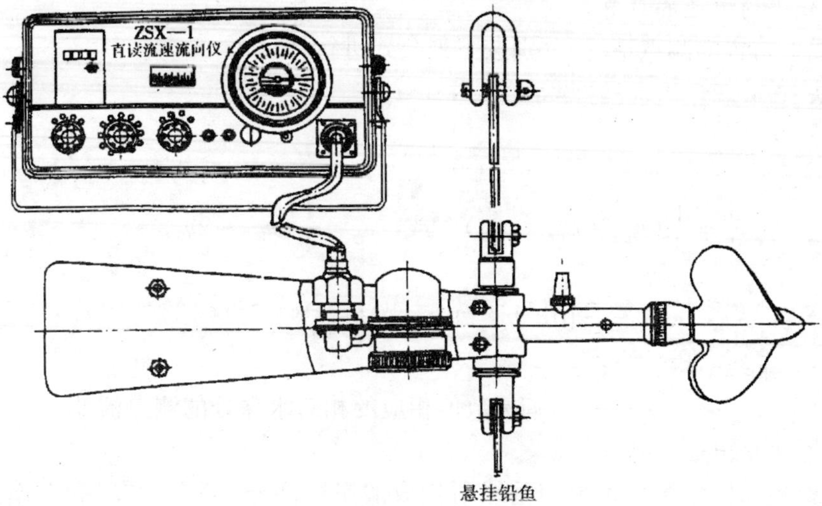

图1-7　直读式流速流向仪

向测定。

3.3　流量计算

流量的计算方法有图解法、流速等值线法和分析法。前两种方法在理论上比较严格，但计算比较烦琐，这里主要介绍常用的分析法。

流速仪测流时有专用的记录和计算表格，通常在测流时随即计算流量。

方法是由点流速推求垂线平均流速，由垂线平均流速推求部分面积平均流速，各部分面积平均流速和对应的部分面积相乘求得部分流量，各部分流量相加求得全断面流量，见图1-8。

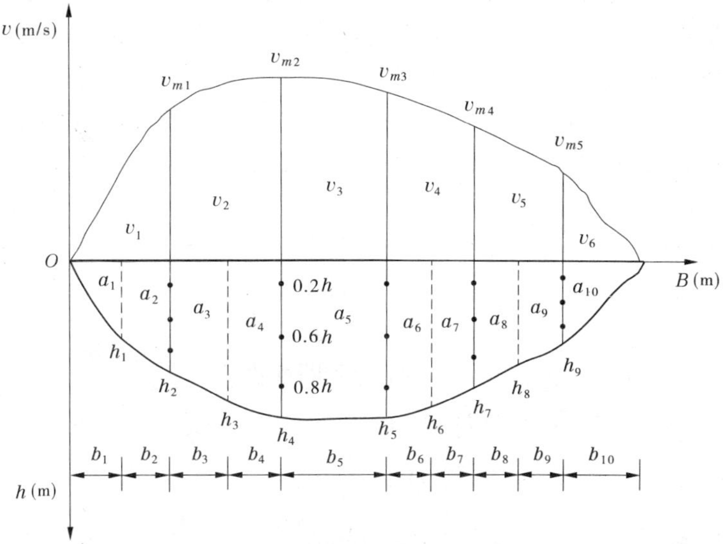

图1-8　垂线法求流量图解

3.3.1　垂线平均流速的计算

视垂线上布置的测点情况，分别按下列公式进行计算：

一点法
$$v_m = v_{0.6}$$

二点法
$$v_m = \frac{1}{2}(v_{0.2} + v_{0.8})$$

三点法
$$v_m = \frac{1}{3}(v_{0.2} + v_{0.6} + v_{0.8}) \quad 或 \quad v_m = \frac{1}{4}(v_{0.2} + 2v_{0.6} + v_{0.8})$$

五点法
$$v_m = \frac{1}{10}(v_0 + 3v_{0.2} + 3v_{0.6} + 2v_{0.8} + v_{1.0})$$

式中　v_m——垂线平均流速；

v_0、$v_{0.2}$、$v_{0.6}$、$v_{0.8}$、$v_{1.0}$——与脚标数值相应的相对水深处的测点流速。

3.3.2　部分平均流速的计算

岸边部分：由距岸第一条测速垂线所构成的岸边部分（两个，左岸和右岸，多为三角形），按下列公式计算：

$$v_1 = \alpha v_{m1} \tag{1-11}$$

$$v_n = \alpha v_{mn} \tag{1-12}$$

式中　α——岸边流速系数，其值视岸边情况而定。

斜坡岸边 $\alpha = 0.67 \sim 0.75$，一般取 0.70，陡岸 $\alpha = 0.80 \sim 0.90$，死水边 $\alpha = 0.60$。

中间部分：由相邻两条测速垂线与河底及水面所组成的部分，部分平均流速为相邻两垂线平均流速的平均值，按下式计算：

$$v_i = \frac{1}{2}(v_{mi-1} + v_{mi}) \tag{1-13}$$

3.3.3　部分面积的计算

因为断面上布设的测深垂线数目比测速垂线的数目多，故首先计算测深垂线间的断面面积。计算方法是距岸边第一条测深垂线与岸边构成三角形，按三角形面积公式计算（左、右岸各一个）；其余相邻两条测深垂线间的断面面积按梯形面积公式计算。其次以测速垂线划分部分，将各个部分内的测深垂线间的断面面积相加得出各个部分的部分面积。若两条测速垂线（同时也是测深垂线）间无另外的测深垂线，则该部分面积就是这两条测深（同时是测速垂线）间的面积。

3.3.4　部分流量的计算

由各部分的部分平均流速与部分面积之积得到部分流量，即

$$q_i = v_i A_i \tag{1-14}$$

式中　q_i、v_i、A_i——第 i 部分的流量、平均流速和断面面积。

3.3.5　断面流量及其他水力要素的计算

断面流量
$$Q = \sum_{i=1}^{n} q_i \tag{1-15}$$

断面平均流速
$$v = Q/A \tag{1-16}$$

断面平均水深
$$\bar{h} = A/B \tag{1-17}$$

在一次测流过程中，与该次实测流量值相等的、某一瞬时流量所对应的水位称相应水位。

根据测流时水位涨落不同情况可分别采用平均或加权平均计算。

任务2 水文统计基础知识与水文数据处理

【学习目标】 掌握水文统计的基础知识及水文数据处理方法。

【学习要点】 (1)水文统计基础知识。

(2)水文数据处理。

1 水文统计基础知识

1.1 概率、频率与重现期

1.1.1 概率的基本概念

1.1.1.1 事件

在概率论中，对随机现象的观测叫作随机试验，随机试验的结果称为事件。事件可以是数量性质的，例如某河某断面处最大洪峰流量值；也可以是属性性质的，例如刮风、下雨等，事件可以分为以下三种：

(1)必然事件。是在每次试验中一定会出现的事件。例如，长江汉口站年最大洪峰大于零，这是必然事件。

(2)不可能事件。是在任何一次试验中都不会出现的事件。例如，流域内普遍连续降雨而河道出口处水位下降，这是不可能事件。

(3)随机事件。是在一次随机试验中可能出现也可能不出现的事件。例如，某河某断面某年出现的最大洪峰可能大于某一个数值，也可能小于某一个数值，事先不能确定，这是随机事件。

1.1.1.2 概率

在同等可能的条件下，随机事件在试验的结果中可能出现也可能不出现，但其出现或不出现的可能性大小则不相同。为了比较随机事件出现的可能性大小，必须要有个数量标准，这个数量标准就是随机事件的概率。

随机事件的概率可由下式计算：

$$P(A) = \frac{k}{n} \times 100\% \tag{1-18}$$

式中 $P(A)$——在一定条件组合下，出现随机事件 A 的概率；

k——出现随机事件 A 的结果数；

n——在试验中所有可能出现的结果数。

显然，必然事件的概率等于1，不可能事件的概率等于0，随机事件的概率介于0与1之间。

式(1-18)只适用于古典随机试验，即试验的所有可能结果都是等可能的，且试验可能结果的总数是有限的。事实上，水文事件不一定具备这种性质。为了计算在一般情况下随机事件的概率,下面提出随机事件频率的概念。

1.1.2　频率

设随机事件 A 在重复 n 次试验中出现了 m 次,则称

$$p(A)=\frac{m}{n}\times 100\% \tag{1-19}$$

为事件 A 在 n 次试验中出现的频率。

当试验次数 n 不大时,事件的频率有明显的随机性,但当试验次数足够大时,随机事件 A 出现的频率具有一定的稳定性。随着试验的无限增大,随机事件的频率稳定在某一个数附近,此时频率趋于概率。正因如此,对于水文现象,可以用频率作为概率的近似值。

1.1.3　重现期

由于频率是概率论中的一个概念,比较抽象,因此在水文分析计算中又常用重现期来代替频率表示随机事件出现的可能性大小。所谓重现期,是指某随机事件在长期过程中平均多少年出现一次,称为"多少年一遇",用字母 T 表示。频率与重现期的关系,在不同的情况下有不同的表示方法。

在研究暴雨洪水时,一般设计频率 $P<50\%$,其重现期为

$$T=\frac{1}{P}\quad(\text{年}) \tag{1-20}$$

例如,某防洪工程设计依据洪水频率为 $P=5\%$,代入式(1-20),得重现期 $T=20$ 年,即该洪水是平均20年一遇。

在灌溉、发电、供水工程规划设计时,需要研究枯水问题,一般设计频率 $P>50\%$,其重现期为

$$T=\frac{1}{1-P}\quad(\text{年}) \tag{1-21}$$

例如,某灌区设计依据的枯水频率为 $P=95\%$,代入式(1-21),得重现期 $T=20$ 年,表示该工程按20年一遇的枯水作为设计标准。

必须指出,因为水文现象一般并无固定的周期,所谓"多少年一遇",是指长期过程中的平均情况。例如,"百年一遇"表示大于或等于某一级别的洪水平均是100年出现一次,但并不意味着每隔100年就必须遇上一次。此处着重强调的是长期过程中的平均情况,对于某个历史阶段(如1900~1999年)具体的100年来说,大于或等于这个级别的洪水可能出现几次,也有可能1次都未出现。

1.2　随机变量及其概率分布

概率论的重要基本概念,除事件、概率外,还有随机变量。

1.2.1　随机变量

随机试验的结果可以是一个数量,也有些虽然不是数量,但可以用数量来表示。这样的量随着试验的重复可以取得不同的数值,而且带有随机性,我们称这样的变量为随机变量。简言之,随机变量是在随机试验中测量到的数。水文现象中的随机变量一般是指某种水文特征值,如某水文站的年径流、洪峰流量等。

随机变量可分为以下两大类型:

(1)离散型随机变量。

若随机变量仅能取得一个有限区间内的某些间断的离散数值,则称为离散型随机变量。例如,掷一颗骰子,出现的点数只可能取得1,2,3,4,5,6共6种数值,不能取得相邻两数值间的任何值,这些"出现点数"就是随机变量。

(2)连续型随机变量。

若随机变量可以取得一个有限区间的任何数值,则称此随机变量为连续型随机变量。例如,河流水文站的流量和水位,可以在0和极限值之间变化,因而它们可以是0与极限值之间的任何数值。

1.2.2 随机变量的概率分布

随机变量可以取得所有可能值中的任何一个值。例如,随机变量 X 可能取 x_1 值,也可能取 x_2 值,x_3 值,…但是取某一可能值的机会是不同的,有的机会大,有的机会小。所以,随机变量的取值与其概率有一定的对应关系。一般将这种关系称为随机变量的概率分布。

例如离散型随机变量 X 的概率分布就可表示为

$$P(X = x_i) = P_i \quad (i = 1,2,\cdots) \tag{1-22}$$

也可用表格或图来表示。

对连续型随机变量而言,由于它的所有可能取值有无限多个,而取个别值的概率为零。因此,无法研究个别值的概率,只能研究某个区间的概率,或研究事件 $X \geqslant x$ 的概率、$X \leqslant x$ 的概率。两者是可以相互转换的,只需研究一种就够了。水文学习惯研究事件 $X \geqslant x$ 的概率及其分布。

事件 $X \geqslant x$ 的概率 $P(X \geqslant x)$ 随随机变量取值 x 而变化,所以 $P(X \geqslant x)$ 是 x 的函数,这个函数称为随机变量 x 的分布函数。记为 $F(x)$,即

$$F(x) = P(X \geqslant x_i) \tag{1-23}$$

$F(x)$ 代表随机变量 X 大于或等于某一取值 x 的概率。

1.2.3 随机变量的统计参数

从统计数学的观点来看,随机变量的概率分布曲线或分布函数较完整地描述了随机现象,然而在许多实际问题中,随机变量的分布函数不易确定,或有时不一定都需要用完整的形式来说明随机变量,而只要知道个别代表性的数值,能说明随机变量的主要特征就够了。这种能说明随机变量的统计规律的某些数字特征,称为随机变量的统计参数。

水文现象的统计参数反映其基本的统计规律,能概括水文现象的基本特性和分布特点,也是频率曲线估计的基础。

统计参数有总体统计参数与样本统计参数之分。所谓总体,是某随机变量所有取值的全体,样本则是从总体中任意抽取的一个部分,样本中所包括的项数则称为样本容量。水文现象的总体通常是无限的,它是指自古迄今以至未来长远岁月所有的水文系列。显然,水文随机变量的总体是不知道的,只能靠有限的样本观测资料去估计总体的统计参数或总体的分布规律。也就是说,由样本统计参数来估计总体统计参数。水文计算中常用的样本统计参数有以下几个。

1.2.3.1　均值

设某水文变量的观测系列为 $x_1, x_2, \cdots, x_n$，则其均值为

$$\bar{x} = \frac{x_1 + x_2 + \cdots + x_n}{n} = \frac{1}{n}\sum_{i=1}^{n} x_i \tag{1-24}$$

均值表示系列的平均情况，可以说明这一系列总水平的高低。例如，甲河多年平均流量为 2 460 m^3/s，乙河多年平均流量为 201 m^3/s，说明甲河的水资源比乙河丰富。

1.2.3.2　均方差

从以上分析可知，均值能反映系列中各变量的平均情况，但不能反映系列中各变量值集中或离散的程度。例如，有两个系列：

甲系列为 5,10,15；

乙系列为 2,10,18。

这两个系列的均值相同，都等于 10，但其离散程度却不相同。直观地看，第一系列只变化于 5 ~ 15，而第二系列的变化范围则增大到 2 ~ 18。离散程度是以均方差来反映的。

均方差用 σ 表示，计算公式为

$$\sigma = \sqrt{\frac{\sum_{i=1}^{n}(x_i - \bar{x})^2}{n-1}} \tag{1-25}$$

以上甲、乙两系列，各自的均方差可按式(1-25)计算，则有

$$\sigma_{甲} = \sqrt{\frac{(5-10)^2 + (10-10)^2 + (15-10)^2}{3-1}} = 5$$

$$\sigma_{乙} = \sqrt{\frac{(2-10)^2 + (10-10)^2 + (18-10)^2}{3-1}} = 8$$

显然，甲系列的离散程度小，乙系列的离散程度大。

1.2.3.3　变差系数

均方差虽然能说明系列的离散程度，但对均值不相同的两个系列，用均方差来比较其离散程度就不合适了。例如，有两个系列：

丙系列为 5,10,15，$\bar{x} = 10$；

丁系列为 995,1 000,1 005，$\bar{x} = 1\ 000$。

按式(1-25)计算它们的均方差，都等于 5，说明这两个系列的绝对离散程度是相同的，但因其均值一个是 10，另一个是 1 000，它们对均值的相对离散程度就很不相同了。可以看出，丙系列中的最大值和最小值与均值之差都是 5，这相当于均值 5/10 = 1/2；而在丁系列中，最大值和最小值与均值之差虽然也都是 5，但只相当于均值的 5/1 000 = 1/200，在近似计算中，这种差距甚至可以忽略不计。

为了克服以均方差衡量系列离散程度的缺点，数理统计中用均方差与均值之比作为衡量系列相对离散程度的一个参数，称为变差系数 C_v。变差系数为一无因次的数，用小数表示，其计算公式为

$$C_v = \frac{\sigma}{\bar{x}} = \frac{1}{\bar{x}}\sqrt{\frac{\sum_{i=1}^{n}(x_i - \bar{x})^2}{n-1}} = \sqrt{\frac{\sum_{i=1}^{n}(k_i - 1)^2}{n-1}} \tag{1-26}$$

式中 k_i——模比系数，$k_i=\frac{x_i}{\bar{x}}$。

在上述两个系列中，丙系列的 $C_v=0.5$，丁系列的 $C_v=0.005$，这就说明丙系列的变化程度远比丁系列大。

对水文现象来说，变差系数的大小反映了河川径流在多年中的变化情况。例如，由于南方河流水量充沛，丰水年和枯水年的年径流相对来说变化较小，所以南方河流的变差系数比北方河流一般要小。

1.2.3.4 偏差系数

变差系数只能反映系列的离散程度，它不能反映系列在均值两边的对称程度。在水文统计中，主要采用偏差系数 C_s 作为衡量系列不对称程度的参数，其计算公式为

$$C_s=\frac{\sum_{i=1}^{n}(x-\bar{x}_i)^3}{(n-3)\bar{x}^3C_v^3}=\frac{\sum_{i=1}^{n}(k_i-1)^3}{(n-3)C_v^3} \tag{1-27}$$

偏差系数也为一无因次数。当系列对于 $\bar{x}$ 对称时，$C_s=0$，此时随机变量大于均值与小于均值的出现机会相等，亦即均值所对应的频率为50%。当系列对于 $\bar{x}$ 不对称时，$C_s\neq0$，其中，当正离差的立方占优势时，$C_s>0$，称为正偏；当负离差的立方占优势时，$C_s<0$，称为负偏。正偏情况下，随机变量大于均值比小于均值出现的机会小，亦即均值所对应的频率小于50%，负偏情况下则刚好相反。

1.3 频率计算

频率计算是水文统计中常用的方法之一。其实质内容就是用水文样本资料系列的频率分布（或统计参数）去估计总体的概率分布（或统计参数），并以此对河流未来的水文情势作出较为科学的预估，为水利工程的规划设计、施工和管理运用提供合理的水文依据。

1.3.1 经验频率曲线

经验频率曲线是由实测资料绘制而成的，它是水文频率计算的基础，具有一定的实用性。

1.3.1.1 经验频率计算

设某水文要素的实测系列共有 n 项，按由大到小的次序排列为 $x_1,x_2,\cdots,x_m,x_n$。经验频率就是在系列中大于或等于样本 x_i 的出现次数与样本容量的比值，计算公式为

$$P=\frac{m}{n}\times100\% \tag{1-28}$$

式中 P——等于和大于 x_m 的经验频率；

m——x_m 的序号，即等于或大于 x_m 的项数；

n——样本容量，即观测资料的总项数。

例如，在上面系列中大于或等于 x_2 的项数为2，其经验频率应为 $2/n$。如果 n 项实测资料是总体，则上述计算经验频率的公式是合理的，但水文实测资料都是样本资料，欲从这些有限资料来估计总体，就不太合理。例如，当 $m=n$ 时，最末项 x_m 的频率 $P=m/n=100\%$，即样本的末项 x_m 就是总体中的最小值，显然不符合实际情况，因为随着观测年数的增多，总会有更小的数值出现。为了修正由样本推算总体出现的不合理估算，我国一般

采用数学期望公式(1-29),该公式形式简单,在水文统计中有一定的水文理论依据,计算结果比较符合实际,这是水文分析计算中最常用的经验频率计算公式。

$$P = \frac{m}{n+1} \times 100\% \tag{1-29}$$

1.3.1.2 经验频率的绘制

首先介绍频率格纸,它是水文分析计算中绘制频率曲线的一种专用格纸,其纵坐标为均匀分格,表示随机变量取值;横坐标为不均匀分格,表示累积频率(%)。在这种频率格纸上绘制频率曲线,两端的坡度比在普通方格纸上绘制大大变缓,对曲线的外延较为有利。

计算出各数值对应的经验频率后,在频率格纸上点绘经验点(P_i, x_i),目估过点群中心绘制一条光滑的频率曲线,即经验频率曲线。有了经验频率曲线,就可以在线上查出某一频率所对应的随机变量值。

1.3.2 理论频率曲线

水文计算中所谓的理论频率曲线,是指具有一定数学方程的频率曲线。理论频率曲线在数学上有很多类型,而各种曲线均有自己的数学方程,一般表示为

$$P = F(x) \quad 或 \quad F(x) = P(X \geqslant x_i) \tag{1-30}$$

式中 $F(x)$——概率分布函数,简称分布函数。

我国水文频率计算一般采用皮尔逊Ⅲ型频率曲线。

1.3.2.1 皮尔逊Ⅲ型曲线介绍

英国生物学家皮尔逊通过很多资料的分析研究,提出一种概括性的曲线簇,包括13种分布曲线,其中第Ⅲ型曲线被引入水文计算中,成为当前水文计算中常用的频率曲线。

皮尔逊Ⅲ型曲线,通常简称为P-Ⅲ型线,它是一条一端有限、一端无限的不对称单峰、正偏曲线,如图1-9所示。数学上称为伽马分布,其概率密度函数为

$$f(x) = \frac{\beta^\alpha}{\Gamma(\alpha)}(x - a_0)^{\alpha-1}e^{-\beta(x-a_0)} \tag{1-31}$$

式中 $\Gamma(\alpha)$——α的伽马函数;

α、β、a_0——参数。

显然,α、β、a_0确定以后,该密度函数也随之确定了。可以推证,这三个统计参数与总体的统计参数$\bar{x}$、C_v、C_s具有下列关系:

$$\alpha = \frac{4}{C_s^2}$$

$$\beta = \frac{2}{\bar{x}C_vC_s}$$

$$a_0 = \bar{x}\left(1 - \frac{2C_v}{C_s}\right)$$

由上式可知,只有求出3个统计参数$\bar{x}$、C_v、C_s,就可以得出P-Ⅲ型频率曲线的密度函数。但是,在水文计算上常用的是累积频率分布曲线,所以需对式(1-31)进行积分,得P-Ⅲ型频率曲线的分布函数

$$P = F(x) = \frac{\beta^\alpha}{\Gamma(\alpha)}\int_{x_P}^{\infty}(x - a_0)^{\alpha-1}e^{-\beta(x-a_0)}dx \tag{1-32}$$

式中 P——$P(X \geqslant x_P)$，见图1-9中的阴影部分。

由式(1-32)可以看出，计算 P 值非常麻烦，为了简化水文计算，前人已经通过数学推导，根据拟定的 C_s 值进行计算，制成了一套专用数表(见附表1和附表2)供查用。与数表相应的计算公式为

$$x_P = K_P \bar{x} = (\Phi_P C_v + 1)\bar{x} \quad (1\text{-}33)$$

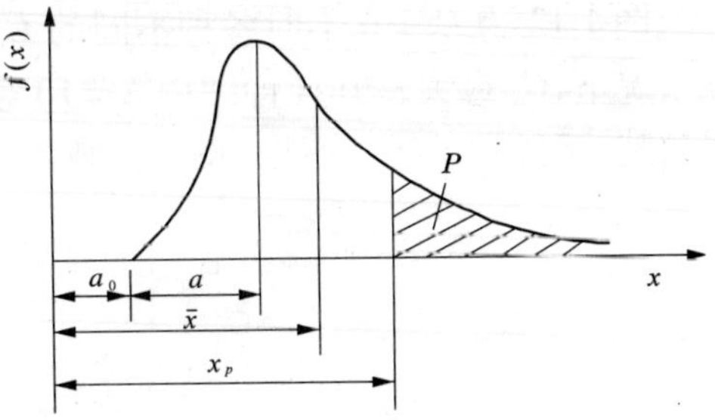

图1-9 P-Ⅲ型概率密度曲线

式中 Φ_P——离均系数，是 $P(\%)$ 和 C_s 的函数，见附表1。

K_P——模比系数，是 $P(\%)$ 和 C_v 的函数，见附表2，当 C_v 与 C_s 成一定倍比时，可以直接查此表。

1.3.2.2 三个统计参数($\bar{x}$、C_v、C_s)对P-Ⅲ型频率曲线的影响

(1)均值 $\bar{x}$ 对P-Ⅲ型频率曲线的影响。

当P-Ⅲ型频率曲线的另外两个参数 C_v 和 C_s 不变时，由于均值 $\bar{x}$ 的不同，可以使频率曲线发生很大的变化，我们把 $C_v=0.5$，$C_s=1.0$，而 $\bar{x}$ 分别为50、75、100的3条P-Ⅲ型频率曲线同绘于图1-10中，从图中可以看出：均值 $\bar{x}$ 主要影响曲线的高低。当 C_v 和 C_s 相同时，由于均值不同，频率曲线的位置也就不同，均值大的频率曲线位于均值小的频率曲线之上。

(2)变差系数 C_v 对P-Ⅲ型频率曲线的影响。

为了消除均值的影响，我们以模比系数 K 为变量绘制频率曲线，如图1-11所示，当 $C_v=0$ 时，随机变量的取值都等于均值，故频率曲线即为 $K=1$ 的一条水平线。C_v 越大，说明随机变量相对于均值越离散，因而频率曲线将越偏离 $K=1$ 的水平线。随着 C_v 的增大，频率曲线的偏离程度也随之增大，显得越来越陡。所以，变差系数主要影响曲线的陡缓程度。

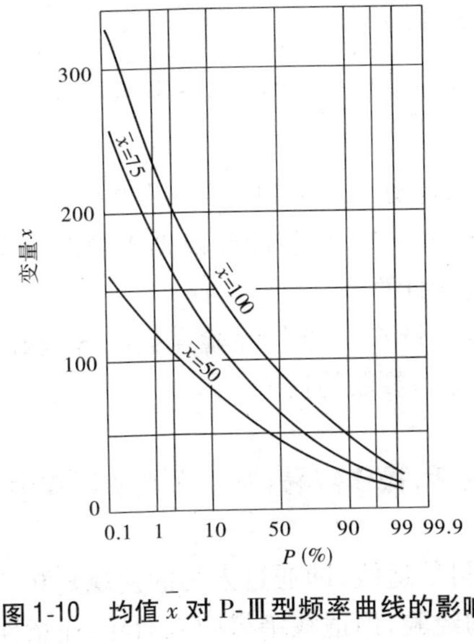

图1-10 均值 $\bar{x}$ 对P-Ⅲ型频率曲线的影响

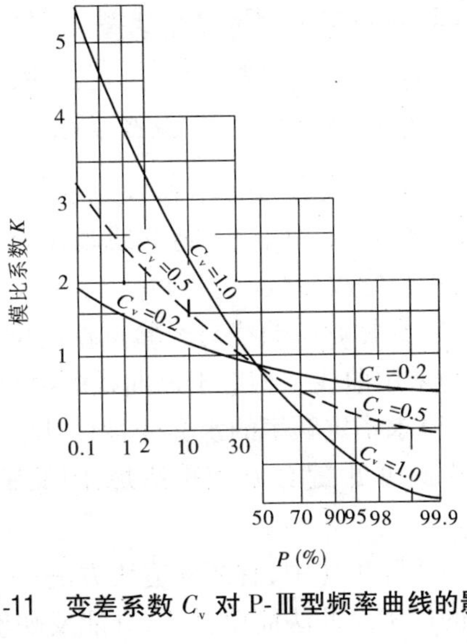

图1-11 变差系数 C_v 对P-Ⅲ型频率曲线的影响

(3)偏差系数 C_s 对 P-Ⅲ型频率曲线的影响。

图 1-12 为 $C_v=0.1$ 时各种不同的 C_s 对频率曲线的影响情况。从图中可以看出，正偏情况下，C_s 愈大，均值（即图中 $K=1$）对应的频率越小，频率曲线的中部越向左偏，且上段越陡，下段越平缓。所以，偏差系数主要影响曲线的弯曲程度。

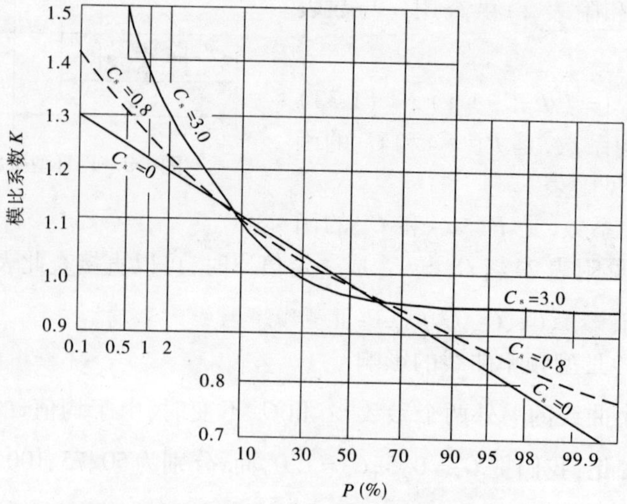

图 1-12　偏差系数 C_s 对 P-Ⅲ型频率曲线的影响

1.3.3　现行频率计算方法——适线法

适线法是以经验频率点据为基础，在一定的适线准则下，求解与经验点据拟合最优的频率曲线参数，这是一种能较好地满足水文频率分析要求的估计方法。适线法一直是我国估计洪水频率曲线统计参数的主要方法。其步骤如下：

(1)将实测资料由大到小排列，计算各项的经验频率，在频率格纸上点绘经验点据（以纵坐标为变量的取值，横坐标为对应的经验频率）。

(2)选定水文频率分布线型（一般选用 P-Ⅲ型）。

(3)假定一组参数 $\bar{x}$、C_v 和 C_s。当用矩法估计时，因 C_s 的抽样误差太大，一般不计算 C_s，而且根据经验假定 C_s 为 C_v 的某一倍数。

(4)根据假定的 $\bar{x}$、C_v 和 C_s，查附表 1 或附表 2，计算 x_P 值，以 x_P 为纵坐标，P 为横坐标，即可得到频率曲线。将此线画在绘有经验点据的图上，看与经验点据配合的情况，若不理想，则修改参数（主要调整 C_v 以及 C_s）再次进行计算。

(5)根据频率曲线与经验点据的配合情况，从中选择一条与经验点据配合较好的曲线作为采用曲线。相应于该曲线的参数便看作是总体参数的估值。

(6)求指定频率的水文变量设计值。

由此可见，适线法层次清楚，图像显明，方法灵活，操作容易，所以在水文计算中广泛采用。

在实际工作中，有两种适线方法：一种是人为目估适线，即通过人为的主观判断，决定适线的优劣。此法简单灵活，并能反映设计人员的经验，但适线结果因人而异，任意性大。

另一种是计算机适线，它是把理论频率曲线与经验点据的拟合误差最小作为适线准则，优选统计参数。但是这种方法不便于处理样本资料中的特大值或特小值，难于区分点的不同精度，因此使用有关程序要特别注意。

【例1-1】 某枢纽处实测21年的年最大洪峰流量资料列于表1-7中第(1)、(2)栏，试根据该资料用矩法初选参数配线，并推求100年一遇的洪峰流量。

表1-7 某枢纽处年最大洪峰流量频率计算

年份	洪峰流量(m^3/s)	序号	由大到小排列的洪峰流量(m^3/s)	模比系数K_i	K_i-1	$(K_i-1)^2$	$P(\%)$
(1)	(2)	(3)	(4)	(5)	(6)	(7)	(8)
1945	1 540	1	2 750	2.207	1.207	1.456 8	4.5
1946	980	2	2 390	1.918	0.918	0.842 7	9.1
1947	1 090	3	1 860	1.493	0.493	0.243 0	13.6
1948	1 050	4	1 740	1.396	0.396	0.156 8	18.2
1949	1 860	5	1 540	1.236	0.236	0.055 7	22.7
1950	1 140	6	1 520	1.220	0.220	0.048 4	27.3
1951	790	7	1 270	1.019	0.019	0.000 4	31.8
1952	2 750	8	1 260	1.011	0.011	0.000 1	36.4
1953	762	9	1 210	0.971	-0.029	0.000 8	40.9
1954	2 390	10	1 200	0.963	-0.037	0.001 4	45.5
1955	1 210	11	1 140	0.915	-0.085	0.007 2	50.0
1956	1 270	12	1 090	0.875	-0.125	0.015 6	54.5
1957	1 200	13	1 050	0.843	-0.157	0.024 6	59.1
1958	1 740	14	1 050	0.843	-0.157	0.024 6	63.6
1959	883	15	980	0.786	-0.214	0.045 8	68.2
1960	1 260	16	883	0.709	-0.291	0.084 7	72.7
1961	408	17	794	0.637	-0.363	0.131 8	77.3
1962	1 050	18	790	0.634	-0.366	0.134 0	81.8
1963	1 520	19	762	0.611	-0.389	0.151 3	86.4
1964	483	20	483	0.388	-0.612	0.374 5	90.9
1965	794	21	408	0.327	-0.673	0.452 9	95.5
总计	26 170		26 170	21.002	0.002	4.253 1	

具体步骤如下：

(1)点绘经验频率曲线。

将原始资料按由大到小次序排列，列入表1-7中第(4)栏，用公式$P=\frac{m}{n+1}\times 100\%$计算经验频率，列入表1-7中第(8)栏，并将第(4)栏与第(8)栏的数值对应绘出经验频率点于频率格纸上。

(2)按无偏估值公式计算统计参数。

年最大洪峰流量的均值为

$$\overline{Q}=\frac{\sum_{i=1}^{n}Q_i}{n}=\frac{26\ 170}{21}=1\ 246(\mathrm{m^3/s})$$

变差系数为

$$C_{\mathrm{v}}=\sqrt{\frac{\sum_{i=1}^{n}(K_i-1)^2}{n-1}}=0.48$$

(3)选配P-Ⅲ型频率曲线。

$\overline{Q}=1\ 246\ \mathrm{m^3/s}$, $C_{\mathrm{v}}=0.5$,并假定 $C_{\mathrm{s}}=2C_{\mathrm{v}}=1.0$,查附表2,读出不同 P 值对应的 K_P 值,列入表1-8,乘以 $\overline{Q}$ 得相应的 Q_P 值,列入表1-8。

表1-8 洪峰频率计算

频率 $P(\%)$	第一次配线 $\overline{Q}=1\ 246$ $C_{\mathrm{v}}=0.5$ $C_{\mathrm{s}}=1.0$		第二次配线 $\overline{Q}=1\ 246$ $C_{\mathrm{v}}=0.6$ $C_{\mathrm{s}}=1.2$		第三次配线 $\overline{Q}=1\ 246$ $C_{\mathrm{v}}=0.6$ $C_{\mathrm{s}}=1.5$	
	K_P	Q_P	K_P	Q_P	K_P	Q_P
(1)	(2)	(3)	(4)	(5)	(6)	(7)
1	2.51	3 127	2.89	3 601	3.00	3 738
5	1.94	2 417	2.15	2 679	2.17	2 704
10	1.67	2 081	1.80	2 243	1.80	2 243
20	1.38	1 719	1.44	1 794	1.42	1 769
50	0.92	1 146	0.89	1 109	0.86	1 072
75	0.64	797	0.56	698	0.56	698
90	0.44	548	0.35	436	0.39	486
95	0.34	424	0.26	324	0.32	399
99	0.21	262	0.13	162	0.24	299

将表1-8中的第(1)、(3)栏的对应数值点绘成曲线,发现所选频率曲线的中段与经验频率点据配合较好。但头部偏于经验频率点据的下方,而尾部又偏于经验频率点据的上方。

改变参数,重新配线。由第一次配线结果表明,需要增大 C_{v} 值。现取 $C_{\mathrm{v}}=0.6$, $C_{\mathrm{s}}=2C_{\mathrm{v}}=1.2$,再查附表2,计算不同 P 值对应的 Q_P 值,列于表1-8中,经与经验点据配合,发现头部配合较好,但尾部与经验点据偏低较多。

再次改变参数,第三次配线。在第二次配线的基础上,为使尾部抬高与经验点据相配合,需增大 C_{s} 值。因此,取 $C_{\mathrm{v}}=0.6$, $C_{\mathrm{s}}=1.5$,再次计算P-Ⅲ型频率曲线,发现与经验点据配合较为合适，即作为采用的P-Ⅲ型频率曲线，如图1-13所示。

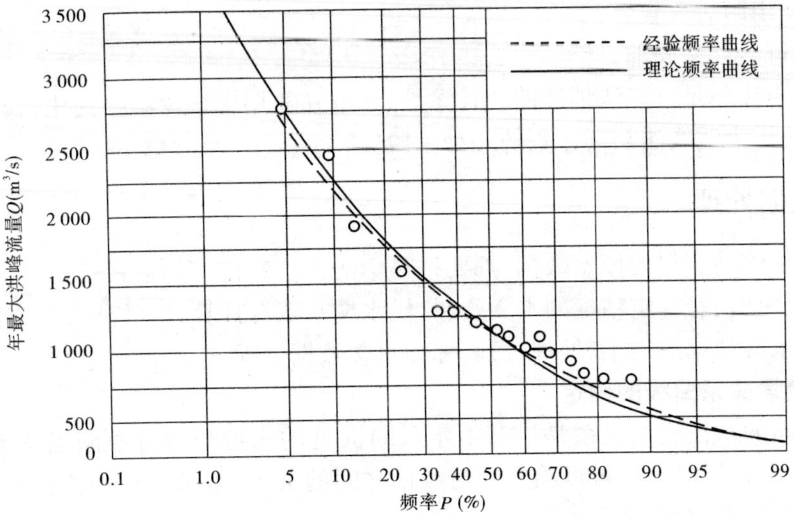

图1-13　某枢纽处年最大洪峰流量频率曲线

(4)推求100年一遇的设计洪峰流量。

由表1-8第(6)、(7)栏，查得$P=1\%$对应的流量$Q_P=3\ 738\ \text{m}^3/\text{s}$。

1.3.4　三点法估算统计参数

上例中，适线用到的三个统计参数的初始值是由矩法公式列表计算出来的，工作量相对较大，尤其当系列较长时更是如此。因此，实际中还常用另一种估算统计参数初始值的方法——三点法。

所谓三点法，是根据实测资料系列计算点绘出经验频率曲线后，在曲线上按照点据的频率范围选取三个点，三点的取法应结合经验点最前一点和最后一点的频率大小分别选1%～50%～99%、3%～50%～97%、5%～50%～95%、10%～50%～90%等。与三个频率相应的变量值x_{P1}、x_{P2}、x_{P3}可分别在曲线上查出。查出各点坐标值(P_1、x_{P1})、(P_2、x_{P2})、(P_3、x_{P3})，分别代入$x_P=(\Phi_P C_v+1)\bar{x}=\bar{x}+\sigma\Phi_P$，建立如下联立方程

$$\left.\begin{aligned}x_{P1}&=\bar{x}+\sigma\Phi_{P1}\\x_{P2}&=\bar{x}+\sigma\Phi_{P2}\\x_{P3}&=\bar{x}+\sigma\Phi_{P3}\end{aligned}\right\}\tag{1-34}$$

解以上方程组，得出下列公式

$$\left.\begin{aligned}S&=\frac{x_{P1}-2x_{P2}+x_{P3}}{x_{P1}-x_{P3}}\\C_s&=\Phi(S)\\\sigma&=\frac{x_{P1}-x_{P3}}{\Phi_{P1}-\Phi_{P3}}\\x&=x_{P2}-\Phi_{P2}\sigma\end{aligned}\right\}\tag{1-35}$$

式中　S——偏度系数，是 P 和 C_s 的函数，当 P 一定时，S 仅为 C_s 的函数，S 和 C_s 的关系由附表 3 查算；

其他符号含义同前。

无论是矩法还是三点法估计的统计参数，一般在实用中很少单独使用，通常都是与适线法相结合，作为适线法初选参数的一种手段。

2　水文数据处理

各种水文测站测得的原始数据，都要按科学的方法和统一的格式整理、分析、统计，提炼成为系统、完整，有一定精度的水文资料，供水文水资源计算、科学和有关国民经济部门应用。这个水文数据的加工、处理过程，称为水文数据处理。

2.1　水位流量关系曲线的确定

一个测站的水位流量关系是指基本水尺断面处的水位与通过该断面之间流量的关系。根据实测流量成果，便可点绘水位与流量之间的关系，水位与流量之间的关系，有的表现为稳定的关系，有的则为不稳定的关系。

2.1.1　稳定的水位流量关系曲线

稳定的水位流量关系，是指在一定条件下水位和流量之间呈单值函数关系，简称为单一关系。在普通方格纸上，纵坐标是水位，横坐标是流量，点绘的水位流量关系点据密集，分布呈一带状，75% 以上的中高水流速仪测流点据与平均关系线的偏离不超过 ±5%，75% 的低水点或浮标测流点据偏离不超过 ±8%（流量很小时可适当放宽），且关系点没有明显的系统偏离，这时即可通过点群中心定一条单一线（供推流）。点图时在同一张图纸上依次点绘水位流量、水位面积、水位流速关系曲线，如图 1-14 所示，并用同一水位下的面积与流速的乘积，校核水位流量关系曲线中的流量，使误差控制在 ±2% ~ ±3%。以上三条曲线比例尺的选择，应使它们与横轴的夹角分别近似为 45°、60°、60°，且互不相交。所定的单一水位流量关系还要进行符号检验、适线检验、偏离数值检验，进行检验均通过才能用此单一曲线推流。此外，两条曲线（或两列数组）需要合并定线时，还要进行 t 检验。

2.1.2　不稳定的水位流量关系

不稳定的水位流量关系，是指测验河段受断面冲淤、洪水涨落、变动回水或其他因素的个别或综合影响，使水位与流量间的关系不呈单值函数关系。

2.1.2.1　原因

不稳定的水位流量关系主要是受洪水涨落、断面冲淤、变动回水或其他因素的个别或综合影响。

（1）受洪水涨落影响，见图 1-15。

（2）受断面冲淤影响，见图 1-16。

（3）受变动回水影响，见图 1-17。

2.1.2.2　处理方法

不同情况下水位流量关系处理方法见表 1-9。

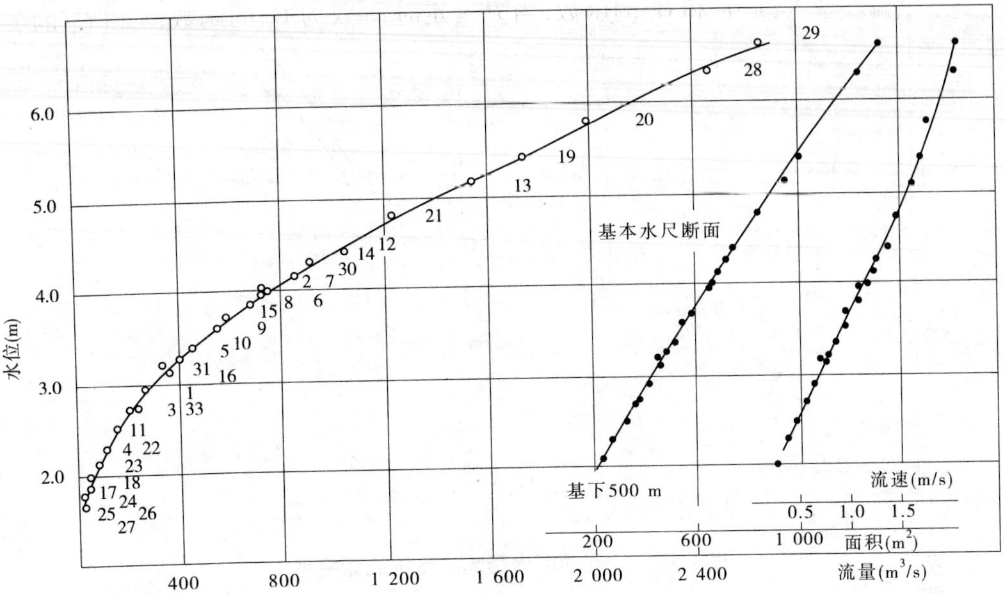

图1-14　某水文站1972年水位流量关系

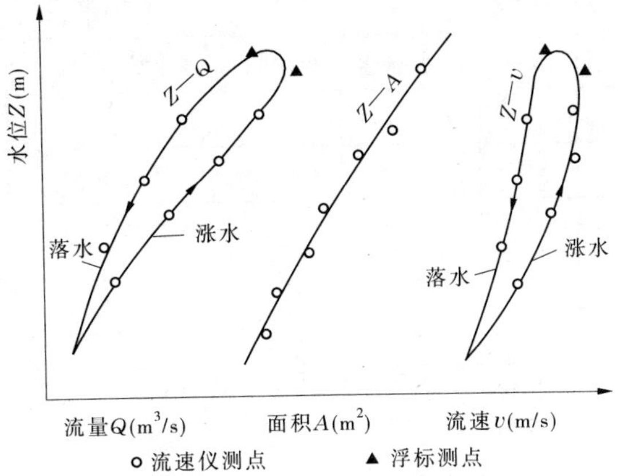

图1-15　受洪水涨落影响的水位流量关系

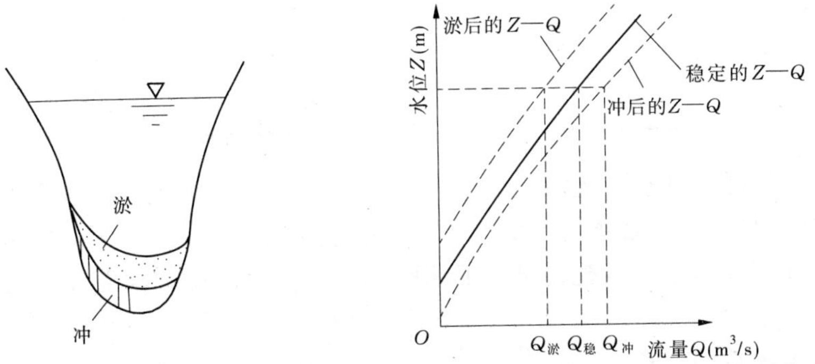

图1-16　受断面冲淤影响的水位流量关系

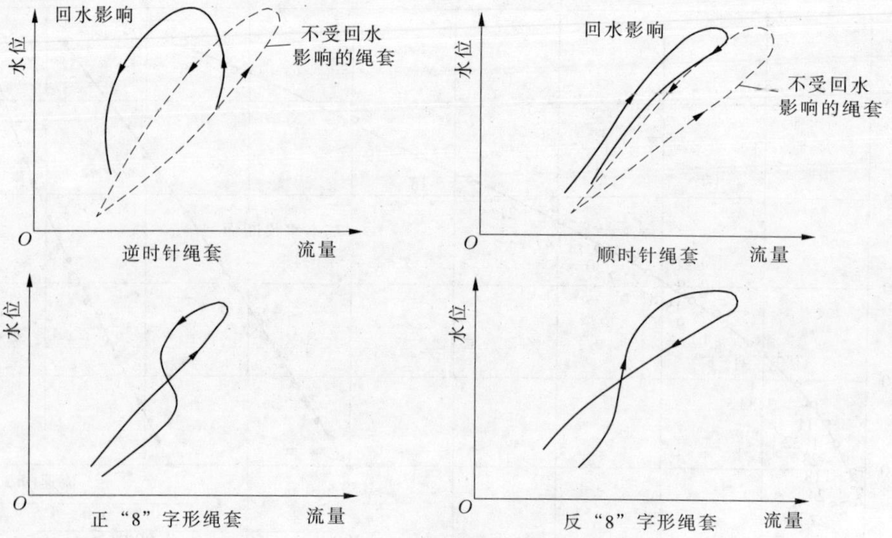

图 1-17　受变动回水影响的水位流量关系

表 1-9　水位流量处理适用情况

处理方法	影响因素							
	稳定	洪水涨落	变动回水	冲淤	水草	结冰	混合	类型
校正因素法		√						1
涨落比例法		√						1
抵偿河长法		√						1
落差法（等、正常、定）			√					1
落差指数法		√	√				√	1
临时曲线法				√	√	√		2
改正水位法				√	√	√	√	2
连时序法		√	√	√	√	√	√	2
连实测流量过程线法				√		√	√	2
改正系数法				√		√		2
单一线法	√							1

受断面冲淤或结冰影响，还满足时序型的要求条件时，应用连时序法处理水位流量关系。连时序法是按实测流量点据的时间顺序来连接水位流量关系曲线，故应用范围较广。连线时，应参考用连时序法绘出的水位面积关系变化趋势，帮助绘制水位流量关系曲线（见图 1-18）。

2.2　水位流量关系的延长

高水延长：影响水位流量过程，包括洪峰。延长幅度不应超过当年实测流量所占水位变幅的 30%。

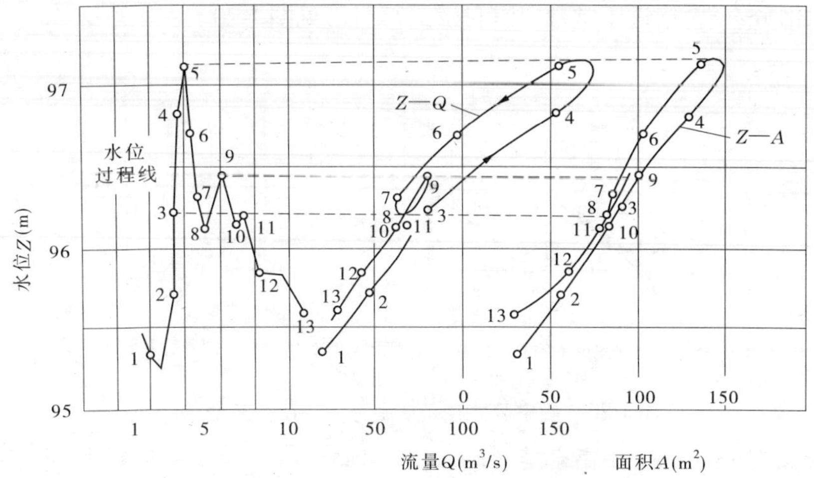

图1-18 连时序法处理的水位流量关系

低水延长:相对误差较大且影响历时长。延长幅度不超过10%。

2.2.1 水位面积与水位流速关系高水延长

该方法适用于河床稳定,水位面积、水位流速关系点集中,曲线趋势明显的测站。其中,高水时的水位面积关系曲线可以根据实测大断面资料确定,高水时水位流速关系曲线常趋近于常数,可按趋势延长。可是,某一高水位下的流量,便可由该水位的断面面积和流速的乘积来确定。这样,可延长水位流量关系曲线,见图1-19。

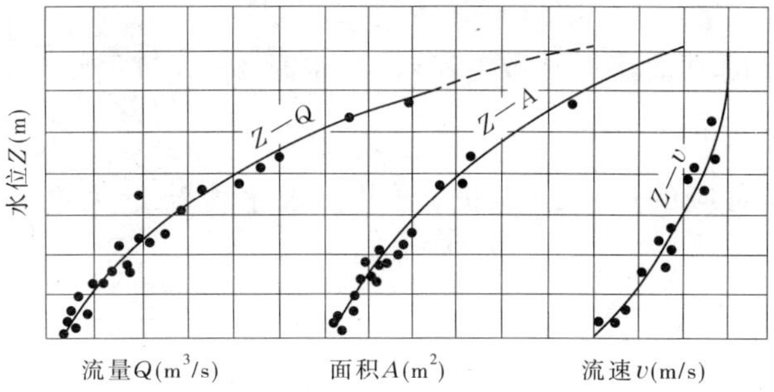

图1-19 水位面积与水位流速关系高水延长

2.2.2 用水力学公式高水延长

根据曼宁公式延长时,用下式计算流速,用实测大断面资料延长水位面积关系曲线,从而达到延长水位流量关系的目的:

$$v = \frac{1}{n} R^{2/3} S^{1/2}$$

计算流速时,因水力半径 R 可用大断面资料求得,故关键在于确定水面比降 S 和糙率 n 值。根据实际资料,当 S、n 均有资料时,直接由公式计算并延长;当两者缺一时,通过点绘 $Z—n$(或 $Z—S$)关系曲线并延长,再算出 v;当两者都没有时,则将 $\frac{1}{n}S^{1/2}$ 看成一个未知数,因 $\frac{1}{n}S^{1/2} = Q/(AR^{2/3})$,依据实测的流量、面积、水力半径计算出 $\frac{1}{n}S^{1/2}$,点绘 $Z—\frac{1}{n}S^{1/2}$

曲线,因高水部分$\frac{1}{n}S^{1/2}$接近于常数,故可按趋势延长,见图 1-20。

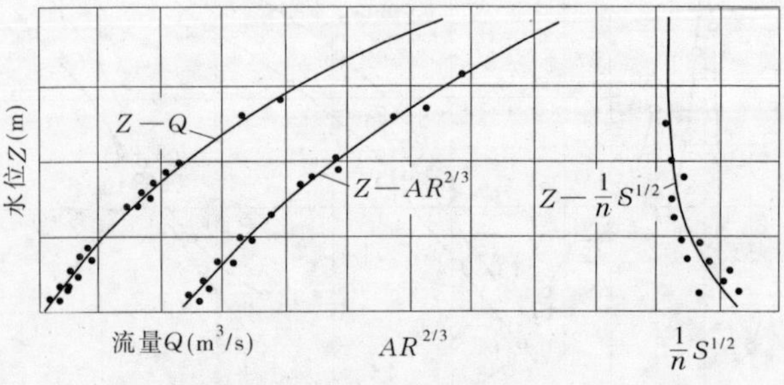

图 1-20　曼宁公式法延长高水 Z—Q 关系曲线

2.2.3　斯蒂文斯(Stevens)法高水延长

由谢才流速公式导出流量为

$$Q = CA\sqrt{RS} \tag{1-36}$$

式中　C——谢才系数;

其他符号含义同前。

对断面无明显冲淤、水深不大但水面较宽的河槽,以断面平均水深 $\bar{h}$ 代替 R,则上式可改写为

$$Q = CA\sqrt{RS} = KA\sqrt{\bar{h}}$$

式中　$K = C\sqrt{S}$,高水时其值接近常数。所以,高水时 $Q—A\sqrt{\bar{h}}$ 呈线性关系,据此外延。由大断面资料计算 $A\sqrt{\bar{h}}$ 并点绘不同高水位 Z 在 $Z—A\sqrt{\bar{h}}$ 曲线上查得 $A\sqrt{\bar{h}}$ 值,并在 $Q—A\sqrt{\bar{h}}$ 曲线上查得 Q 值,根据对应的(Z,Q)点据,便可实现水位流量关系曲线的高水延长,见图 1-21。

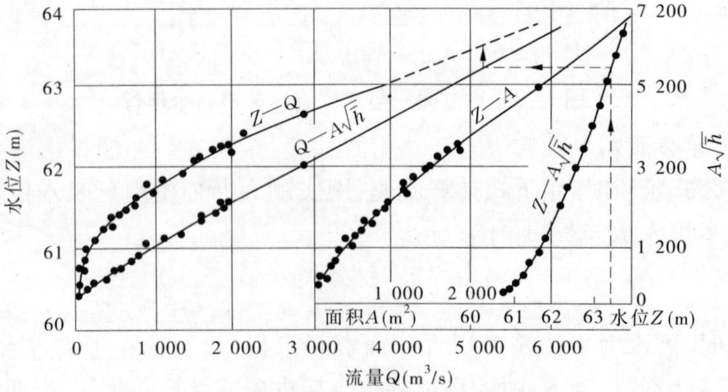

图 1-21　史蒂文斯法外延 Z—Q 关系曲线

2.2.4　水位流量关系曲线的低水延长法

低水延长一般是以断流水位作控制进行水位流量关系曲线向断流水位方向所作的延

长。断流水位是指流量为零时的相应水位。假定关系曲线的低水部分用以下的方程式来表示：

$$Q = K(Z - Z_0)^n \tag{1-37}$$

式中 Z_0——断流水位；

n、K——固定的指数和系数。

在水位流量曲线的中、低水弯曲部分，依次选取 a、b、c 三点，它们的水位和流量分别为 Z_a、Z_b、Z_c 及 Q_a、Q_b、Q_c。若 $Q_b = Q_aQ_c$，代入式(1-37)，求解得断流水位为

$$Z_0 = \frac{Z_aZ_c - Z_b^2}{Z_a + Z_c - 2Z_b} \tag{1-38}$$

求得断流水位 Z_0 后，以坐标(Z_0,0)为控制点，将关系曲线向下延长至当年最低水位即可。

2.3 日平均流量计算及合理性经验

当流量变化平稳时，可用日平均水位在水位流量关系曲线上推求日平均流量。

当水位流量关系变化较大时，则用逐时水位推求逐时流量，再按算术平均法或面积包围法求得日平均流量。

据此计算月平均流量和年平均流量。

2.4 水文资料的刊布

水文年鉴内容：测站分布图，水文站说明表及位置图，各站的水位、流量、泥沙、水温、冰凌、水化学、地下水、降水量、蒸发量等。

各省水文局主持编写的各省中小流域暴雨洪水计算手册和水文图集等。

任务3 案例分析：双磨坊水电站水信息收集和处理

【学习目标】 了解案例基本资料。

【学习要点】 案例水文、气象基本资料。

1 流域自然地理概况

1.1 小金川流域

小金川为大渡河左岸的一级支流。上游分北、东两源。北源抚边河发源于阿坝州马尔康境内的梦笔山南麓，由北向南流，河长 83.5 km，平均比降 38.6‰，集水面积 1 929 km^2。东源沃日河发源于邛崃山西南坡，河长 70.5 km，平均比降 27‰，集水面积 1 759 km^2。北、东两源在小金县城上游约 5 km 处的老营乡猛固桥汇合后称小金川。小金川由东向西流经小金县城、新格乡、关州、卡桠、中路乡等地，在丹巴县的红军桥汇入大渡河。小金川全长 124 km，河道平均比降 13.9‰，流域面积 5 275 km^2。

小金川流域地理位置界于东经 101°54′～102°57′，北纬 30°45′～31°45′。流域北面以梦笔山与梭磨河分水，东北及东南面以邛崃山与杂谷脑河、鱼子溪相邻，南面以夹金山与宝兴河为邻，西有牧马山与大金川相望。

流域位于川西高原南缘的高山峡谷地带，地势由东北向西南倾斜。峰峦重叠，地表起

伏大，地势以高山峡谷为主。山脉呈南北和北东走向，分水岭高程除南面与宝兴河上游的垭口为4 114 m外，其余均为4 500 ~6 250 m。流域内主要地貌为高山地貌，其次是河谷地貌和高山地貌。高山地貌主要分布在海拔3 500 ~5 000 m，相对高差大于1 000 m，山顶浑圆、地势高、坡度陡，多堆积着风化与重力作用形成的岩石碎屑。极高山地貌指海拔在5 000 m以上的山体山峰，东部的四姑娘山的主峰高达6 250 m。河谷地貌主要分布在海拔3 500 m以下的溪河两岸，以抚边河和沃日河居多，小金川两岸亦有零星分布。

流域内地质构造形状以褶皱为主，并由一系列紧密排列的弧形朝南的线形褶皱组成近东西或北西向展布的构造带。主要岩性有千枚岩、石英砂岩、白云岩、变质砂岩、板岩和第四系的冰碛、冰水堆积、冲积与洪积、残坡积及动力堆积，局部河谷有风积物和干流两岸及一些支沟崩坡积层堆积物较多，泥石流发育。

流域呈扇形，水系发育不对称，左岸支流长且集水面积大。河床深切，河谷深邃狭窄，水流湍急，干流中游河道平缓，下游较陡。

各支流上游有一定的森林分布，植被呈垂直分带，且有阳坡植被和阴坡植被之分。阳坡植被在海拔2 500 m以下的半干旱河谷，以旱生性灌丛植被为主。海拔2 500 ~3 000 m为针叶、阔叶混交林带，以云杉、冷杉、高山松、桦、柏为主。海拔3 000 ~3 750 m地带分布针叶林带，以自然生长的云杉、冷杉为主。林下由杜鹃、五加皮沙棘、报春花属成灌木层。海拔3 750 ~3 950 m地带分布高山乔灌林冷杉林带，以自然生长的冷杉和杜鹃为主，海拔4 400 m以上为高山流石滩植被。阳坡由于日照长、辐射强、温度高，其植被主要分为干旱河谷灌丛带，黄背栎灌木林带，亚高山、高山草甸带。

流域内以农业为主，畜牧业次之，主要农作物为麦类、玉米、洋芋、荞子等。经济作物主要是油菜，盛产虫草、贝母、麝香、黄芪、羌活、五加皮等名贵药材。

1.2 美诺沟流域

美诺沟为抚边河右岸一条支沟，大渡河二级支流，又称庄房沟，发源于小金县西北万里城梁子。上源称万里城沟，由西向东流，在胥家山左纳大草坝沟，又东偏南过庄房，在营盘上游侧汇入抚边河。河流全长29.6 km，流域面积310 km^2，总落差1 750 m（海拔2 710 ~4 460 m），平均比降为59‰。

美诺沟流域西北面与金川县西里寨沟流域相邻，南面与登村沟流域相隔。东面为抚边河干流。流域形状呈阔叶状，水系较发育。流域地势高亢，西北高东南低，由西北向东南倾斜，河谷深切，水流湍急，岭谷相对高差达1 000 ~1 500 m，分水岭高程一般在4 000 m以上，流域平均高程约3 500 m。流域为高山峡谷地貌，河床狭窄，呈V形。河床由块石、卵石组成。

地质构造褶皱、断裂发育，由于部分河段岩石节理、裂隙发育，侵蚀较为严重，透水性强，加之河道坡降较陡，暴雨季节滑坡、河流推移质泥沙来源丰富。

流域上游天然植被较好，森林覆盖率较高，植被在海拔3 000 ~3 800 m为亚高山针叶林、灌木林带；3 800 m以上为高山灌丛草甸带。整个流域植被覆盖率达80%。河流源头分布有多处小海子，流域内人口稀少，无农业灌溉活动，也无引蓄水工程。

美诺沟流域对外交通方便，沿河有乡村机耕道，沟口有小金至马尔康的省级公路。

双磨坊电站取水口布置在美诺沟与大草坝沟交汇口下游200 m处，坝址控制集水面积为 239 km^2，电站厂址布置在美诺沟沟口上游 500 m 处的左岸河滩地上，控制集水面积为 310 km^2。

小金川流域水系及工程位置见图 1-22。

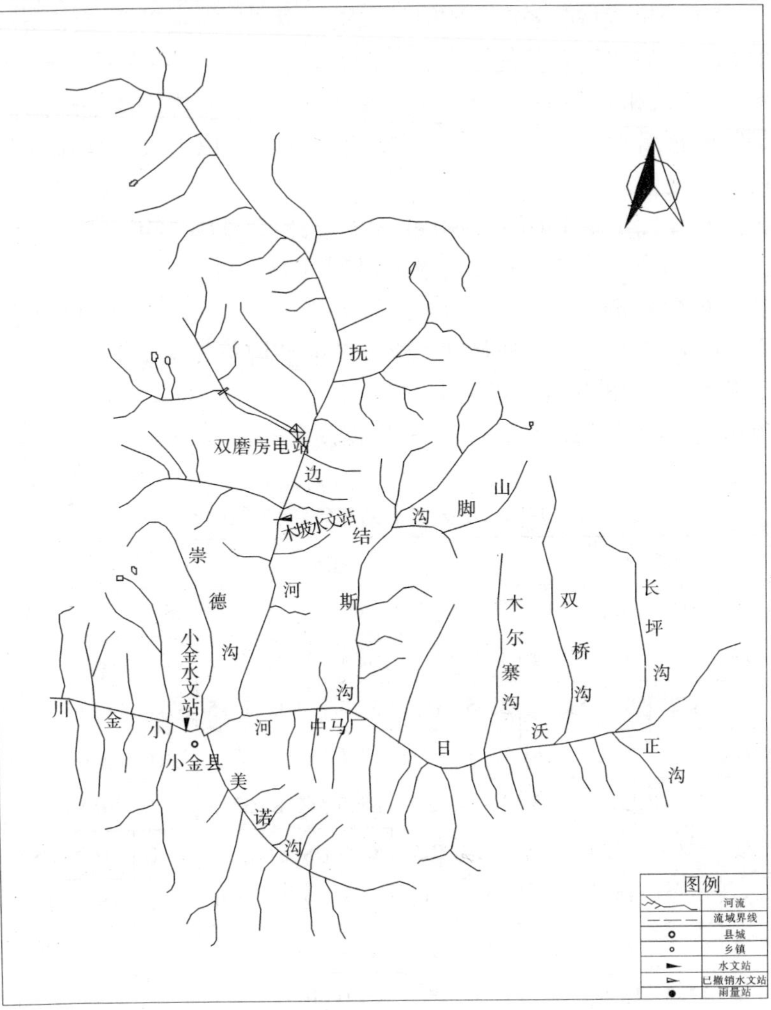

图 1-22　小金川流域水系及工程位置

2　气象

2.1　气象观测情况

小金川流域内设有小金气象站，两河、达维两雨量站。小金气象站属于国家气象基本站，测站观测项目齐全，资料完整，精度较高，能够满足工程设计需要。小金气象站位于小金县城，其观测场海拔为 2 360 m，该站于 1952 年设立，具有 1952 年至今的气象观测资料，工程所需的气象要素可参考该站的观测成果。

2.2　气象特征

小金川流域地处青藏高原东南缘的高山峡谷区，属川西高原气候区，受高空西风环流和印度洋西南季风的影响，具有高原型季风气候特征。冬半年（11 月至翌年 4 月），受西伯利亚经青藏高原干冷西风气流的影响，降水稀少，空气干燥，晴天少云，多阵性大风，昼夜温差大，日照长。下半年（5～10 月）受西南和东南暖湿气流的影响，水气充足，降水增多，灾害性天气多（干旱、洪涝、冰雹、秋绵雨、霜冻、风灾、雪灾等），四季不分明。工程设计应充分考虑当地恶劣的气候条件。

流域内地形复杂，相对高差大，立体气候显著，气温的变化规律是随海拔增加而降低，降水量一般是随海拔增加而加大，但到海拔 3 500 m 左右以上又开始减少，海拔 4 000 m 以上为高原亚寒带气候。

据本流域内小金气象站 1961～1990 年气象统计：该流域多年平均气温 11.9 ℃，极端最高气温 35.9 ℃（1967 年 5 月 28 日），极端最低气温 -11.7 ℃（1961 年 1 月 16 日），多年平均降水量为 606.8 mm，多年平均降水日数为 139 d，最大一日降水量为 37.1 mm（1984 年 8 月 6 日），多年平均相对湿度 52%，多年平均蒸发量 2 125 mm，多年平均风速 2.1 m/s，历年最大风速 18.0 m/s，相应风向 WSW。

小金气象站气象特征值统计见表 1-10，根据高程与温度的变化关系推算电站坝、厂址气温见表 1-11。

表 1-10　小金气象站气象特征值统计

项目		月份												全年
		1	2	3	4	5	6	7	8	9	10	11	12	
降水量（mm）	多年平均	1.4	5.0	20.4	44.4	83.6	126	97.8	71.6	101	44.0	10.8	1.5	606.8
	最大一日	4.2	8.7	17.4	23.5	31.5	37.1	34.0	27.5	37.0	36.7	24.5	5.5	37.1
气温（℃）	多年平均	2.3	5.5	9.7	13.3	16.2	17.6	19.8	19.7	16.6	12.6	7.3	2.6	11.9
	极端最高	20.4	25.6	30.5	31.6	35.9	35.5	34.8	35.3	33.5	30.5	25.3	17.8	35.9
	极端最低	-11.7	-9.9	-6.6	-1.4	3.7	6.0	8.6	7.6	3.1	-0.4	-5.7	-10	-11.7
各月蒸发量（mm）		95.3	139	202	224	267	233	223	220	168	156	119	80.6	2 125
风速（m/s）	多年平均	1.7	2.3	2.6	2.5	2.5	2.0	2.0	2.1	2.0	2.0	1.8	1.4	2.1
	最大风速	12.3	18.0	16.3	13.0	16.0	16.0	10.7	11.0	11.0	11.3	12.0	11.0	18.0
平均相对湿度（%）		38	39	42	47	53	63	63	60	64	59	48	42	52
日照时数（h）		155	177	220	225	232	185	201	207	176	198	165	178	2 277.5

表 1-11　工程所处流域气温特征值统计　　（单位：℃）

位置	月份												全年
	1	2	3	4	5	6	7	8	9	10	11	12	
厂址（海拔 2 710 m）	-1.1	2.1	6.8	10.4	12.8	14.2	16.6	16.4	13.4	9.0	4.0	-0.7	8.7
坝址（海拔 3 000 m）	-1.6	0.9	5.2	7.5	10.0	11.0	14.0	13.2	10.6	5.9	2.4	-1.9	6.5

3 基本资料

3.1 水文站网

小金川流域内设有小金、木坡两水文站。另外,流域周围有马尔康、布科等水文站,资料情况见表1-12。木坡水文站是抚边河中上游的控制站,控制集水面积为1 721 km^2,其控制断面的水文、气象特性与美诺沟流域比较相似,故把该站作为本工程水文分析计算的依据站。但该站资料系列较短,故选用干流的小金水文站作为设计参证站。

表1-12 工程附近有关水文站资料情况一览

河名	站名	流域面积(km^2)	资料年限		
			水位	流量	泥沙
小金川	小金	4 265	1959年至今	1959年至今	1964~1992年
抚边河	木坡	1 721	1959~1968年	1959~1961年 1963~1968年	
梭磨河	马尔康	2 536	1958年至今	1958年至今	
革什扎河	布科	2 519	1960年至今	1960年至今	

3.2 小金水文站

3.2.1 测站基本情况

小金水文站:1958年11月由四川省阿坝州水利电力局设立,1962年交四川省水利电力厅领导。1964年5月将基线水尺迁至右岸,仍在原断面观测。现由四川水文水资源局领导,从1959年开始水文年鉴正式刊布测站资料。

该站测验河段顺直长约160 m,河床由卵石组成。左右岸均为台地(系农田或草地),但左岸台地较低,高水时有漫溢现象。一般河宽为50余m,高水时可达70 m,无支流汇入。下游100 m处有急滩,能起中低水控制,但由于下游约150 m处的弯道淤积,使滩口变浅,并在河中形成鱼脊背,且向上推至下中断面,低水时因此有斜流。

该站基本水尺为木质直立式水尺和直立式石质水尺,设于右岸,设制正规,水准点高程系统为假定基面,经校测无变动。按规范规定要求进行水尺零高引测、校测及水位观测。采用流速仪测流为主,辅以少许浮标测流,建站后收集整编的资料经四川省水文局审查验收,均达到《水文年鉴编印规范》(SDZ 44—87)规定标准。

3.2.2 测验情况

水位观测在枯季(11月至翌年4月)每日定时观测2次;汛期观测4次,洪水时视水位变化增加测次,控制水位涨落过程。

断面测量在每年汛前、汛后均进行施测有断面,能控制断面冲、淤变化情况。

流量测验全年大多采用流速仪法测流,布置7~12根垂线,采用0.6 m水深简测法施测,高水辅以浮标法,浮标系数为经验取值0.77。各年测点密集,各级水位均有测点,能满足水位流量关系曲线的定线要求。每年水位流量关系曲线稳定,各年采用单一水位流量关系曲线推流。

3.3 木坡水文站

3.3.1 测站基本情况

该站为小金川上游抚边河代表站。1959 年 1 月 1 日由四川省阿坝州水利局设立，控制集水面积 1 721 km^2，1962 年交四川省水利电力厅领导，并改为水位站，1963 年 1 月 1 日又恢复为水文站，至 1969 年撤销。

测验河段顺直长度约 90 m。河床系乱块石组成，两岸为坚硬岩石与部分碎页岩构成，有少许小树，高水不漫滩，无串沟、回流、死水等情况。河岸等高线走向与流向一致，下游有一连续急滩，对高中低水位控制良好。因河段顺直段短，经逐年整理，增设浮标测流断面，间距为 90 m。

3.3.2 测验情况

木坡站的水准点高程系统为假定基面，经校测无变动。水尺为直立式木质，设于右岸，设制正规。按规范规定要求进行水尺零高引测、校测及水位观测。

经复核认为水位资料连续、完整，年际间衔接，能反映洪水的涨落变化过程，未见有缺漏测现象，基本上合理可靠。

木坡站流量测验低水以流速仪测流，高水辅以浮标法，浮标系数为经验取值 0.75。

3.4 资料复核

小金、木坡两水文站测验河段顺直、稳定，水流集中，其水力控制条件较好，测站所设水准点经多次校测高程无变化，测站基面和基本水尺断面位置历年没有变动。水尺零点高程在汛前和汛后以及大洪水后都进行了校测，水位观测测次合理，观测方法可行，流速仪按期进行保养，检测和重新率定系数，保证了测量仪器的精度。布设的测深、测速垂线以及测点代表性较好，能满足精测法的要求，利用浮标测流，浮标系数选用适当，借用的基本水尺断面稳定。本站历年流量测次较多，分级水位流量的测点分布使确定水位流量关系曲线有足够的依据，且各年水位流量关系曲线变动不大，定线合理。小金、木坡两水文站观测和整编符合规范要求，无异常情况，并与周围临近测站进行对比分析，该资料系列是合理的。

由于两水文站断面较稳定，测站控制条件良好，测验及整编符合要求，实测基本资料精度较高，可作为本工程设计的依据。

4 设计断面水位流量关系曲线

双磨坊电站坝址及厂址都无实测水位流量资料，由于断面测流较困难，因此本阶段采用水力学公式推算：

(1)根据实测大断面资料，计算各断面各级水位相应的过水面积和水力半径。

(2)参照下游小金水文站河道糙率结合设计断面河床组成情况选取各断面糙率，$n = 0.06 \sim 0.08$。

(3)根据调查的历史洪水水面线和实测枯水水面线确定各断面的比降。

(4)按曼宁公式 $Q = \frac{1}{n} R^{\frac{2}{3}} I^{1/2} A$ 计算各级水位流量关系，并点绘成图，见图 1-23、图 1-24。

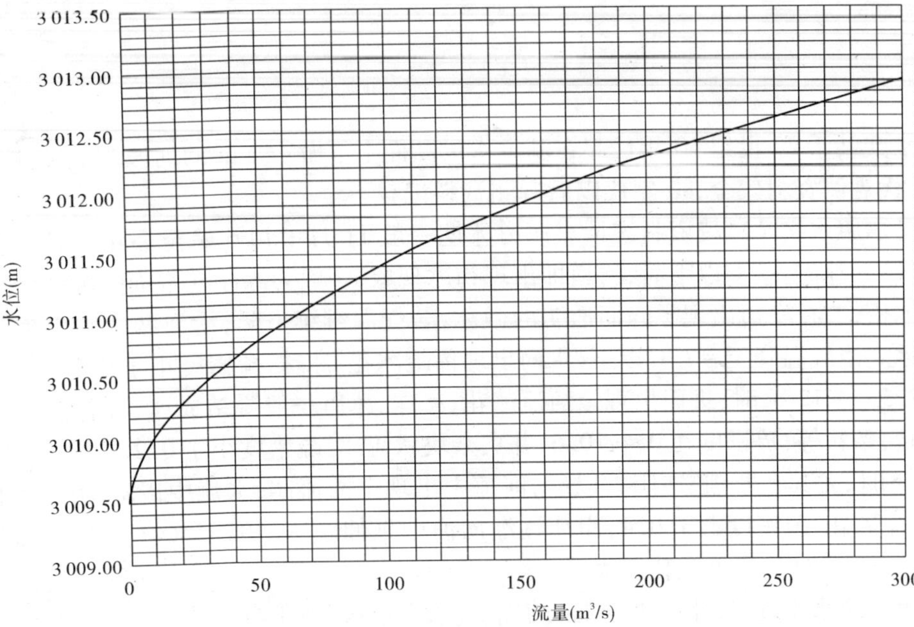

水位(m)	对应流量(m³/s)
3 009.50	0.00
3 009.65	1.17
3 009.80	3.76
3 009.95	7.51
3 010.10	12.4
3 010.25	18.2
3 010.40	25.1
3 010.55	33.0
3 010.70	41.9
3 010.85	51.8
3 011.00	62.7
3 011.15	74.6
3 011.30	87.5
3 011.45	101
3 011.60	116
3 011.75	133
3 011.90	150
3 012.05	168
3 012.20	188
3 012.35	209
3 012.50	232
3 012.65	255
3 012.80	280
3 012.95	305

图1-23　双磨坊电站坝址下游35 m处断面水位流量关系曲线

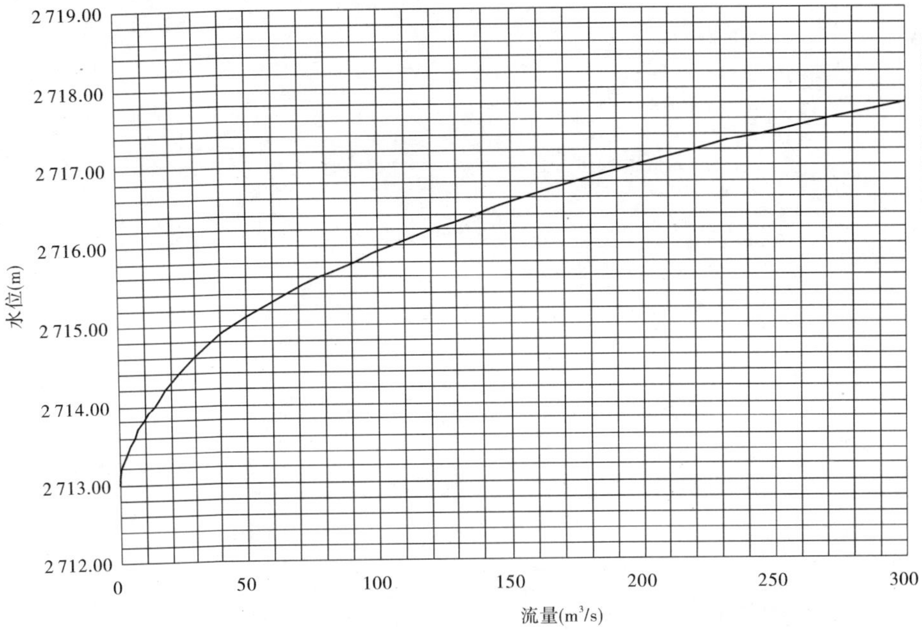

水位(m)	对应流量(m³/s)
2 713.00	0.00
2 713.20	1.03
2 713.40	3.19
2 713.60	6.12
2 713.80	9.68
2 714.00	13.8
2 714.20	17.9
2 714.40	22.9
2 714.60	28.9
2 714.80	36.0
2 715.00	44.3
2 715.20	54.4
2 715.40	65.5
2 715.60	77.7
2 715.80	91.1
2 716.00	106
2 716.20	121
2 716.40	137
2 716.60	155
2 716.80	175
2 717.00	196
2 717.20	220
2 717.40	245
2 717.60	271
2 717.80	299
2 718.00	329

图1-24　双磨坊电站厂址尾水断面水位流量关系曲线

应尽快实测断面水位流量资料，以便对水位流量关系曲线进行检验与修正，提高其精度。

5 冰凌

马尔康水文站于20世纪60年代起在基本水尺断面上下游440 m的河段观测冰凌至今，六七十年代观测资料较全，80年代以后观测资料记载不全。

据附近马尔康水文站冰凌资料统计。河道冰期一般11月中旬开始至翌年3月上旬结束。当气温下降至0 ℃以下时，河道即出现初冰现象，一般为漂浮在水面呈细针状或极薄透明的冰松，或在岸边出现零碎而透明的微冰，若气温继续下降，沿河两岸则出现带状稳定的岸冰。当气温降至-7 ℃以下，水面出现稀疏冰花、冰珠，疏密度小于0.3。当气温下降至-7.5～-12 ℃时，进而出现全河流冰花，冰珠、冰屑一般凝结成冰花团流动，形状多呈圆盘状、条状等，疏密度在0.4～0.6，并夹杂块状流冰，疏密度小于0.2。当气温降至-12 ℃以下时，尤其在寒潮、连阴雪以后，河道中出现全面流冰，水流中以流动的冰块为主，并伴有流冰花，疏密度大于0.4，岸冰逐渐向河中延伸。冰期河道水位变化规律为早(8时)落晚(20时)涨，幅度变化不大。

美诺沟无实测冰凌资料，冰凌可参观马尔康站冰凌资料，由于电站取水口、厂址河段高程比马尔康站高，气温更低，故冰凌情况比马尔康站严重，据调查，该地区12月中旬初冰，12月下旬至翌年3月中下旬封冻，静水中最大冰层厚0.3～0.5 m，流水中岸边最大冰层厚0.1 m，进入3月下旬、4月上旬天气逐渐转暖，积雪融化，水位回升，冰凌期结束。

项目2 年径流分析与计算

项目任务书

<table>
<tr><td colspan="2">项目名称</td><td>项目综述</td><td>参考课时 14</td></tr>
<tr><td colspan="2" rowspan="6">学习型
工作任务</td><td>任务1 掌握径流的形成过程及表示方法</td><td>2</td></tr>
<tr><td>任务2 掌握具有长期实测资料时设计年径流的分析计算</td><td>2</td></tr>
<tr><td>任务3 掌握缺乏实测资料时设计年径流的分析计算</td><td>4</td></tr>
<tr><td>任务4 了解枯水径流的分析计算</td><td>2</td></tr>
<tr><td>任务5 掌握河流多年平均输沙量的分析计算</td><td>2</td></tr>
<tr><td>任务6 案例分析</td><td>2</td></tr>
<tr><td colspan="2">项目任务</td><td colspan="2">掌握年径流的分析与计算工作</td></tr>
<tr><td colspan="2">教学内容</td><td colspan="2">(1)水文循环;(2)河流与流域;(3)降水;(4)蒸发和下渗;(5)径流;(6)流域水量平衡;(7)年径流的一致性和代表性分析;(8)年径流频率分析;(9)有较短年径流系列时设计年径流频率分析计算方法;(10)缺乏实测径流资料时设计年径流量的估算方法;(11)流量历时曲线的绘制;(12)设计年径流的时程分配;(13)枯水径流的频率计算;(14)缺乏实测径流资料时设计枯水径流的计算;(15)泥沙的计量单位;(16)多年平均输沙量的估算</td></tr>
<tr><td rowspan="3">教学目标</td><td>知识</td><td colspan="2">(1)水文循环;(2)河流与流域;(3)降水;(4)蒸发和下渗;(5)径流;(6)流域水量平衡;(7)年径流的一致性和代表性分析;(8)年径流频率分析;(9)有较短年径流系列时设计年径流频率分析计算方法;(10)缺乏实测径流资料时设计年径流量的估算方法;(11)流量历时曲线的绘制;(12)设计年径流的时程分配;(13)枯水径流的频率计算;(14)缺乏实测径流资料时设计枯水径流的计算;(15)泥沙的计量单位;(16)多年平均输沙量的估算</td></tr>
<tr><td>技能</td><td colspan="2">(1)能够进行年径流的分析计算工作;(2)能够对河流的多年平均输沙量进行分析计算</td></tr>
<tr><td>态度</td><td colspan="2">(1)具有刻苦学习精神;(2)具有吃苦耐劳精神;(3)具有敬业精神;(4)具有团队协作精神;(5)诚实守信</td></tr>
<tr><td colspan="2">教学实施</td><td colspan="2">参观模型、结合图文资料 展示+理论教学</td></tr>
<tr><td colspan="2">项目成果</td><td colspan="2">根据实际资料分析计算某电站的年径流及多年平均输沙量</td></tr>
<tr><td colspan="2">技术规范</td><td colspan="2">《水利水电工程等级划分及洪水标准》(SL 252—2000),《水电枢纽工程等级划分及设计安全标准》(DL 5180—2003)</td></tr>
</table>

任务1 径流的形成

【学习目标】 (1)明白水文循环的定义,了解影响水文循环的因素。

(2)明白河流与流域的定义,了解河流的基本参数。

(3)了解降水的成因与分类,掌握点降雨及面降雨的特性分析方法。

(4)了解蒸发和下渗的定义,掌握蒸发的分类,了解土壤蒸发及下渗过程。

(5)了解径流的形成过程,掌握流量、径流量、径流深、流量模数、径流系数等径流的表示方法。

(6)理解水量平衡原理,掌握水量平衡方程式。

【学习要点】 (1)点降雨及面降雨的特性分析方法。

(2)流量、径流量、径流深、流量模数、径流系数等径流的表示方法。

(3)水量平衡原理及水量平衡方程式。

1 水文循环

地球上的水以液态、固态和气态的形式分布于海洋、陆地、大气和生物机体中,这些水体构成了地球的水圈。水圈中的各种水体在太阳的辐射下不断地蒸发变成水汽进入大气,并随气流的运动输送到各地,在一定条件下凝结形成降水。降落的雨水,一部分被植物截留并蒸发。落到地面的雨水,一部分渗入地下,另一部分形成地面径流沿江河汇入大海。渗入地下的水,有的被土壤或植物根系吸收,然后通过蒸发或散发返回大气;有的渗透到较深的土层形成地下水,并以泉水或地下水流的形式渗入河流回归大海。水圈中的各种水体通过这种不断蒸发、水汽输送、凝结、降落、下渗、地面和地下径流的往复循环过程,称为水文循环,也称为水循环。

按水文循环的规模与过程,可分为大循环和小循环。从海洋蒸发的水汽,被气流输送到大陆形成降水,其中一部分以地面和地下径流的形式从河流汇入海洋;另一部分重新蒸发返回大气。这种海陆间的水分交换过程,称为大循环或外循环。在大循环运动中,水一方面在地面和上空通过降水和蒸发进行纵向交换,另一方面通过河流在海洋和陆地之间进行横向交换。海洋从空中向大陆输送大量水汽,陆地则通过河流把水输送到海洋里。海洋是陆地降水的主要水汽来源,海洋上蒸发的水汽在海洋上空凝结后,以降水的形式落到海洋里,或陆地上的水经蒸发凝结又降落到陆地上,这种局部的水文循环称为小循环或内循环。前者称为海洋小循环,后者称为内陆小循环。内陆小循环对内陆地区降水有着重要作用。因为内陆地区距离海洋很远,从海洋直接输送到内陆的水汽不多,通过内陆局部地区的水文循环,使水汽逐步向内陆输送,这是内陆地区主要的水汽来源。由于水汽在向内陆输送过程中,沿途会逐渐损耗,故内陆距海洋越远,输送的水汽量越少,降水量越小。水文循环中的各种现象如图 2-1 所示。

水文循环是地球上最重要、最活跃的物质循环之一。在水文循环过程中,水的物理状态、水质、水量等都在不断地变化,水通过蒸发、水汽输送、降水和径流四个环节进行着交

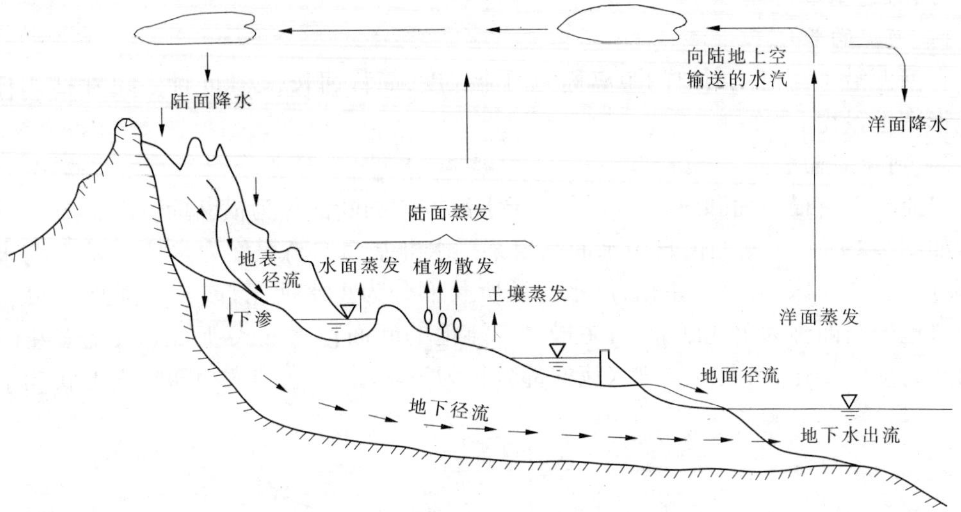

图 2-1 水文循环

换。水在自然界循环的路径和过程极其复杂且多变。有的地区湿润多雨，水量丰沛，有的则干旱少雨，河湖干涸。同一地区，有时大雨滂沱，江河横溢；有时却久旱少雨，江河枯竭。正是由于自然界的水文循环，才形成这种永无终止、千变万化的水文现象。

水在自然界中的循环运动，为人类带来了取之不尽、用之不竭的水资源，对人类的生活和生产活动有着重大的影响。研究水文循环的目的在于认识它的基本规律，揭示其内在联系，这对合理开发和利用水资源，抗御洪旱灾害，改造自然，利用自然都有十分重要的意义。

2 河流与流域

2.1 河流的形成与分段

降落到地面的雨水，除下渗、蒸发等损失外，在重力的作用下沿着一定的方向和路径流动，这种水流称为地面径流。地面径流长期侵蚀地面，冲成沟壑，形成溪流，最后汇集成河流。河流流经的谷地称为河谷，河谷底部有水流的部分称为河床或河槽。面向下游，左边的河岸称为左岸，右边的河岸称为右岸。河流是水文循环的一条主要路径，它和人类的关系最为密切。

一条河流沿水流方向，自高向低可分为河源、上游、中游、下游和河口五段。河源是河流的发源地，多为泉水、溪涧、冰川、湖泊或沼泽等。上游紧接河源，多处于深山峡谷中，坡陡流急，河谷下切强烈，常有急滩或瀑布。中游河段坡度渐缓，河槽变宽，两岸常有滩地。冲淤变化不明显，河床较稳定。下游是河流的最下段，一般处于平原区，河槽宽阔，河床坡度和流速都较小，淤积明显，浅滩和河弯较多。河口是河流的终点，即河流注入海洋或内陆湖泊的地方。这一段因流速骤减，泥沙大量淤积，往往形成三角洲口注入海洋的河流，称为外流河，如长江、黄河等；流入内陆湖泊或消失于沙漠中的河流，称为内流河或内陆河，如新疆的塔里木河和青海的格尔木河等。

2.2 河流的基本特征

2.2.1 河流的长度

自河源沿主河道至河口的距离称为河流长度,简称河长,以 km 计。可在适当比例尺的地形图上量得。

2.2.2 河流断面

河流断面有横断面和纵断面。垂直于水流方向的断面称为横断面,简称断面,其一般形状如图 2-2 所示。断面内自由水面高出某一水准基面的高程称为水位。枯水期水流所占部分为基本河床,或称为主槽,洪水泛滥所及部分为洪水河床,或称为滩地。只有主槽而无滩地的断面称为单式断面,有主槽又有滩地的断面称为复式断面。河流横断面能表明河床的横向变化,断面内通过水流的部分称为过水断面,它的大小随断面形状和水位而变。

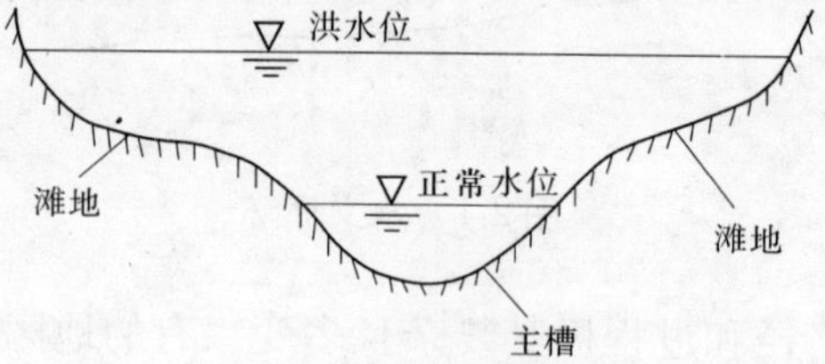

图 2-2 河流横断面

河流中沿水流方向各断面最大水深点的连线称为中泓线,沿中泓线的断面称为河流的纵断面。河流纵断面能反映河床的沿程变化。

2.2.3 河道纵比降

任意河段两端的高程差 Δh 称为落差,单位河长的落差称为河道纵比降,简称比降,用小数或千分数表示。河流沿程各河段的比降都不相同,一般自河源向河口逐渐减小。当河段纵断面近于直线时,比降按式(2-1)计算:

$$J = \frac{h_1 - h_0}{l} = \frac{\Delta h}{l} \tag{2-1}$$

式中 J——河段的比降;

h_1、h_0——河段上、下断面的河底高程,m;

l——河段长度,m。

当河底高程沿程变化时,可在纵断面图(见图 2-3)上从下断面河床处作一斜线,使斜线以下面积相等,该斜线的坡度即为河道的平均比降,其计算式为

$$J = \frac{(h_0 + h_1)l_1 + (h_1 + h_2)l_2 + \cdots + (h_{n-1} + h_n)l_n - 2h_0L}{L^2} \tag{2-2}$$

式中 $h_0, h_1, \cdots, h_n$——自下游到上游沿程各点的河底高程,m;

$l_0, l_1, \cdots, l_n$——相邻两点间的河长,m;

L——河段全长,m。

2.3 水系

脉络相通的大小河流所构成的系统称为水系,又称河系或河网,如图 2-4 所示。水系

中直接流入海洋、湖泊的河流称为干流,流入干流的河流称为支流。为了区别干支流,常采用斯特拉勒(Stralilcr)河流分级法进行分级。该法可表述为:直接发源于河源的小河流为一级河流;两条同级别的河流汇合而成的河流级别比原来高一级;两条不同级别的河流汇合而成的河流的级别为两条河流中的较高者。以此类推至干流,干流是水系中最高级别的河流。

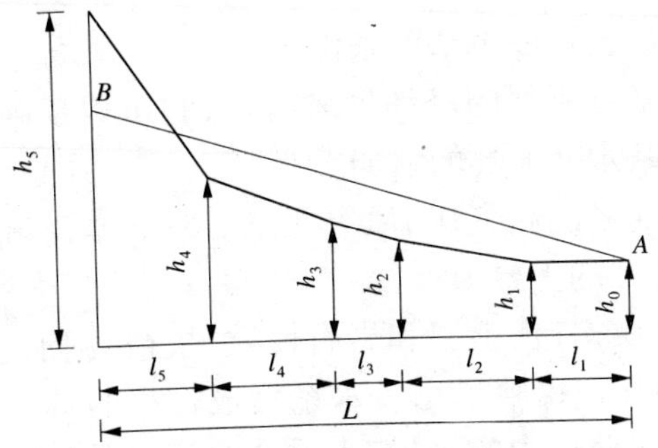

图2-3 河流纵断面示意图

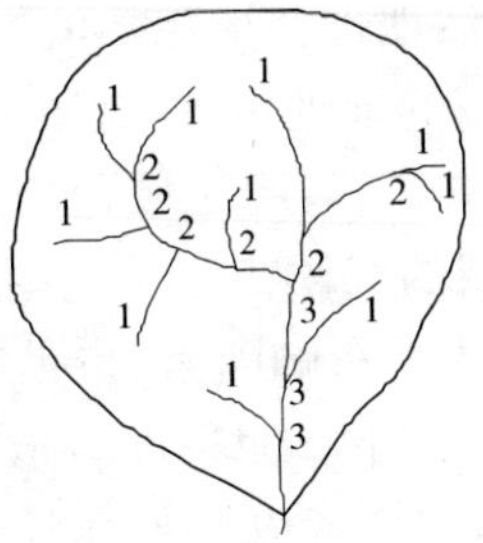

图2-4 河系及河流分级示意图

水系常以干流命名,如长江水系、黄河水系等。但是干流和支流是相对的,根据干支流的分布情况,一般将水系分为扇形水系、羽状水系、平行水系和混合型水系,前三种为水系基本类型。

2.4 流域

汇集地面水和地下水的区域称为流域,也就是分水线包围的区域。相邻两流域的界限称为分水线,见图2-5。分水线有地面、地下之分。当地面分水线与地下分水线相重合时,称为闭合流域,否则为非闭合流域。在实际工作中,除有石灰岩溶洞等特殊的地质情况外,对于一般流域,当对所论问题无太大影响时,多按闭合流域考虑。

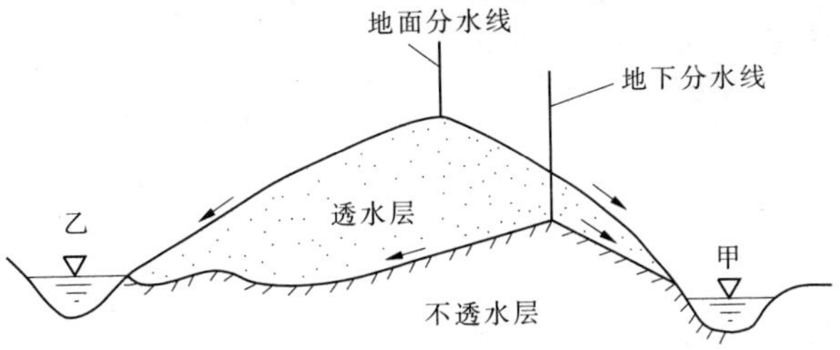

图2-5 地面分水线及地下分水线示意图

流域是相对于某一出口断面的。当不指明断面时,流域即指对河口断面以上的区域。

2.5 流域基本特征

2.5.1 流域面积

流域分水线包围区域的平面投影面积,称为流域面积,记为 F,以 km^2 计。可在适当比例尺的地形图上勾绘出流域分水线,量出其流域面积。

2.5.2 流域的长度和平均宽度

流域长度就是流域轴长,记为 L。以流域出口为中心向河源方向作一组不同半径的同心圆,在每个圆与流域分水线相交处作割线,各割线中点的连线的长度即为流域的长度,以 km 计。流域面积与流域长度之比称为流域平均宽度,记为 B,以 km 计。

2.5.3 流域形状系数

流域平均宽度与流域长度之比称为流域形状系数,记为 K。扇形流域的形状系数较大,狭长形流域则较小,所以流域形状系数在一定程度上以定量的方式反映流域的形状。

2.5.4 流域自然地理特征

流域自然地理特征包括流域的地理位置、气候特征、下垫面条件等。

(1)流域的地理位置。流域的地理位置以流域所处的经纬度来表示,它可以反映流域所处的气候带,说明流域距离海洋的远近,反映水文循环的强弱。

(2)流域的气候特征。包括降水、蒸发、湿度、气温、气压、风等要素。它们是河流形成和发展的主要影响因素,也是决定流域水文特征的重要因素。

(3)流域的下垫面条件。指流域的地形、地质构造、土壤和岩石性质、植被、湖泊、沼泽等情况,这些要素以及上述河道特征、流域特征都反映了每一水系形成过程的具体条件,并影响径流的变化规律。在天然情况下,水文循环中的水量、水质在时间上和地区上的分布与人类的需求是不相适应的。为了解决这一矛盾,长期以来人类采取了许多措施,如兴修水利、植树造林、水土保持、城市化等措施来改造自然以满足人类的需要。人类的这些活动,在一定程度上改变了流域的下垫面条件,从而引起水文特征的变化。因此,当研究河流及径流的动态特性时,需对流域的自然地理特征及其变化状况进行专门的研究。

3 降水

降水是指液态或固态的水汽凝结物从云中降落到地面的现象,如雨、雪、雹、露、霜等。其中以雨、雪为主。降水是水文循环中最活跃的因子,它是一种水文要素,也是一种气象要素。因此,降水现象是水文学和气象学共同研究的对象。我国大部分地区,一年内降水以雨水为主,降雪仅占少部分,所以这里降水主要指降雨。

3.1 降雨的成因与分类

自海洋、河湖、水库、潮湿土壤及植物叶面等蒸发出来的水汽进入大气后,由于分子本身的扩散和气流的传输作用分散于大气中,空气中的水汽含量有一定的限度,在一定温度下空气中最大的水汽含量称为饱和湿度,如果空气中的水汽量达到了饱和或过饱和,多余的水汽就要发生凝结。如果地面有团湿热未饱和空气,在某种外力作用下上升,上升高度越高,气压越低。因此,在上升过程中,这团空气的体积就要膨胀,体积膨胀消耗内能,结果必然导致气团温度下降,这种现象称为动力冷却。空气中的水汽随着气温的降低而凝结。凝结的内核是空气中的微尘、烟粒等。水汽分子凝结成小水滴后聚集成云。小水滴继续吸附水汽,并受气流涡动作用,相互碰撞结合成大水滴,直到其重量超过上升气流顶托力时下降成雨。因此,水汽、上升运动和冷却凝结是形成降水的三个因素。按照空气抬升形成动力冷却的原因分为锋面雨、地形雨、对流雨和气旋雨。

3.1.1 锋面雨

湿度、温度及运动方向基本相同的大空气块称为气团,其范围一般较大,从数百千米到数千千米。两个温湿特性不同的气团相遇时,在其接触区称为锋面。锋面与地面的交线称为锋线。锋面雨便是在峰面产生的降雨。按照冷暖气团的相对运动方向将锋面雨分为冷锋雨和暖锋雨。当冷气团向暖气团一侧移动，二者相遇，因冷空气较重而楔入暖气团下方，迫使暖气团上升，形成冷锋而致雨，称为冷锋雨，冷锋雨的特点是雨强大、范围较小、历时较短。当冷气团静止时，暖气团势力较强，向冷气团一方推进，二者相遇，暖气团将沿界面爬升至冷气团之上形成降雨叫暖锋雨。暖锋雨的特点是雨强不大、范围较广、历时较长。

3.1.2 地形雨

空气在运移过程中，遇山脉的阻挡。气流被迫沿迎风坡上升。由于动力冷却而成云致雨称为地形雨。此外。山脉的形状对降雨也有影响，如喇叭口形、马蹄形的地形，若它们的开口朝向气流来向，则易使气流辐合上升产生较大的降雨。地形雨的降雨特性因空气本身温湿特性、运行速度以及地形特点而异，差别较大。

3.1.3 对流雨

因地表局部受热，气温向上递减率过大，大气稳定性降低。由于太阳辐射的作用，下层空气膨胀上升与上层空气形成对流运动。上升的空气形成动力冷却致雨称为对流雨。对流雨多发生在夏季酷热的午后，一般降雨强度大、范围小、历时短，降雨面积分布小，常伴有雷电，故又称为雷阵雨。

3.1.4 气旋雨

当局部地区气压较低时，四周气流会向中心辐合运动，然后转向高空，气流中的水汽因动力冷却成云致雨，称为气旋雨。按热力学性质分类，气旋可分为温带气旋和热带气旋两类，相应产生的降雨称为温带气旋雨和热带气旋雨。气旋雨时常伴随大风，一般雨量大、强度高，常常造成灾害。

此外，根据我国气象部门的规定，按照1 h或24 h的降雨量将降雨分为：

小雨：指1 h的雨量≤2.5 mm或24 h雨量<10.0 mm。

中雨：指1 h的雨量为2.6~8.0 mm或24 h雨量为10.0~24.9 mm。

大雨：指1 h的雨量为8.1~15.9 mm或24 h雨量为25.0~49.9 mm。

暴雨：指1 h的雨量≥16 mm或24 h雨量≥50 mm。

3.2 点降雨的特性及分析方法

所谓点降雨量，是指一个雨量观测站承雨器（口径约20 cm）所在地的降雨量。点降雨的特性可用降雨量、降雨历时和降雨强度（简称雨强）等特征量以及雨量、雨强在时程上的变化来反映。

降雨量指一定时段内落在某一点或某一面积上的总雨量，常以深度表示，单位以mm计。在标明降雨量时一定要指明时段，常用的降雨时段分别有分、时、日、月、年等，相应的雨量称为时段雨量、日雨量、月雨量、年雨量。

降雨历时指一次降雨从开始到结束所经历的时间，以min或h计。

降雨强度指单位时间内的降雨量，以mm/min或mm/h计。

3.3 面降雨的特性及分析计算

3.3.1 面雨量的特性分析

所谓面雨量是指在一定区域面积上的平均雨量。在降雨径流分析中，与洪水大小相应的必须是流域面积上的面平均雨量。降雨量在时间上的变化过程及空间上的分布情况常用降雨等值线、平均雨量—面积曲线、平均雨量—历时—面积曲线等来表示。

3.3.1.1　降雨等值线

对于面积较大的流域,为了表示一定时段内的降雨空间分布情况,可绘制降雨等值线(也称等雨量线)。降雨量等值线图具体做法与测量学中绘制等高线地形图方法相似,首先根据需要,将一定时段内流域及其周边邻近雨量站的同期雨量标注在相应位置上,然后按照各站降雨量的大小用地理插值法,并参考地形和气候变化进行勾绘。如图 2-6 所示,降雨等值线图是研究降雨分布、暴雨中心移动及计算流域平均面雨量的有力工具。但在绘制降雨等值线图的时候要求有足够的且控制良好的雨量站点。

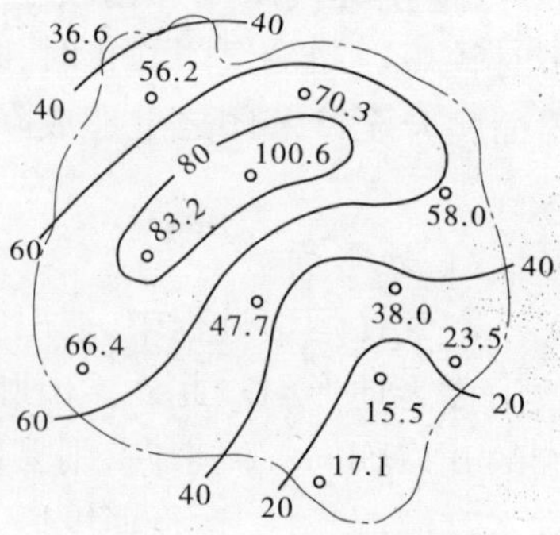

图 2-6　降雨等值线图

3.3.1.2　平均雨量—面积曲线

对于一场暴雨,从等雨量线图上的暴雨中心算起,分别量取不同等雨量线所包围的面积,并计算各面积内的平均雨量,以雨量线为纵坐标,面积为横坐标绘制曲线,如图 2-7 所示。曲线表示不同笼罩面积所对应的平均雨量。可以看出,平均雨量随笼罩面积的增大而减少。

3.3.1.3　平均雨量—历时—面积曲线

流域上的一次降雨,其空间分布是不均匀的,除用等雨量线表示外,还可以根据不同历时的等雨量线图,从暴雨中心起,分别量取不同等雨量线所包围的面积,并分别计算各条等雨量线范围内的平均雨量,以雨量线为纵坐标,面积为横坐标绘制曲线,历时为参数点绘成图。如图 2-8 所示。由图可知,当降雨历时一定时,暴雨所笼罩的面积越大,则平均雨量越小;当暴雨笼罩的面积一定时,历时越长,雨量越大。

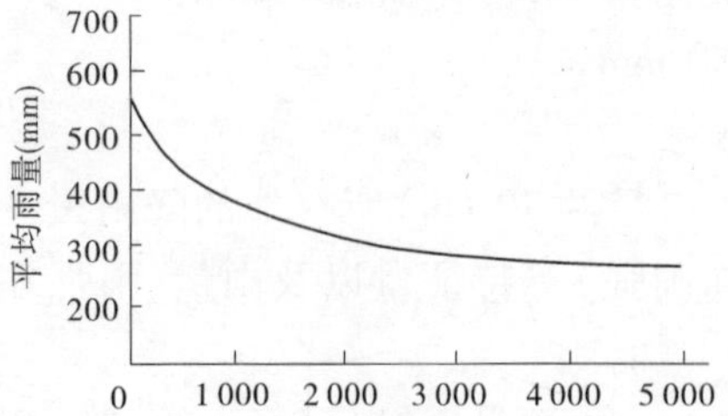

图 2-7　平均雨量—面积曲线

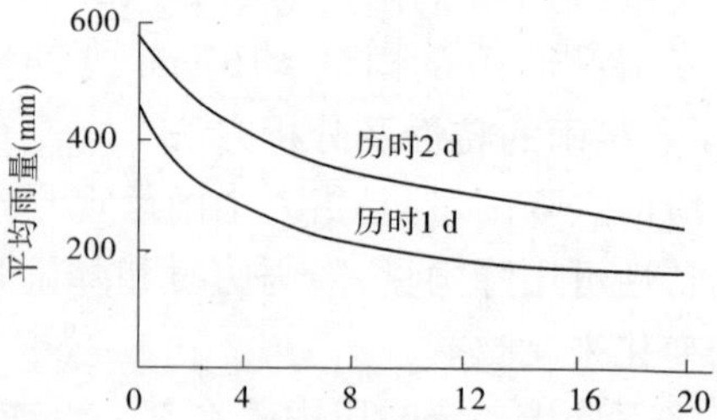

图 2-8　平均雨量—历时—面积曲线

3.3.2　流域面平均雨量的计算

3.3.2.1　算数平均法

当流域内雨量站分布较均匀,地形起伏变化不大时,可用流域内各站雨量的算术平均值作为流域平均雨量,计算公式为

$$\overline{H} = \frac{H_1 + H_2 + \cdots + H_n}{n} = \frac{1}{n}\sum_{i=1}^{n} H_i \tag{2-3}$$

式中　$\overline{H}$——流域平均降雨量,mm;

H_i——流域内各雨量站雨量($i = 1,2,\cdots,n$),mm;

n——雨量站数目。

3.3.2.2　泰森多边形法

泰森多边形法又称垂直平分法。当流域内雨量站分布不均匀或地形变化较大时,可假定流域上不同地区的降雨量与距其最近的雨量站的雨量相近,并用其值计算流域面平均雨量。具体做法是:在图上将相邻雨量站用直线连接而成若干个三角形(尽可能连成锐角三角形),而后对各连线作垂直平分线,连接这些垂线的交点,得到若干个多边形(如图 2-9 所示),各个多边形内各有一个雨量站,即以该多边形面积作为该雨量站所控制的面积,则区域平均降水量可按面积加权法求得,计算公式为

$$\overline{H} = \frac{H_1 f_1 + H_2 f_2 + \cdots + H_n f_n}{F} = \sum_{i=1}^{n}\frac{H_i f_i}{F} \tag{2-4}$$

式中　f_i——各多边形的面积($i = 1,2,\cdots,n$),km^2;

F——流域面积,km^2。

3.3.2.3　等雨量线法

等雨量线法适用于面积较大、地形变化显著而有足够数量雨量站的地区。具体做法为:先绘制出等雨量线(如图 2-10 所示),再用求积仪或其他方法量得各相邻等雨量线间的面积,乘以两雨量线的平均雨深,得出该面积上的降水量,而后将各部分面积上的降水总量相加,再除以总面积即得出区域平均降水量,计算公式为

$$\overline{H} = \frac{1}{F}\sum_{i=1}^{n}\frac{1}{2}(H_i + H_{i+1})f_i \tag{2-5}$$

式中　f_i——两条相邻等雨量线之间的流域面积,km^2。

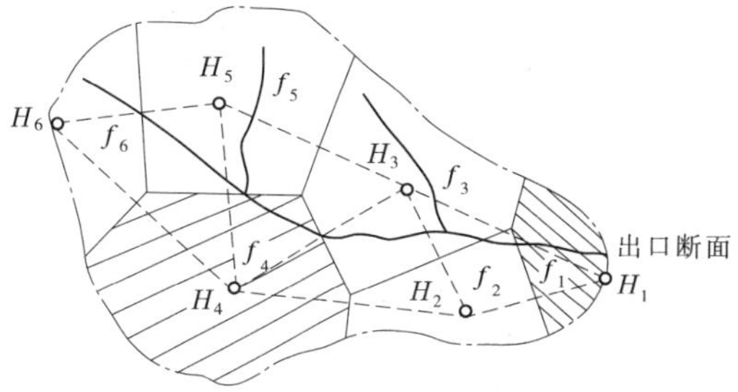

图 2-9　泰森多边形法

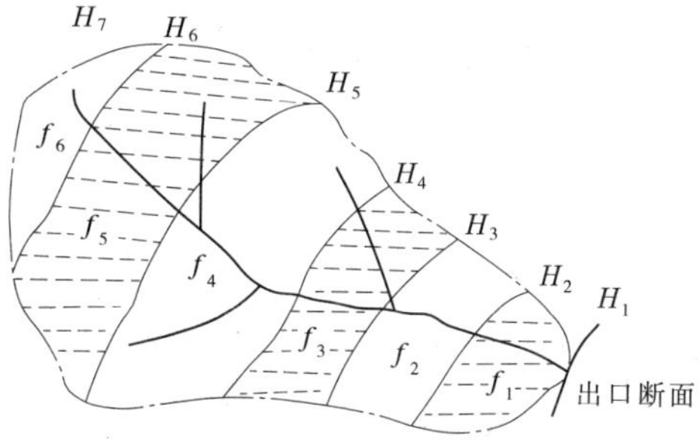

图 2-10　等雨量线法

3.3.2.4　降雨点面关系法

当流域内雨量站少,或各雨量站观测不同步时,可用降雨的点面关系来计算面雨量,其计算公式为

$$\overline{H} = \alpha H_0 \tag{2-6}$$

降雨的点面关系是指降雨中心或流域中心附近代表站的点雨量与一定范围内的面雨

量之间的关系。它又可分为动点动面关系和定点定面关系。以降雨等值线图上降雨中心的点雨量与其周围各条等雨量线所包围的面积上的平均雨量之比所建立的点面关系叫动点动面关系;而以流域中心或流域内某一点作为定点,以流域面积作为定面,计算点绘某历时各次暴雨点雨量与流域面平均雨量之间的关系,称为定点定面关系。

由于暴雨的走向、雨量大小及地区分布的随机性,定点定面关系通常很不稳定,而且建立时需要充分的雨量资料,因此我国水文计算中采用的暴雨点面关系,一般是动点动面关系。

以上四种方法,算数平均法最为简单,但要求的条件较高;泰森多边形法适用性较强,且有一定精度,尤其是在流域内雨量站网一定的情况下,求得各站的面积权重系数可一直沿用,或用计算机进行计算,所以在水文上应用广泛,但在降雨分布发生变化时,计算结果不一定符合实际;等雨量线法是根据等雨量线图来计算的,因此计算精度最高,但它要有足够的雨量站,且每次计算都要绘制等雨量线,并量计相邻两条等雨量线之间的流域面积,所以计算工作量大,实际工作中应用有限;降雨点面关系法更为简单,当需要知道点面关系图,在流域雨量资料较差或缺乏时应用较多。

4　蒸发和下渗

4.1　蒸发

蒸发是水文循环中自降水到达地面后由液态或固态转化为水汽返回大气的阶段。蒸发是水文循环的重要环节之一,而对径流形成来说,蒸发则是一种损失。蒸发在水量平衡研究和水利工程规划中是不可忽视的影响因素。

蒸发是发生在具有水分子的物体表面上的一种分子运动现象。具有水分子的物体表面称为蒸发面,自然界的蒸发面有各种形态,性质各不相同,因而蒸发也分为不同的类型。蒸发面为水面时称为水面蒸发;蒸发面为土壤表面时称为土壤蒸发;蒸发面是植物茎叶时则称为植物散发。

4.1.1　水面蒸发

水面蒸发是指在自然条件下,水面的水分从液态转化为气态逸出水面的物理过程。流域上的各种水体如江河、水库、湖泊、沼泽等,由于太阳的辐射作用,其水分子在不断地运动着,当某些水分子所具有的动能大于水分子之间的内聚力时,便从水面逸出变成水汽进入空中,进而向四周及上空扩散;与此同时,另一部分水汽分子又从空中返回到水面。影响水面蒸发的因素主要有气温、湿度、风速、水质及水面大小等。

4.1.2　土壤蒸发

土壤蒸发是土壤中所含水分以水汽的形式逸入大气的现象,土壤蒸发过程是土壤失去水分或干化过程。土壤是一种有孔介质,具有吸收、保持和输送水分的能力,因此土壤蒸发还受土壤水分运动的影响。由此可知,土壤蒸发比水面蒸发复杂。

湿润的土壤,其蒸发过程一般可分为三个阶段。第一阶段,土壤十分湿润,土壤中存在自由重力水,并且土层中毛细管也上下沟通,水分从表面蒸发后,能得到下层的充分供应。这一阶段,土壤蒸发主要发生在表层,蒸发速度稳定,蒸发量 E 等于或接近相同气象条件下的蒸发能力 EM。这一阶段,气象条件是影响蒸发的主要原因。由于蒸发耗水,土壤含水量不断减少，当土壤含水量降到田间持水量 $W_{田}$ 以下时，土壤中毛细管的连续状态将逐渐被破坏，从土层内部由毛细管作用上升到土壤表面的水分也将逐渐减少，这时进入第二阶段。在第二阶段内，随土壤含水量的减少，供水条件越来越差，土壤蒸发率也就越来越小。此时，土壤蒸发不仅与气象因素有关，而且随土壤含水量的减少而减少。土壤蒸发率与土壤含水量 W 大体成正比。当土壤含水量减至毛管断裂含水量 $W_{断}$，毛管水完全不能到达地表后，进入第三阶段。在第三阶段，毛管向土壤表面输送水分的机制完全遭到破坏，水分只能以薄膜水或气态水的形式向地表移动，运动十分缓慢，蒸发率微小。在这种情况下，不论是气象因素还是土壤含水量对土壤蒸发均不起明显作用。

4.1.3 植物散发

植物散发是指在植物生长期，水分从叶面和枝干蒸发进入大气的过程，又称蒸腾。植物散发比水面蒸发及土壤蒸发更为复杂，它与土壤环境、植物的生理结构以及大气状况有密切的关系。不同植物散发量不同；同一种植物在不同的生长阶段散发量也不同。由于植物的光合作用与太阳辐射有关，大约有95%的散发量发生在白天。当气温降至4 ℃时，植物生长基本停止，相应的散发量也变得极小。植物生于土壤，因而植物散发和土壤蒸发总是同时存在的，二者合称为陆面蒸发，它是流域蒸发的主要组成部分。

4.1.4 流域总蒸发

流域总蒸发包括水面蒸发、土壤蒸发、植物截留蒸发及植物散发。确定的方法一般有两种：一是先分别计算流域内各个单项的蒸散发量，然后加权求出总蒸发量。但由于一个流域的下垫面极其复杂，有河流、湖泊、土壤岩石和不同的植被等，分项计算不仅困难，也欠准确，所以这种方法目前还难以实现。实用的方法是先对流域进行综合研究，再用水量平衡法或经验公式间接计算出流域总蒸发量。

4.2 下渗

下渗是指降落到地面上的雨水从地表渗入土壤内的运动过程。下渗不仅直接决定地面径流量的大小，同时也影响土壤水分的增长，以及表层流与地下径流的形成。因此，分析下渗的物理过程和规律，对认识径流形成的物理机制有重要的意义。

4.2.1 下渗的物理过程

当降雨持续不断地落在干燥土层表面时，雨水将从包气带上界不断地渗入土壤。渗入土中的水分，在分子力、毛管力和重力的作用下发生运动。按水分所受的力和运动特征，下渗可分为三个阶段。

4.2.1.1 渗润阶段

下渗的水分主要受分子力的作用，被土壤颗粒吸收而成薄膜水。若土壤十分干燥，这一阶段十分明显。当土壤含水量达到最大分子持水量时，分子力不再起作用，这一阶段结束。

4.2.1.2 渗漏阶段

下渗水分主要在毛管力、重力作用下，沿土壤孔隙向下作不稳定流动，并逐步充填土壤孔隙直至饱和，此时毛管力消失。

4.2.1.3 渗透阶段

当土壤孔隙充满水达到饱和时，水分在重力作用下呈稳定流动。

一般将前两个阶段统称渗漏阶段。渗漏属于非饱和水流运动,而渗透则属于饱和水流的稳定运动。在实际下渗过程中,这两个阶段并无明显分界。各阶段是相互交错进行的。

4.2.2　下渗率和下渗能力

单位时间内渗入单位面积土壤中的水量称为下渗率或下渗强度,记为f,以 mm/min 或 mm/h 计。在充分供水条件下的下渗率则称为下渗能力。通常用下渗率或下渗能力随时间的变化过程来定量描述土壤下渗规律,如图 2-11 所示的下渗能力随时间的变化过程线,称为下渗能力曲线,简称下渗曲线,并以$f(t)$—t表示。下渗最初阶段,下渗的水分被土壤颗粒吸收以及充填土壤孔隙,下渗率很大。随时间的增长,下渗水量越来越多,土壤含水量也逐渐增大,下渗率逐渐递减。当土壤孔隙充满水,下渗趋于稳定,此时的下渗率称为稳定下渗率,记为f_c,这样把下渗曲线划分为不稳定下渗阶段(渗漏阶段)和稳定下渗阶段(渗透阶段)。这种变化规律与下渗物理过程的机制是一致的。

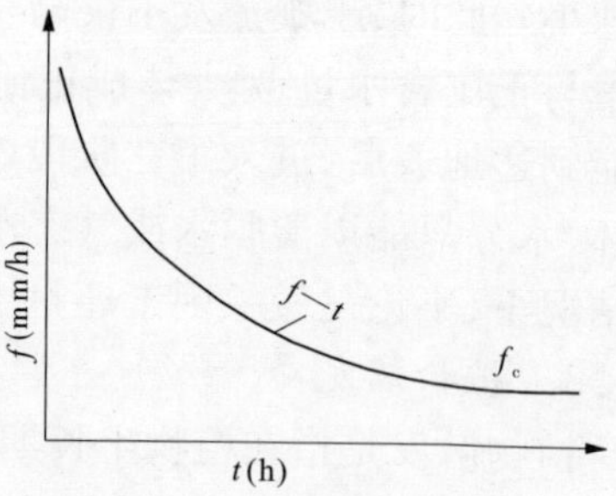

图 2-11　下渗能力(容量)曲线

5　径流

径流是指降水所形成的,沿着流域地面和地下向河川、湖泊、水库、洼地等流动的水流。其中,沿着地面流动的水流称为地面径流或地表径流;沿土壤岩石孔隙流动的水流称为地下径流;汇集到河流后,在重力作用下沿河床流动的水流称为河川径流。径流因降水形式和补给来源的不同,可分为降雨径流和融雪径流,我国大部分河流以降雨径流为主。

5.1　径流的形成过程

流域内,自降雨开始到水流汇集到流域出口断面的整个物理过程,称为径流形成过程,如图 2-12 所示。径流的形成是一个相当复杂的过程,为了便于分析,一般把它概括为产流过程和汇流过程两个阶段。

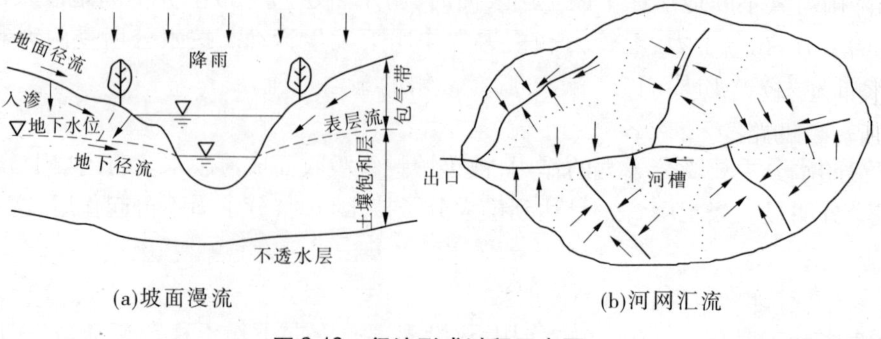

图 2-12　径流形成过程示意图

5.1.1　产流过程

降落到流域内的雨水,一部分会损失掉,剩下的部分形成径流。降雨扣除损失后的雨量称为净雨。我们把降雨扣除损失形成净雨的过程称为产流过程,净雨量也称为产流量。降雨不能产生径流的那部分降雨量称为损失量。在前期十分干旱的情况下,降雨产流过程中的损失量称为最大损失量,记为 I_m。

降雨开始后,除少量直接降落在河面上形成径流外,一部分滞留在植物枝叶上,称为植物截留,截留量最终耗于蒸发。落到地面的雨水将向土中下渗,当降雨强度小于下渗强度时,雨水将全部渗入土中;当降雨强度大于下渗强度时,雨水按下渗能力下渗,超出下渗的雨水称为超渗雨。超渗雨会形成地面积水,积蓄于地面上大大小小的坑洼,称为填洼。填洼水量最终消耗于蒸发和下渗。随着降雨持续进行,满足了填洼的地方开始产生地面径流。形成地面径流的净雨,称为地面净雨。下渗到土中的水分,首先被土壤吸收,使包气带土壤含水量不断增加,当达到田间持水量后,下渗趋于稳定。继续下渗的雨水,沿着土壤孔隙流动,一部分会从坡侧土壤孔隙流出,注入河槽形成径流,称为表层流或壤中流。形成表层流的净雨称为表层流净雨。另一部分会继续向深处下渗,到达地下水面后,以地下水的形式补给河流,称为地下径流。形成地下径流的净雨称为地下净雨,包括浅层地下水(潜水)和深层地下水(承压水)。

必须着重指出:就目前的水文科学水平,要正确划分地面径流、表层流和地下径流是非常困难的,所以实用上一般只把实测的总径流过程划分为地面径流和地下径流,相应地,净雨也只划分为地面净雨和地下净雨。表层流与地面径流的性质相近。通常把它归并到地面径流中,表层流净雨也自然地归入地面净雨中。

5.1.2　汇流过程

净雨沿坡面从地面和地下汇入河网,然后沿着河网汇集到流域出口断面,这一完整的过程称为流域汇流过程。前者称为坡面汇流,后者称为河网汇流。

坡面汇流分为三种情况:一是超渗雨满足了填洼后产生的地面净雨沿坡面流到附近河网的过程,称为坡面漫流。坡面漫流流程较短,一般不超过数百米,历时亦短。地面净雨经坡面漫流注入河网,形成地面径流。大雨时地面径流是构成河流流量的主要来源。二是表层流净雨沿坡面侧向表层土壤孔隙流入河网,形成表层流径流。表层流流动比地面径流慢,到达河槽也较迟,但对历时较长的暴雨,数量可能很大,成为河流流量的主要组成部分。三是地下净雨向下渗透到地下潜水面或深层地下水体后,沿水力坡度最大的方向流入河网,称为坡地地下汇流。深层地下水汇流很慢,所以降雨以后,地下水流可以维持很长时间,较大河流可以终年不断,是河川的基本径流,所以常称为基流。这几种径流由于所流经的路径不同,各自的汇流速度也就不同。一般地面径流最快,表层流次之,地下径流则最慢。

各种成分径流经坡地汇流注入河网,从支流到干流,从上游向下游,最后流出流域出口断面,这个过程称为河网汇流过程。坡地水流进入河网后,使河槽水量增加,水位升高,这就是河流洪水的涨水阶段。在涨水段,由于河槽贮蓄一部分水量,所以对任一河段,下断面流量总小于上断面流量,随着降雨和坡地漫流量的逐渐减少直至完全停止,河槽水量减少,水位降低,这就是退水阶段,这种现象称为河槽调蓄作用。

必须指出,降雨、产流和汇流,是从降雨开始到水流流出流域出口断面经历的全过程,它们在时间上并无截然的分界,而是同时交错进行的。

5.2 径流的表示方法

径流在一年内和多年期内的变化特性,称为径流情势,前者称为年内变化或年内分配,后者称为年际变化。河川径流情势,常用流量、径流量、径流深、径流模数、径流系数的大小来表示。

5.2.1 流量

单位时间内通过河流某一断面的水量称为流量,记为 Q,以 m^3/s 计。流量随时间的变化过程,用流量过程线表示。水文中常用的流量还有日平均流量、月平均流量、年平均流量、多年平均流量及指定时段的平均流量。

5.2.2 径流量

径流量指时段 T 内通过河流某一断面的总水量,记为 W,以 m^3、万 m^3 或亿 m^3 计,有时也用时段平均流量与时段的乘积为单位,如$(m^3/s)\cdot d$、$(m^3/s)\cdot$月等。

5.2.3 径流深

将径流量平铺在整个流域面积上所得的水层深度,记为 R,以 mm 计,计算公式为

$$R = \frac{W}{1\,000F} = \frac{\overline{Q}T}{1\,000F} \tag{2-7}$$

式中 W——时段 T 内径流量,m^3;

$\overline{Q}$——时段 T 内平均流量,m^3/s;

T——计算时段,s;

F——流域面积,km^2。

式(2-7)中计算时段 T 可分别采用年、季、月或日,则其相应的径流分别称为年径流、季径流、月径流或日径流。其中,年径流及其时程分配形式对水利水电工程的规划设计尤为重要。本章重点介绍年径流的分析计算,较短时段径流的分析计算可以参照年径流进行。

5.2.4 径流模数

流域出口断面流量与流域面积的比值称为径流模数,记为 M,以 $L/(s\cdot km^2)$计,计算公式为

$$M = \frac{1\,000Q}{F} \tag{2-8}$$

随着对 Q 赋予的不同意义,径流模数也有不同的含义,若 Q 为洪峰流量,相应的 M 为洪峰流量模数;Q 为多年平均流量,相应的 M 为多年平均流量模数等。

5.2.5 径流系数

某一时段的径流深 R 与相应时段内流域平均降雨深度 H 的比值称为径流系数,记为 a,计算公式为

$$a = \frac{R}{H} \tag{2-9}$$

因 $R<H$,故 $a<1$。

5.3 径流的特性

5.3.1 径流的季节分配

河川径流的主要来源为大气降水。降水在年内分配是不均匀的,有多雨季节和少雨

季节,径流也随之呈现出丰水期和枯水期,或汛期与非汛期。最大日径流量较之最小日径流量,有时可达几倍到几十倍。

5.3.2 径流的地区分布

河川径流的地区性差异非常明显,这也和雨量分布密切相关。多雨地区径流丰沛,少雨地区径流较少。我国的丰水带包括东南和华南沿海,云南西部和西藏东部,年径流深在1 000 mm以上。我国的少水带包括东北西部,内蒙古、宁夏、甘肃大部和新疆西北部,年径流深为10~50 mm。而许多沙漠地区为干涸带,年径流深不足10 mm。

5.3.3 径流的周期性

绝大多数河流以年为周期的特性非常明显。在一年之内,丰水期和枯水期交替出现,周而复始。又因特殊的自然地理环境或人为影响,在一年的主周期中,也会产生一些较短的特殊周期现象。例如,冰冻地区在冰雪融解期间,白昼升温,融解速度加快,径流较大;夜间相反,呈现出以锯齿形为特征的径流日周期现象。又如担任调峰任务的水电站下游,在电力负荷高峰期间,加大下泄流量;峰期过后,减小下泄流量,也会出现以日为周期的径流波动现象。

在实测年径流系列中,往往发现连续丰水段或连续枯水段交替出现的现象,连续2~3年年径流偏丰或偏枯的现象极为常见;连续3~5年也不罕见,有的甚至超过10年以上。这种连续丰水段或连续枯水段的交替出现,会形成从十几年到几十年的较长周期,需要通过周期分析加以识别。

6 流域水量平衡

6.1 水量平衡原理

在水文循环过程中,对任一区域、任一时段进入水量与输出水量的差额必等于其蓄水量的变化量,这就是水量平衡原理。水量平衡原理是水文学的基本原理,水量平衡法是分析研究水文现象,建立水文要素之间定性或定量关系,了解其时空变化规律等的主要方法之一。

根据水量平衡原理,可列出水量平衡方程式

$$I - O = W_2 - W_1 = \Delta W \tag{2-10}$$

式中 I——时段内输入区域的各种水量之和;

O——时段内输出区域的各种水量之和;

W_1——时段初区域内的蓄水量;

W_2——时段末区域内的蓄水量;

ΔW——时段内区域蓄水量的变化量,$\Delta W > 0$表示时段内区域蓄水量增加,相反,表示时段内区域蓄水量减少。

水量平衡原理是水文学最基本的原理之一。它在降雨径流过程分析、水利计算、水资源评价等问题中应用非常广泛。

6.2 流域水量平衡

在河流水资源开发利用中主要研究流域的水量平衡问题。若是闭合流域,又无跨流域引水,流域内的用水量不计,可得到闭合流域的水量平衡方程式为

$$H - (E + Y) = \Delta W \tag{2-11}$$

式中 H——流域降水量；

E——流域蒸发量；

Y——入海径流量；

ΔW——流域蓄水量变化量。

在实际工作中，常取研究时段为 1 年，则式(2-11)称为闭合流域年水量平衡方程式。对于多年平均情况，因为 ΔW 有正有负，故水量平衡方程式为

$$H_0 = E_0 + Y_0 \tag{2-12}$$

式(2-12)称为闭合流域多年平均水量平衡方程。

任务 2　具有长期实测资料时设计年径流的分析计算

【学习目标】 (1)掌握年径流系列的一致性和代表性分析方法。

(2)了解年径流频率分析时的一些注意事项。

【学习要点】 (1)年径流系列的一致性和代表性分析方法。

(2)年径流频率分析注意事项。

所谓较长年径流系列，是指设计代表站断面或参证流域断面有实测径流系列，其长度不小于规范规定的年数，即不应小于 20 年。若实测系列小于 20 年，应设法将系列加以延长；若系列中有缺测资料，应设法予以插补；若有较明显的人类活动影响，应进行径流资料的还原工作。

1　年径流系列的一致性和代表性分析

1.1　年径流系列的一致性分析

应用数理统计法进行年径流的分析计算时，一个重要的前提是年径流系列应具有一致性。就是说组成该系列的流量资料，都是在同样的气候条件、同样的下垫面条件和同一测流断面上获得的。其中，气候条件变化极为缓慢，一般可以不加考虑。人类活动影响下垫面的改变，有时却很显著，为影响资料一致性的主要因素，需要重点进行考虑。测量断面位置有时可能发生变动，当对径流量产生影响时，需要改正至同一断面的数值。

影响径流的人类活动，主要是蓄水、供水、水土保持以及跨流域引水等工程的大量兴建。大坝蓄水工程，主要是对径流进行调节，将丰水期的部分水量存蓄起来，在枯水期有计划地下泄，满足下游用水的需要。一般情况下，水库对年径流量的影响较小，而对径流的年内分配影响很大。供水工程主要向农业、工业及城市用水提供水量，其中尤以灌溉用水占很大比重。但供水中的一部分水量，仍流回原河流，称回归水，分析时应予注意。水土保持是根治水土流失的群众性工程，面广量大，20 世纪 70 年代后发展很快。一些重点治理的流域，河川径流和泥沙已发生了显著变化，而且这种趋势还将长期持续下去。

可见在工程水文中，很多情况下需要考虑人类活动的影响，特别是在年径流分析计算中，需要考虑径流的还原计算，把全部系列建立在同一基础上。

1.2 年径流系列的代表性分析

年径流系列的代表性，是指该样本对年径流总体的接近程度，若接近程度较高，则系列的代表性较好，频率分析成果的精度较高，反之较低。因此，在进行年径流频率分析之前，还应进行系列的代表性分析。

样本对总体代表性的高低，可通过对二者统计参数的比较加以判断。但总体分布是未知的，无法直接进行对比，只能根据人们对径流规律的认识以及与更长径流、降水等系列对比，进行合理性分析与判断。常用的方法如下。

1.2.1 进行年径流的周期性分析

对于一个较长的年径流系列，应着重检验它是否包括了一个比较完整的水文周期，即包括了丰水段(年组)、平水段和枯水段，而且丰、枯水段又大致是对称分布的。一般来说，径流系列愈长，其代表性就愈好，但也不尽然。例如，系列中的丰水段数多于枯水段数，则年径流可能偏丰，反之可能偏低。去掉一个丰水段或枯水段径流资料，其代表性可能更好。又如，有的测站，1949年以前的观测精度较低，20世纪50年代初期，曾大量使用这些资料，但随着观测期的不断增长，可能已不再使用这些资料，且代表性可能更好一些。但是对去掉部分资料的情况，应特别慎重对待，须经充分论证后决定取舍。

一个较长的水文周期，往往需要几十年的时间，在条件许可时，可以在水文相似区内进行综合性年径流或年降水周期分析工作，并结合历史旱涝分析文献，作出合理的判断。

1.2.2 与更长系列参证变量进行比较

参证变量系指与设计断面径流关系密切的水文气象要素，如水文相似区内其他测站观测期更长，并被论证有较好代表性的年径流或年降水系列。设参证变量的系列长度为 N，设计代表站年径流系列长度为 n，且 n 为二者的同步观测期。如果参证变量的 N 年统计特征(主要是均值和变差系数)与其“自身”年的统计特征接近，说明参证变量的 n 年系列在 N 年系列中具有较好的代表性。又因设计断面年径流与参证变量有较密切的关系，从而也间接说明设计断面 n 年的年径流系列具有较好的代表性。

2 年径流的频率分析

水文要素频率分析的通用方法，在项目1中已有详细阐述，此处重点针对年径流的特点，补充介绍一些应予注意的事项。

2.1 选择

当年径流资料经过审查、插补延长、还原计算和资料一致性和代表性论证以后，应按逐年逐月统计其径流量，组成年径流系列和月径流系列。这些数据绝大部分可自《水文年鉴》上直接引用，但须注意，《水文年鉴》上刊布的数字是按日历年分界的，即每年1～12月为一个完整的年份。

在水资源利用工程中，为便于水资源的调度运用，常采用另一种分界的方法，称水利年度。它不是从1月开始，而是将水库调节库容的最低点(汛前某一月，各地根据入汛的迟早具体确定)作为一个水利年度的起始点，周而复始地加以统计，建立起一个新的年径流系列。当年径流系列较长时，用上述两种系列做出的频率分析成果是很接近的。

2.2 线型与参数估算

经验表明，我国大多数河流的年径流频率分析，可以采用 P-Ⅲ型频率分布曲线，但规范同时指出，经分析论证亦可采用其他线型。

P-Ⅲ型年径流频率曲线有三个参数，其中均值（$\bar{x}$）一般直接采用矩法计算值；变差系数（C_v）可先用矩法估算，并根据适线拟合最优的准则进行调整；偏差系数（C_s）一般不进行计算，而直接采用 C_v 的倍比，我国绝大多数河流可采用 $C_s=(2\sim3)C_v$。在进行频率适线和参数调整时，可侧重考虑平、枯水年份年径流点群的趋势。

2.3 其他注意事项

2.3.1 参数的定量应注意参照地区综合分析成果

对中小流域设计断面径流系列计算的统计参数，有时也会带有偶然性。因此，在有条件时，应注意和地区综合分析的统计参数成果进行合理性比较，特别是在系列较短时尤应注意。我国已制定有全国和各地区的中小河流年径流深和 C_v 的等值线图，可以作为重要的参考资料。

2.3.2 历史枯水年径流的考证和引用

当在实测年径流系列以外，还能考证到历史上曾经发生过更枯的年径流时，应进一步考证其发生的重现期，并点绘到年径流频率图上，可以起到控制频率曲线合理外延的作用。

任务3 缺乏实测资料时设计年径流的分析计算

【学习目标】 (1)掌握有较短年径流系列时设计年径流频率分析计算方法。
(2)掌握缺乏实测径流资料时设计年径流量的估算方法。
(3)掌握流量历时曲线的定义及绘制方法。
(4)掌握设计年径流的时程分配方法。

【学习要点】 (1)有较短年径流系列时设计年径流频率的分析计算。
(2)缺乏实测径流资料时设计年径流量的估算。
(3)流量历时曲线的定义及绘制方法。
(4)设计年径流时程分配。

短缺径流资料的情况可分为两种：一种是设计代表站只有短系列径流实测资料（$n<20$ 年），其长度不能满足规范的要求；一种是设计断面附近完全没有径流实测资料。对于前一种情况，工作重点是设法展延径流系列的长度；对于后一种情况，主要是利用年径流统计参数的地理分布规律，间接地进行年径流估算。

1 有较短年径流系列时设计年径流频率分析计算

本法的关键是展延年径流系列的长度。方法的实质是寻求与设计断面径流有密切关系并有较长观测系列的参证变量，通过设计断面年径流与其参证变量的相关关系，将设计断面年径流系列适当地加以延长至规范要求的长度。当年径流系列适当延长以后，其频率分析方法与本项目任务2所述完全一样。

最常采用的参证变量有设计断面的水位、上下游测站或邻近河流测站的径流量、流域的降水量。参证变量应具备下列条件：

(1)参证变量与设计断面径流量在成因上有密切关系。

(2)参证变量与设计断面径流量有较多的同步观测资料。

(3)参证变量的系列较长,并有较好的代表性。

1.1　利用本站的水位资料延长年径流系列

有些测站开始只观测水位,后来增加了流量测验。可根据其水位流量关系,将水位资料转化成径流资料。

1.2　利用上下游站或邻近河流测站实测径流资料,延长设计断面的径流系列

同一河流上下游的水量存在着有机联系,因此,当设计断面上下游不太远处有实测径流资料时,常是很好的参证变量,可通过建立二者的径流相关加以论证。当流域面积与设计流域面积相差不太悬殊时,同一水文气候区内的邻近河流的径流资料也可试选为参证变量。下面是一个实例。

设有甲、乙两个水文站,设计断面位于甲站附近,但只有1971～1980年实测径流资料。其下游的乙站却有1961～1980年实测径流资料,见表2-1。将二者10年同步年径流观测资料对应点绘,发现其相关关系较好,如图2-13所示。根据二者的相关线,可将甲站1961～1970年缺测的年径流查出,延长年径流系列,进行年径流的频率分析计算。

表2-1　某河流甲、乙两个水文站年径流资料　(单位:m^3/s)

年份	1961	1962	1963	1964	1965	1966	1967	1968	1969	1970
乙站	1 400	1 050	1 370	1 360	1 710	1 440	1 640	1 520	1 810	1 410
甲站	(1 120)	(800)	(1 100)	(1 080)	(1 510)	(1 180)	(1 430)	(1 230)	(1 610)	(1 150)
年份	1971	1972	1973	1974	1975	1976	1977	1978	1979	1980
乙站	1 430	1 560	1 440	1 730	1 630	1 440	1 480	1 420	1 350	1 630
甲站	1 230	1 350	1 160	1 450	1 510	1 200	1 240	1 150	1 000	1 450

注:括号内数字为插补值。

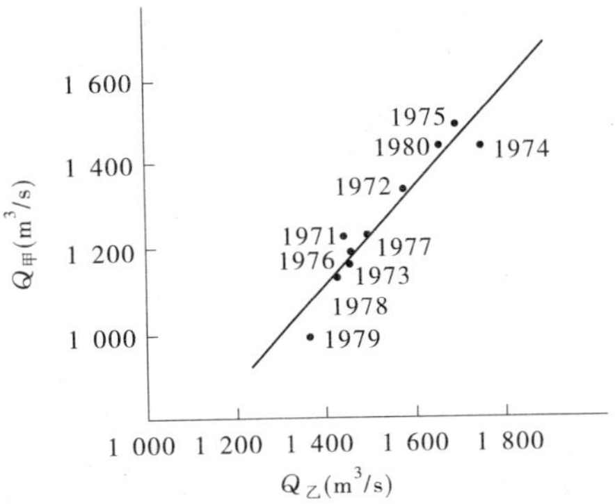

图2-13　某河流甲、乙两个水文站年径流相关图

1.3 利用年降水资料延长设计断面的年径流系列

径流是降水的产物。流域的年径流量与流域的年降水量往往有良好的相关关系。又因降水观测系列在许多情况下较径流观测系列长,因此降水系列常被用来作为延长径流系列的参证变量。从理论上讲,这个参证变量应取流域降水的面平均值,有条件时应尽量这样做,但实际上,流域内往往只有少数甚至只有一处降水量观测点的系列较长,这时也可试用此少数点的年降水量与设计断面的年径流建立相关关系,若相关关系较好,亦可据以延长年径流系列。在一些小流域内,有时流域内没有长系列降水量观测值,而在流域以外不远处有长系列降水量观测值,也可以试用上述办法。总之,以降水与径流相关关系较好作为采用的原则。

1.4 注意事项

利用参证变量延长设计断面的年径流系列时,应特别注意下列问题:一是尽量避免远距离测验资料的辗转相关。若设计断面 $C_{设}$ 与一参证断面 $C_{参}$ 相距很远,它们的年径流之间虽有一定相关关系,但相关关系较小。若在它们之间还有两个(或几个)测流断面 C_1、C_2,系列均较短,不符合参证站条件,但 C_2 与 $C_{参}$、C_1 与 C_2 以及 $C_{设}$ 与 C_1 年径流的相关关系均较好,可通过辗转相关,把 $C_{参}$ 的信息传递到 $C_{设}$ 上来。表面看来,各相邻断面年径流的相关程度虽均较高,但随着每次相关误差的累积和传播,最终延长 $C_{设}$ 年径流系列的精度并不会因之提高,因此不提倡这种做法。二是系列外延的幅度不宜过大,一般以控制在不超过实测系列的50%为宜。

2 缺乏实测径流资料时设计年径流量的估算

在部分中小设计流域内,有时只有零星的径流观测资料,且无法延长其系列,甚至完全没有径流观测资料,则只能利用一些间接的方法,对其设计径流量进行估算。采用这类方法的前提是设计流域所在的区域内,有水文特征值的综合分析成果,或在水文相似区内有径流系列较长的参证站可资利用。

2.1 参数等值线图法

我国已绘制了全国和分省(区)的水文特征值等值线图和表,其中年径流深等值线图及 C_v 等值线图(见图2-14),可供中小流域设计年径流量估算时直接采用。

2.1.1 年径流均值的估算

根据年径流深均值等值线图,可以查得设计流域年径流深的均值,然后乘以流域面积,即得设计流域的年径流量。

如果设计流域内通过多条年径流深等值线,可以用面积加权法推求流域的平均径流深,见图2-15。计算公式为

$$R = \sum_{i=1}^{n} R_i A_i / \sum_{i=1}^{n} A_i \tag{2-13}$$

式中 R_i——分块面积的平均径流深,mm;

A_i——分块面积,km^2;

R——流域平均径流深,mm。

其中,流域顶端的分块可能会在流域以外的一条等值线之间,如图2-15中的 R_nA_n。

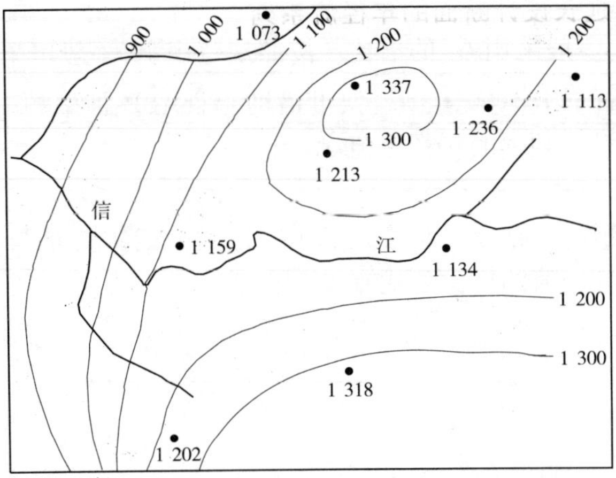

图 2-14　江西信江地区多年平均径流深等值线图

如果设计流域内只通过一条或不通过年径流深等值线，可以用直线内插法推求，见图 2-16，计算公式为

$$R = 700 + (800 - 700)\frac{OA}{OB}\quad(\text{mm}) \tag{2-14}$$

式中　OA——O 点到 700 等值线的垂线距离，mm，O 点为流域中心点；

OB——O 点到 800 等值线的垂线距离，mm。

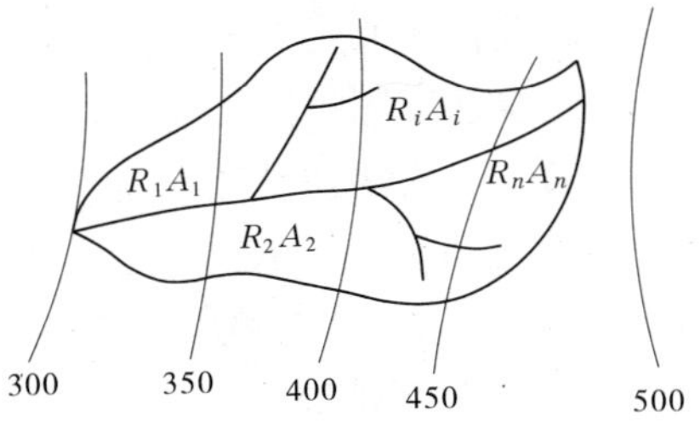

图 2-15　用面积加权法求流域平均径流深

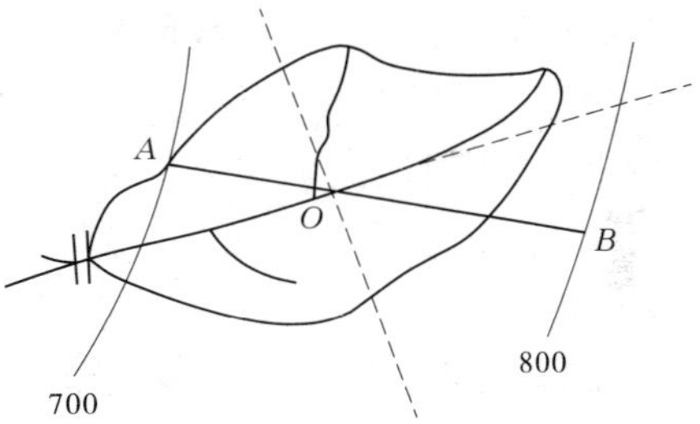

图 2-16　用直线内插法推求流域平均径流深

上述两种计算流域年径流深均值的方法，都不是很严格的，但作为径流深均值的估值，已经可以满足要求了。

年径流深均值确定以后，可通过下列关系确定年径流量：

$$W = KRA \tag{2-15}$$

式中　W——年径流量，m^3；

R——年径流深，mm；

A——流域面积，km^2；

K——单位换算系数，采用上述各单位时，$K = 1\ 000$。

2.1.2　年径流 C_v 值的估算

年径流深的 C_v 值，也有等值线图可供查算，方法与年径流均值估算方法类似，但可更简单一点，即按比例内插出流域重心的 C_v 值就可以了。

2.1.3 年径流 C_s 值的估算

年径流的 C_s 值，一般采用 C_v 的倍比。按照规范规定，一般可采用 $C_s = (2 \sim 3) C_v$。

在确定了年径流的均值、C_v、C_s 后，便可借助于查用 P-Ⅲ型频率曲线表，绘制出年径流的频率曲线，确定设计频率的年径流值。

2.2 经验公式法

年径流的地区综合，也常以经验公式表示。这类公式主要是与年径流影响因素建立关系。例如，多年径流均值的经验公式有如下类型：

$$\overline{Q} = b_1 A n_1 \tag{2-16}$$

或

$$\overline{Q} = b_2 A n_2 \overline{P}^m \tag{2-17}$$

式中 $\overline{Q}$——多年平均流量，m^3/s；

A——流域面积，km^2；

$\overline{P}$——多年平均降水量，mm；

b_1、b_2、n_1、n_2、m——参数，通过实测资料分析确定，或按已有分析成果采用。

不同设计频率的年平均流量 Q_P，也可以建立类似的关系，只是其参数的定量亦各有不同。

这类方法的精度，一般较等值线图法低。但在进行流域初步规划，需要快速估算流域的地表水资源量及水力蕴藏量时，有实用价值。

2.3 水文比拟法

水文比拟法是无资料流域移置（经过修正）水文相似区内相似流域的实测水文特征的常用方法，特别适用于年径流的分析估算。当设计断面缺乏实测径流资料，但其上下游或水文相似区内有实测水文资料可以选作参证站时，可采用本法估算设计年径流。

本法的要点是将参证站的径流特征值，经过适当的修正后移用于设计断面。进行修正的参变量，常用流域面积和多年平均降水量，其中流域面积为主要参变量，二者应比较接近，通常以不超过15%为宜；若径流的相似性较好，也可以适当放宽上述限制。当设计流域无降水资料时，亦可不采用降水参变量。年径流移置的形式如下：

$$\overline{Q} = K_1 K_2 \overline{Q}_c \tag{2-18}$$

$$K_1 = A/A_c, K_2 = \overline{P}/\overline{P}_c$$

式中 $\overline{Q}$、$\overline{Q}_c$——设计流域和参证流域的多年平均流量，m^3/s；

K_1、K_2——流域面积和年降水量的修正系数；

A、A_c——设计流域和参证流域的流域面积，km^2；

$\overline{P}$、$\overline{P}_c$——设计流域和参证流域的多年平均降水量，mm。

年径流的 C_v 值可以直接采用，一般无须进行修正，并取用 $C_s = (2 \sim 3) C_v$。

如果参证站已有年径流分析成果，也可以用下列公式，将参证站的设计年径流直接移用于设计流域：

$$\overline{Q}_P = K_1 K_2 Q_{P,c} \tag{2-19}$$

式(2-19)中的下标 P 代表频率，其他符号的意义同前。

水文比拟法成果的精度，取决于设计流域和参证流域的相似程度，特别是流域下垫面的情况要比较接近。

当设计断面有不完整的径流资料时，例如只有少数几年的年径流资料，或只有若干年的汛期或枯水期的径流资料，虽不足据以延长年径流系列至所需长度，但仍应充分加以利用，例如与参证站的同步径流资料点绘，可以进一步论证二者的径流相似程度。

3 流量历时曲线的绘制

在有部分径流资料的情况下，还可以用绘制流量历时曲线的方法，满足某些工程，如小型水电站、航运和漂木等在规划设计中确定对水资源利用保证率的初步需要。在一些有径流频率分析计算成果的大中型水利水电工程中，为了专项设计任务的需要，有时也可以绘制这种曲线，作为深入分析研究的辅助手段。在我国的小型水力发电站水文计算规范中，已将此法列为一项重要的工作内容。

流量历时曲线是累积径流发生时间的曲线，表示等于或超过某一流量的时间百分数。径流统计时段，可按工程的要求选定，常采用日或旬为单位。当资料年数较多时，为简化计算，也可以按典型年或丰平枯代表年绘制流量历时曲线。当资料年数较少时，也可采用全部完整年份的流量资料绘制流量历时曲线。

现以代表年日平均流量历时曲线为例，说明曲线的制作方法和步骤。将代表年365个日平均流量分为 n 级（$n=20\sim50$），取每组资料的平均值，从大到小排队，与累积时间百分数对应点绘，即得代表年的日平均流量历时曲线。对应于某一流量，可以从曲线上查得年内出现等于或大于该值历时的百分数，如为80%，即一年内有80%的时间，流量将不小于该指定值。这对小水电站的保证出力计算、河流可通航天数和漂木天数的估算，具有重要的实际意义。图2-17给出了某水文站日平均流量历时曲线的一个示例。

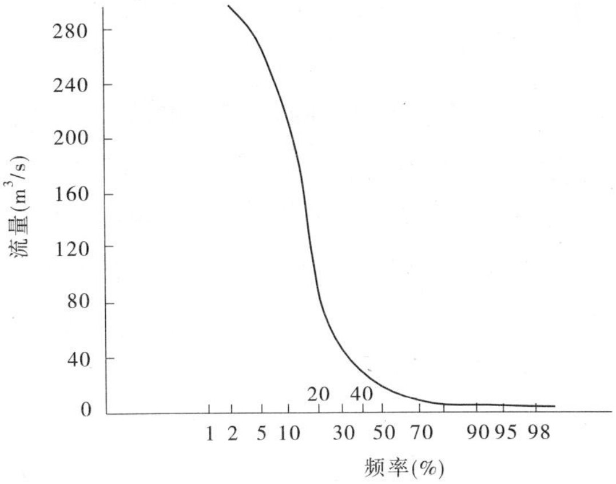

图2-17 某水文站日平均流量历时曲线

4 设计年径流的时程分配

河川年径流的时程分配，一般按其各月的径流分配比来表示。年径流的时程分配与工程规模和水资源利用程度关系很大。无径流调节设施的灌溉工程，完全利用天然河川径流，主要依赖灌溉期径流的大小，决定对水资源的利用程度。灌溉期径流比重较大的河流，径流利用程度比较高，反之较低。对水库蓄水工程来说，非汛期径流比重愈小，所需的调节库容愈大；反之则小。如图 2-18 所示，设来水量相同，汛期与非汛期的来水比例不同，但需水过程相同。图 2-18(a)中枯季径流较小，为满足需水要求，所需调节库容 V_1 较大；图 2-18(b)中枯季径流较大，所需调节库容 V_2 较小。

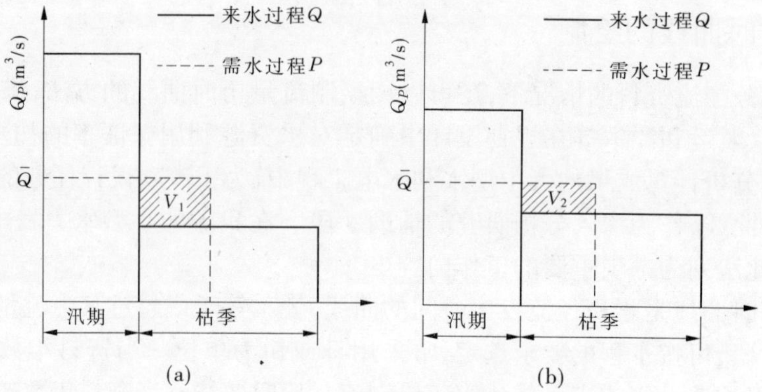

图 2-18　径流年内分配对调节库容的影响示意图

因此，当设计径流量确定以后，还须根据工程的目的与要求，提供与之配套的设计径流时程分配成果，以满足工程规划设计的需要。但是径流年内分配的随机性很强，即使年径流总量相同或接近，其在年内按月分配的过程也可能有很大的差异。如何确定一个合理的设计年径流分配过程，常用下列几种方法。

4.1　代表年法

在工程水文中，常采用按比例缩放代表年径流过程的方法，来确定设计年径流的时程分配。代表年法比较直观和简便，采用较广。

4.1.1　代表年的选择

(1)根据设计标准，查年径流频率曲线，确定设计年径流量 W_P 或 $\overline{Q}_P$。为了检验工程在不同来水年份的运行情况，又常选出丰、平、枯三个年份(如频率 $P=20\%$、50%、80% 或 $P=25\%$、50%、75%)为代表年。对水资源综合利用工程，其中分项任务(城市供水、发电、灌溉等)设计标准各有不同，应选出相应于各个分项任务设计标准的代表年。

(2)在实测年径流资料 $W_{实}$(或 $Q_{实}$)中，选出年径流量接近 W_P(或 $\overline{Q}_P$)的年份。这种年份有时可能不只一个，可选出供水期径流较小的年份为代表年。

4.1.2　年径流时程分配计算

当代表年选定以后，统计出实测年径流 $W_{实}$(或 $Q_{实}$)，并求出设计年径流 W_P(或 $\overline{Q}_P$)与实测年径流的比例系数 K：

$$K = W_P / W_{实} \tag{2-20a}$$

或

$$K = \overline{Q}_P / Q_{实} \tag{2-20b}$$

用此系数乘以代表年各月的实测径流过程，即得设计年径流的按月时程分配。

4.2　虚拟年法

在水资源利用规划阶段，有时并不针对某项具体工程的具体标准，而只作水资源利用的宏观分析或评估，则年径流的时程分配可采用一种多年平均情况，即年和各月的径流均采用多年平均值，并列出丰、平、枯三种代表年的年径流及按月时程分配。目前，许多大中河流均有年、月径流的多年均值及其不同频率的相应计算值可供采用。这种年径流的时程分配形式，不是来自某些代表年份，而是代表多年的统计特征，是一种虚拟的年份，故称虚拟年法。

4.3 全系列法

评价一项水资源利用工程的性能和效益，最严密的办法是将全部年、月径流资料，按工程运行设计进行全面的操作运算，以检验有多少年份设计任务不遭到破坏，从而较准确地评定出工程的保证率或破坏率。显然，这种方法较上述两种方法更为客观和完善。它的缺点是计算较繁，特别是当年、月径流系列较长时，工作量很大，手工操作比较困难。但是，由于电子计算机的迅速推广和普及，上述困难不难克服。因而，全系列法已越来越多地引起重视和被采用。

4.4 水文比拟法

对缺乏实测径流资料的设计流域，其设计年径流的时程分配，主要采用水文比拟法推求，即将水文相似区内参证站各种代表年的径流分配过程，经修正后移用于设计流域。先求出参证站各月的径流分配比 α，遍乘设计站的年径流，即得设计年径流的时程分配。月径流分配比按下式推求：

$$\alpha_i = y_i / Y \tag{2-21}$$

式中 α_i——参证站第 i 月的径流分配比(%)；

y_i——参证站第 i 月的径流量，m^3；

Y——参证站年径流量，m^3。

当找不到合适的参证站，但设计流域有降水量资料时，也可以将月降水量分配比近似地移用于年径流的分配，但此法精度较差，使用时应予注意。在小流域中，其近似性较好，对于中等以上流域，一般不宜采用此法。

所谓较长年径流系列，是指设计代表站断面或参证流域断面有实测径流系列，其长度不小于规范规定的年数，即不应小于20年。若实测系列小于20年，应设法将系列加以延长；如系列中有缺测资料，应设法予以插补；若有较明显的人类活动影响，应进行径流资料的还原工作。

任务4 枯水径流分析计算

【学习目标】 (1)了解枯水径流的频率计算。

(2)了解缺乏实测径流资料时设计枯水径流的计算。

【学习要点】 枯水径流的频率计算。

1 概述

对于一个水文年度，河流的枯水径流是指当地面径流减少时，河流的水源主要靠地下水补给的河川径流。一旦当流域地下蓄水耗尽或地下水位降低到不能再补给河道时，河道内会出现断流现象，这就会引起严重的干旱缺水。因此，枯水径流与工农业供水和城市生活供水等关系甚为密切，必须予以足够的重视。

对于枯水径流的分析，通常采用下面几种方式：

(1)年或供水期的最小流量频率计算。

(2)用等值线法或水文比拟法估算。

(3)绘制日平均流量历时曲线。

2 枯水径流的频率计算

枯水径流可以用枯水流量或枯水水位进行分析。枯水径流的频率计算与年径流相似，但有一些比较特殊的问题必须作必要的说明。

2.1 枯水流量频率计算

2.1.1 资料的选取和审查

有20年以上连续实测资料时，可对最小流量系列进行频率分析计算，推求出各种设计频率的最小流量。一般因年最小瞬时流量太容易受人为因素影响，所以常取全年(或几个月)的最小连续几天平均流量作为分析对象，如年最小1日、5日或7日平均流量。枯水流量的实测精度一般比较低，且受人类活动影响较大。因此，在分析计算时更应注意对原始资料的可靠性和一致性的审查。

2.1.2 当 $C_s < 2C_v$ 时，对频率曲线的处理

对枯水流量频率计算时，经配线常有 C_s 可能出现小于 $2C_v$ 的情况，使得在设计频率较大时(如 $P = 97\%$，$P = 98\% \cdots$)，所推求的设计枯水流量有可能会出现小于零的数值。这是不符合水文现象规律的，目前常用的处理方法是用零来代替。

2.1.3 当 $C_s < 0$ 时，对频率曲线的处理

水文特征值的频率曲线在一般情况下都是呈凹下的形状，但枯水流量(或枯水位)的经验分布，有时会出现凸上的趋势，如图2-19所示。若用矩法公式计算 C_s，则 $C_s < 0$，因此必须用负偏频率曲线对经验点据进行配线。而现有的P-Ⅲ型曲线离均系数 Φ_P 值或 K_P 值由查表所得均属于正偏情况，故不能直接应用于负偏分布的配线，需作一定的处理。经数学计算可得

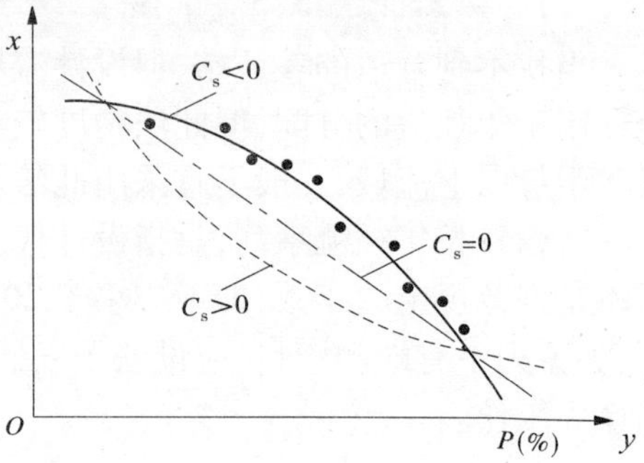

图2-19

$$\Phi(-C_s, P) = \Phi(C_s, 1 - P) \quad (2\text{-}22)$$

就是说，当 C_s 为负时，频率 P 的 Φ 值与 C_s 值为正时频率 $1-P$ 的 Φ 值，其绝对值相等，符号相反。

必须指出，在进行枯水径流频率计算中，当遇到 $C_s < 2C_v$ 或 $C_s < 0$ 的情况时，应特别谨慎。此时，必须对样本作进一步的审查，注意曲线下部流量偏小的一些点据，可能是由人为的抽水影响而造成的；并且必须对特枯年的流量(特小值)的重现期作仔细认真的考证，合理地确定其经验频率，然后进行配线。总之，要避免因特枯年流量人为地偏小，或其经验频率确定得不当，而错误地将频率曲线定为 $C_s < 2C_v$ 或 $C_s < 0$ 的情况。但如果资料经一再审查或对特小值进行处理后，频率分布属 $C_s < 2C_v$ 或 $C_s < 0$ 的情况，即可按上述方法确定。

2.2 枯水位频率计算

有时生产实际需要推求设计枯水位。当设计断面附近有较长的水位观测资料时，可直接对历年枯水位进行频率计算。但只有河道变化不大，且不受水工建筑物影响的天然河道，水位资料才具有一致性，才可以直接用来频率计算并推求设计水位；而在河道变化较大的地方，应先用流量资料推求设计流量，再通过水位流量关系曲线转换成设计水位。

用枯水位进行频率计算时，必须注意以下基准面情况：

(1)统一观测断面的水位资料系列，不同时期所取的基准面可能不一致，若原先是用测站基准面，后来是用绝对基准面，则必须统一转换到同一个基准面上再进行统计分析。

(2)水位频率计算中，如果基准面不同，统计参数的均值$\overline{Z}$和 C_v 也就不同，而 C_s 不变。在地势高的地区，往往水位数值很大，即相对来说水位基准面很低，因此均值太大，则 C_v 值变小，相对误差增大，不宜直接作频率计算。在实际工作中，常以最低水位(或断流水位)作为统计计算时的基准面，即将实际水位都减去一个常数 a 后再作频率计算。但经适线法频率计算最后确定采用的统计参数，都应还原到实际基准面的情况下，然后才能用以推求设计枯水位。若以 Z 表示进行频率计算的水位系列，以 $Z+a$ 表示实际的水位系列，则两系列的统计参数可以按下式转换：

$$\begin{cases} \overline{Z}_{Z+a} = \overline{Z} + a \\ C_{v,Z+a} = \dfrac{\overline{Z}}{Z+a} C_{v,Z} \\ C_{s,Z+a} = C_{s,Z} \end{cases} \tag{2-23}$$

(3)有时需将同一河流上的不同测站统一到同一基准面上，这时可将各个测站原有的水位资料各自加上一个常数 a(基准面降低 a 为正，基准面增高 a 为负)。若各站系列的统计参数已经求得，则只需按式(2-23)转换，就能得到统一基准面后水位系列 $Z+a$ 的统计参数。

3 缺乏实测径流资料时设计枯水径流的计算

3.1 设计枯水流量的推求

当工程拟建处断面缺乏实测径流资料时，此时通常采用等值线图法和水文比拟法估算枯水径流量。

3.1.1 等值线图法

由枯水径流量的影响因素分析可知非分区性因素对枯水径流的影响是比较大的，但随着流域面积的增大，分区性因素对枯水径流的影响会逐渐显著，所以就可以绘制出大中流域的枯水径流模数等值线图、C_v 等值线图及 C_s 分区图。由此就可求得设计流域年最小流量的统计参数，从而近似估算出流量。

3.1.2 水文比拟法

在枯水径流的分析中，要正确使用水文比拟法，必须具备水文地质的分区资料，以便选择水文地质条件相近的流域作为参证流域选定参证流域以后，即可将参证流域的枯水径流特征值移用于设计流域。同时，需要通过野外查勘，观测设计站的枯水流量与参证站同时实测的枯水流量进行对比，以便合理确定设计站的最小流量。

当参证站与设计站同在一条河的上下游时，可以采用与年径流量一样的面积比方法修正枯水流量。

3.2 设计枯水位的推求

当设计断面处缺乏历年实测水位系列时，设计断面枯水位常移用上下游参证站的设计枯水位，但必须按一定方法加以修正才可移用。

3.2.1 比降法

当参证站距设计断面较远，且河段顺直、断面形状变化不大、区间水面比降变化不大时，可用下式推算设计断面的设计枯水位，即

$$Z_{设} = Z_{参} \pm LJ_P \tag{2-24}$$

式中 $Z_{设}$、$Z_{参}$——设计断面与参证站的设计枯水位，m；

L——设计断面至参证站的距离，m；

J_P——设计断面至参证站的平均枯水水面比降。

3.2.2 水位相关法

当参证站距离设计断面较远时，可在设计断面设置临时水尺与参证站进行对比观测，最好连续观测一个水文年度以上，然后建立两站水位相关关系，用参证站设计水位推求设计断面的设计水位。

3.2.3 瞬时水位法

当设计断面的水位资料不多，难以与参证站建立相关关系时，可采用瞬时水位法。选择枯水期水位稳定时，设计站与参证站若干次同时观测的瞬时水位资料(要求大致接近设计水位，并且涨落变化不超过0.05 m)，然后计算设计站与参证站各次瞬时水位差，并求出其平均值 $\Delta\overline{Z}$，则根据参证断面的设计枯水位 $Z_{参}$ 及瞬时平均差 $\Delta\overline{Z}$，按下式便可求得设计断面的设计枯水位 $Z_{设}$，即

$$Z_{设} = Z_{参} \pm \Delta\overline{Z} \tag{2-25}$$

任务5 河流多年平均输沙量的分析计算

【学习目标】 (1)掌握泥沙的计量单位。

(2)掌握多年平均输沙量的估算。

【学习要点】 (1)泥沙的计量单位。

(2)多年平均输沙量的估算。

1 概述

河道中水流挟带的泥沙叫河流泥沙。河流泥沙给修建水利工程带来不少问题和危害。如在多沙河流上修建水库，泥沙入库将发生淤积，库容逐渐减少，水库寿命缩短，防洪能力也逐渐降低；引水灌溉时，若河水含沙较多，则渠首渠系易发生淤积；引水发电时，会使泥沙进入水轮机组，引起过水部件发生磨损；对通航的河流，沿岸的冲刷与淤积也可能给航运造成困难。由此可见，泥沙问题影响国民经济的面很广，特别在我国，河流泥沙问题更为严重。

工程水文学研究河流泥沙的目的，在于预估未来工程运用期内河流泥沙的数量和变化规律，为水利工程规划设计提供有关泥沙的资料和数据。

河流中的泥沙，按其运动形式可大致分为悬浮于水中并随之运动的悬移质、受水流冲击沿河底移动或滚动的推移质。由于水流条件随时变化，两者之间的划分均以泥沙在水流中某一时刻所处的状态而定。随着水流条件的变化，它们可以相互转化。一般工程上，主要估计悬移质输沙量和推移质输沙量。

2 泥沙的计量单位

(1)含沙量。单位体积的浑水内所含泥沙的质量，用 ρ 表示，以 kg/m^3 计。

(2)输沙率。单位时间通过河流某断面的泥沙质量，用 Q_s 表示，以 kg/s 计。若用 Q 表示断面流量，以 m^3/s 计，则有

$$Q_s = \rho Q \tag{2-26}$$

(3)输沙量。某时段内通过河流某断面的泥沙质量，用 W_s 表示，以 kg 或 t 计。若时段 T 以 s 计，W_s 以 kg 计，则

$$W_s = Q_s T \tag{2-27}$$

(4)侵蚀模数。单位流域面积上的输沙量，用 M_s 表示，以 t/km^2 计。若 W_s 以 t 计，F 为计算输沙量的流域或区域面积，以 km^2 计，则

$$M_s = \frac{W_s}{F} \tag{2-28}$$

3 多年平均输沙量的估算

3.1 多年平均悬移质年输沙量的计算

3.1.1 具有长期实测泥沙资料的情况

当某断面具有长期($n = 12 \sim 15$ 年以上)实测流量及悬移质含沙量资料时，可直接用这些资料算出各年的悬移质年输沙量，然后计算某一实例多年平均悬移质年输沙量 W_{si} (kg)，并由下式计算多年平均悬移质年输沙量$\overline{W}_s$(kg)，即

$$\overline{W}_s = \frac{1}{n}\sum_{i=1}^{n} W_{si} \tag{2-29}$$

3.1.2 具有短期实测泥沙资料的情况

当某断面具有短期悬移质输沙量资料时，可根据资料的具体情况采用不同的处理方法。

若某断面具有长期年径流量资料和短期悬移质年输沙量资料系列，且足以建立相关关系时，可利用这种相关关系，由长期年径流量资料插补延长悬移质年输沙量系列，然后求其多年平均年输沙量。

当年径流量与年输沙量的相关关系不密切，而某断面的上游或下游测站有长系列输沙量资料时，也可绘制该断面与上游(或下游)测站悬移质年输沙量相关图，若相关关系较好，即可用以插补展延系列。但须注意两测站间应无支流汇入，河槽情况无显著变化，自然地理条件大致相同。

当悬移质实测资料系列很短，只有两三年，不足以绘制相关线时，则可粗略假定悬移

质年输沙量与年径流量的比值的平均值为常数，于是多年平均悬移质年输沙量$\overline{W}_s$可由多年平均年径流量$\overline{W}$推算，即

$$\overline{W}_s = \frac{W_{si}}{W_i}\overline{W} \tag{2-30}$$

式中 W_{si}——某一实测年的悬移质年输沙量，kg；

W_i——相关年份的年径流量，m^3。

3.1.3 缺乏泥沙资料的情况

当缺乏实测悬移质资料时，其多年平均年输沙量只能采用下述粗略方法进行估算。

3.1.3.1 侵蚀模数分区图

输沙量不能完全反映流域地表被侵蚀的程度，更不能与其他流域的侵蚀程度相比较。因为流域有大有小，若它们出口断面所测得的输沙量相等，则小的流域被侵蚀程度一定比大的流域严重。因此，为了比较不同流域表面侵蚀情况，判断流域被侵蚀的程度，必须研究流域单位面积的输沙量，这个数值称为侵蚀模数。多年平均悬移质侵蚀模数可由下式计算

$$\overline{M}_s = \frac{\overline{W}_s}{F} \tag{2-31}$$

式中 $\overline{W}_s$——某一实测年的悬移质年输沙量，t；

F——流域面积，km^2。

在我国各省的水文手册中，一般均有多年平均悬移质侵蚀模数分区图。设计流域的多年平均悬移质侵蚀模数可以从图上所在的分区查出，将查出的数值乘以设计断面以上的流域面积，即为设计断面的多年平均悬移质年输沙量。必须指出，下垫面因素对河流泥沙径流的特征值影响很大，所以应考虑设计流域的下垫面情况作适当修正。

3.1.3.2 沙量平衡法

设$\overline{W}_{s上}$和$\overline{W}_{s下}$分别为某河干流上游站和下游站的多年平均年输沙量。$\overline{W}_{s支}$和$\overline{W}_{s区}$分别为上、下游两站间较大支流断面和除较大支流外的区间多年平均年输沙量，ΔW_s表示上、下游两站间河岸的冲刷量（为正值）或淤积量（为负值），则可写出沙量平衡方程式

$$\overline{W}_{s下} = \overline{W}_{s上} + \overline{W}_{s支} + \overline{W}_{s区} + \Delta W_s \tag{2-32}$$

当上、下游或支流中的任一测站为缺乏资料的设计站，而其他两站具有较长期的观测资料时，即可应用上式推求设计站的多年平均年输沙量。$\overline{W}_{s区}$和ΔW_s可由历年资料估计，若数量不大亦可忽略不计。

3.1.3.3 经验公式法

当完全没有实测资料，而且以上的方法都不能应用时，可由经验公式进行粗估，例如

$$\overline{W}_s = \frac{a\sqrt{J}W}{100} \tag{2-33}$$

式中 $\overline{W}_s$——多年平均年输沙量，t；

J——河道平均纵比降（%）；

W——多年平均年径流量，m^3；

a——侵蚀系数，冲刷剧烈的区域可取6～8，冲刷中等的区域可取4～6，冲刷轻微

的区域可取1~2,冲刷极轻的区域可取0.5~1.0。

3.2　多年平均推移质年输沙量的计算

许多山区河流,坡度较陡,加之山石破碎,水土流失严重,推移质来量往往很大,故对推移质的估计必须重视。

由于推移质的采样和测验工作还存在许多问题,它的实测资料比悬移质更为缺乏,为此,推移质的估算不宜单以一种方法为准,应采用多种方法估算,经过分析比较,给出合理的数据。

具有多年推移质资料时,其算术平均值即为多年平均推移质年输沙量。当缺乏实测推移质资料时,目前采用的方法都不太成熟,其中一种方法称为系数法,可供参考。该法考虑推移质输沙量($\overline{W}_b$)与悬移质输沙量($\overline{W}_s$)之间具有一定的比例关系,此关系在一定的地区和河道水文地理条件下相当稳定,可用系数法公式计算

$$\overline{W}_b = \beta \overline{W}_s \tag{2-34}$$

式中　β——推移质输沙量与悬移质输沙量的比值。

β值可根据相似河流已有短期的实测资料估计,在一般情况下可参考下列数值:平原地区河流$\beta=0.01\sim0.05$,丘陵地区河流$\beta=0.05\sim0.15$,山区河流$\beta=0.15\sim0.30$。

另一种方法为经验公式法,是原武汉水利电力学院等单位按国内4条河流、12座水库的推移质输沙量观测资料,建立了推移质输沙量与河流水流条件及流域补给条件的经验公式

$$\overline{W}_b = 0.06(QJ)^{0.97}M_s^{1.46} \tag{2-35}$$

式中　$\overline{W}_b$——多年平均推移质年输沙量,万t;

Q——多年平均流量,m^3/s;

J——原河流平均比降(%);

M_s——多年平均悬移质输沙量模数,t/km^2。

任务6　案例分析:双磨坊电站的年径流及输沙量的分析计算

1　径流

双磨坊电站取水口设计断面无实测水文资料,本次设计采用水文比拟法,将木坡水文站的设计径流量按一定比例移至设计断面。

1.1　径流系列插补延长及代表性分析

本阶段设计收集了木坡水文站1959~1961年、1963~1968年的实测径流系列;小金水文站1959~2004年的径流实测系列。

木坡水文站具有1959~1961年、1963~1968年实测流量资料,采用木坡站与下游小金站同步的9年年平均流量建立两站年径流量相关关系,相关关系良好,以此插补延长木坡站1962年、1969~2004年年平均流量系列,相关关系见图2-20。采用两站同步的9年12月至翌年4月的月平均流量建立12月至翌年4月平均流量相关关系,相关关系良好,

以此插补延长木坡站 1962 年、1969 ~2004 年的 12 月至翌年 4 月月流量系列，相关关系见图 2-21。

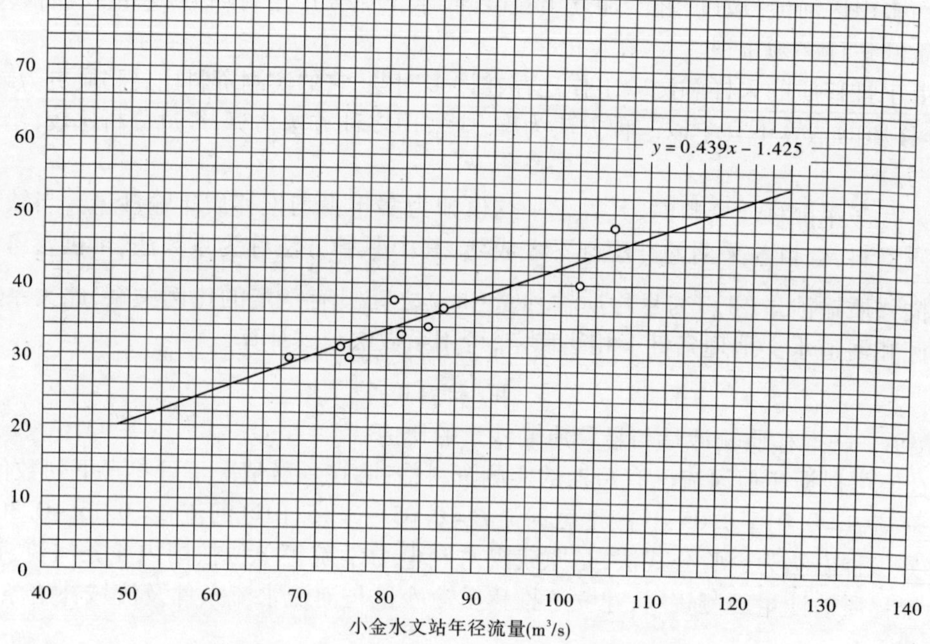

图 2-20　小金水文站与木坡水文站年径流量相关关系

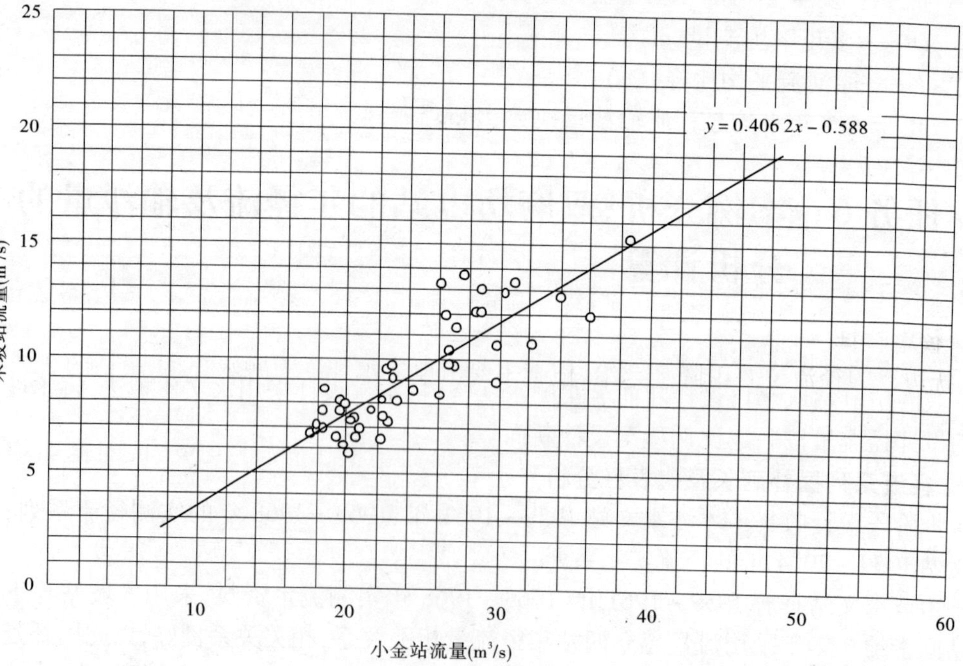

图 2-21　木坡站与小金站(12 月至翌年 4 月)平均流量相关关系

从木坡水文站46年径流系列年际变化图分析(见图2-22),46年径流系列中,包含有丰水段、中水段和枯水段,丰、枯水年份大致相近,逐年累积进展平均过程展示,系列长度不到30年,统计参数已趋稳定。从系列长度看,已比《小型水力发电站水文计算规范》(SL 77—94)规定可用最低系列长度30年,增加了16年。这说明该年径流系列资料具有较好的代表性。

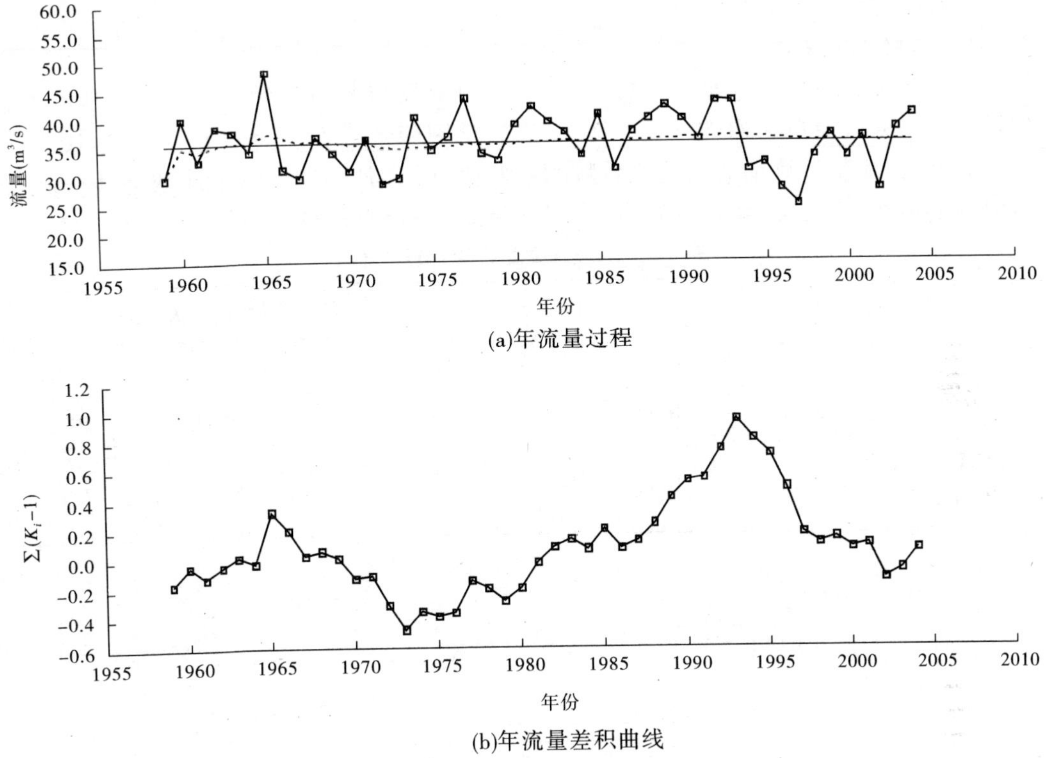

图2-22 木坡水文站径流系列年际变化

小金水文站控制流域内,人类活动影响较小,下垫面气候条件变化不大,区域内无大的蓄引水工程,灌溉之水仍回归河流,故该站径流系列具有一致性。

1.2 径流特性

抚边河的径流主要由降水补给,枯季主要由地下水和冰雪融水补给,最枯的2、3月主要靠地下水补给。

径流年内分配主要受降水支配。降水5~10月雨量是全年的91%,11月至翌年4月仅占全年的9%,径流年内分配与降水量年内分配基本一致。

抚边河径流的年际变化不大,但年内分配极不均匀,据木坡水文站提供的径流资料系列分析:多年平均流量35.7 m^3/s,多年平均径流总量11.26亿 m^3,多年平均径流深654 mm。径流年内分配不均,主要集中在5~11月,平均流量为54.5 m^3/s,其水量占年水量的89.1%;枯季为12月至翌年4月,平均流量为9.34 m^3/s,其水量仅占年水量的10.9%。径流年际变化不大,最丰水年1965年,年平均流量48.2 m^3/s,为多年平均流量的 1.35 倍；最枯水年 1997 年，年平均流量 24.7 m^3/s，为多年平均流量的 0.69 倍，最丰水年与最枯水年平均流量之比为 1.95。

径流在全流域的分布也有一定的变化，单位流域的产流量从中上游向中下游呈递减趋势。

1.3　径流计算

1.3.1　多年平均流量及设计年径流

1.3.1.1　木坡水文站径流

根据抚边河径流特性及水能计算要求，径流计算时段划分为年、12 月至翌年 4 月两个时段。对各时段流量系列进行频率计算，用数学期望公式 $P=[m/(n+1)]\times100\%$ 计算经验频率，以矩法计算均值及变差系数的初始值，用 P-Ⅲ型理论频率曲线适线，确定各计算时段的成果见表 2-2，统计参数及设计值，见图 2-23、图 2-24。

表 2-2　木坡水文站径流计算成果

时段	均值 (m^3/s)	C_v	C_s/C_v	各频率设计值 Q_P (m^3/s)		
				$P=10\%$	$P=50\%$	$P=90\%$
年	35.7	0.15	2	42.7	35.4	29.0
12 月至翌年 4 月	9.34	0.17	2	11.4	9.25	7.37

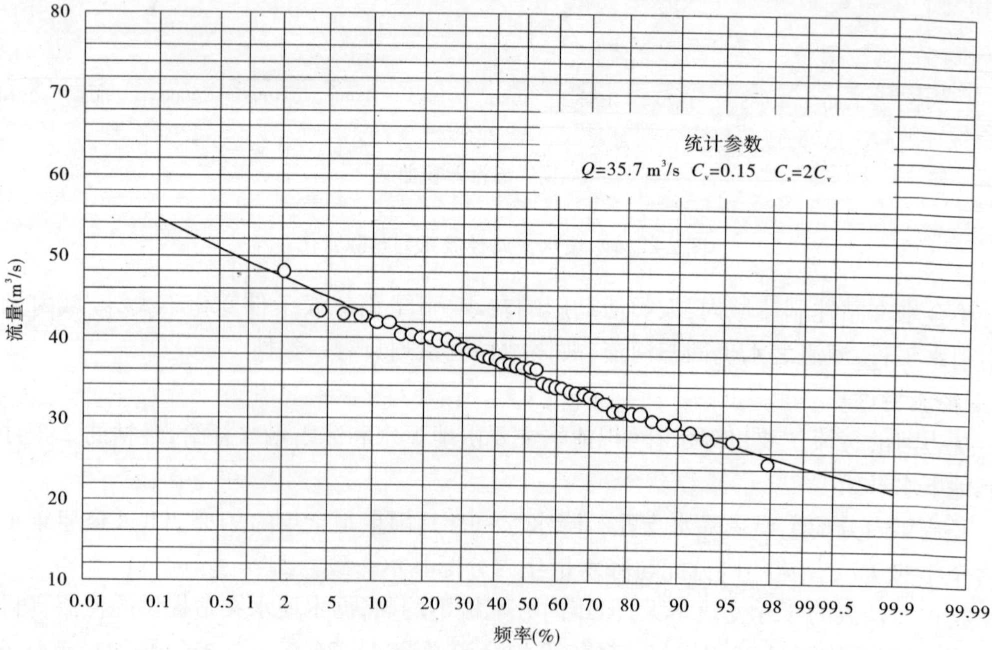

图 2-23　木坡水文站年径流频率曲线

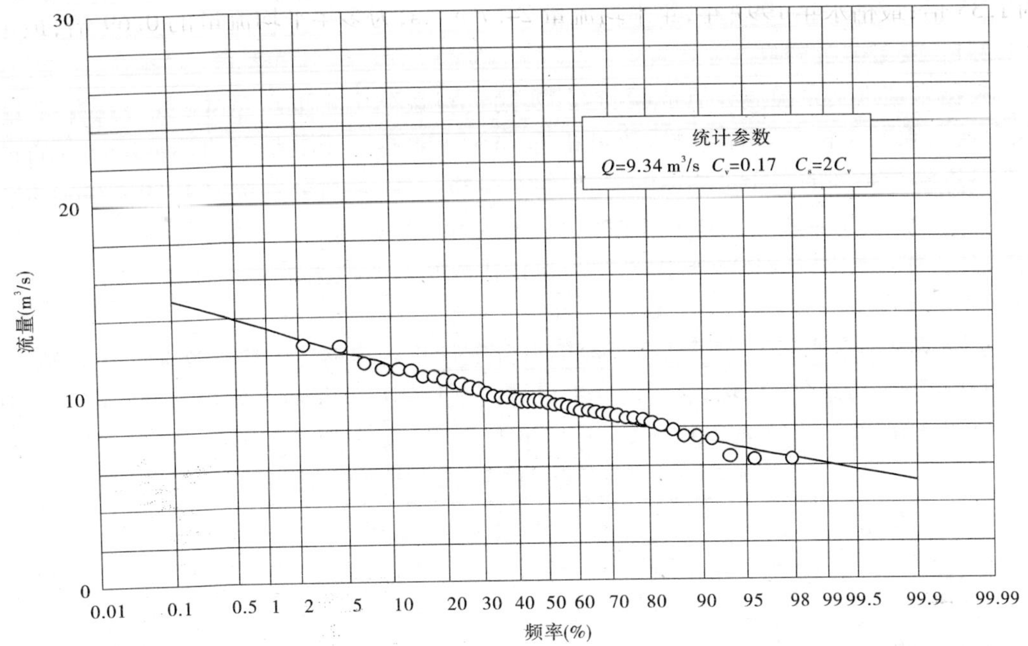

图 2-24 木坡水文站 12 月至翌年 4 月平均流量频率曲线

1.3.1.2 双磨坊电站径流计算

美诺沟与抚边河两者属干支流关系，由于地质、植被等下垫面因素相近，气候降水条件差异也不大，故径流特性也较为相似。双磨坊电站取水断面无实测水文资料，根据水文计算规范可采用水文比拟法移置参证站的径流计算成果。由于设计流域降雨与木坡水文站控制流域的平均情况差异较小，故在移置径流成果时，只作面积修正，不考虑雨量修正，其移置公式为：

$$Q_{设} = (F_{设}/F_{参})Q_{参} \tag{2-36}$$

式中 $Q_{设}$——设计流域的年径流量，m^3/s；

$Q_{参}$——参证站的年径流量，m^3/s；

$F_{设}$——设计流域的集水面积，km^2；

$F_{参}$——参证流域的集水面积，km^2。

双磨坊电站取水口径流计算成果见表 2-3。

表 2-3 双磨坊电站设计径流成果

时段	平均流量 (m^3/s)	各频率设计值 Q_P (m^3/s)		
		$P=10\%$	$P=50\%$	$P=90\%$
年	4.96	5.93	4.92	4.03
12 月至翌年 4 月	1.30	1.58	1.28	1.02

1.3.2 设计年径流的年内分配

1.3.2.1 典型年的选取

根据木坡水文站径流计算成果，在其实测资料系列中选取典型年，既要按年水量相近，又要着重考虑相应年的各枯季流量相近，同时所选取三个典型年的月平均径流的平均值要接近整个系列的多年平均值的原则，综合分析比较，最后分别选出1959~1960年（水文年）为丰水年（$P=10\%$），1963~1964年（水文年）为平水年（$P=50\%$），1967~1968年（水文年）为枯水年（$P=90\%$），典型年与设计代表年各时段水量对照见表2-4。

1.3.2.2 设计年径流的年内分配

双磨坊电站取水口断面设计年径流的月分配计算直接移置木坡水文站三个典型年的年内分配模型，考虑到年和枯水期设计水量与典型年相应水量有一定差异，采用同频率法进行分配计算，其成果见表2-5。

表2-4 典型年与设计代表年各时段水量对照

（单位：m^3/s）

代表年	全年		12月至翌年4月		1~3月	
	典型	设计	典型	设计	典型	设计
丰水年（$P=10\%$）	48.2	42.7	10.3	11.4	8.47	8.73
平水年（$P=50\%$）	37.7	35.4	9.30	9.25	7.17	7.68
枯水年（$P=90\%$）	29.6	29.0	7.62	7.37	6.64	6.74
平均	38.5	35.7	9.07	9.34	7.42	7.72
相对误差（%）	7.8		−2.9		−3.9	

表2-5 电站设计代表年月平均流量

（单位：m^3/s）

代表年	月份												全年
	5	6	7	8	9	10	11	12	1	2	3	4	
丰水年	4.87	13.4	15.5	9.81	10.3	6.26	3.35	2.01	1.44	1.20	1.15	2.08	5.93
平水年	5.55	12.5	13.3	7.63	5.26	5.73	2.78	1.71	1.11	0.97	1.03	1.55	4.92
枯水年	7.01	10.1	10.3	4.08	3.62	5.99	2.28	1.24	0.93	0.80	0.84	1.27	4.03
平均	5.81	12.0	13.0	7.17	6.40	5.99	2.80	1.65	1.16	0.99	1.00	1.63	4.96

1.3.2.3 径流的日分配

根据木坡水文站提供的三个典型年逐日平均流量为分配模型，对电站取水口断面的设计年径流进行年内日的分配计算，编制电站设计丰、平、枯三个代表年的逐日平均流量表，见表2-6~表2-8。

表 2-6 取水口设计代表年 $P=10\%$ 逐日平均流量 （单位：m^3/s）

日	月份											
	5	6	7	8	9	10	11	12	1	2	3	4
1	2.22	11.50	17.70	9.79	10.10	12.40	4.49	2.40	1.72	1.31	1.16	1.43
2	1.98	15.30	22.90	9.25	8.85	11.80	4.49	2.40	1.72	1.26	1.16	1.32
3	1.80	23.10	19.30	9.25	9.65	10.90	4.35	2.40	1.59	1.31	1.16	1.38
4	1.92	17.90	19.50	8.85	10.20	10.00	4.21	2.40	1.72	1.26	1.11	1.32
5	2.30	14.30	16.00	8.33	11.70	9.46	4.10	2.31	1.64	1.26	1.06	1.22
6	2.30	11.70	14.60	8.06	13.90	8.76	4.21	2.21	1.64	1.26	1.06	1.22
7	2.82	12.10	13.50	7.94	12.10	8.22	4.10	2.21	1.64	1.21	1.16	1.17
8	3.64	17.40	14.30	8.98	11.20	7.57	3.96	2.21	1.59	1.31	0.97	1.12
9	4.32	15.20	17.90	12.60	10.20	7.18	3.82	2.21	1.59	1.31	1.11	1.22
10	4.98	14.20	16.70	11.10	10.20	7.06	3.82	2.12	1.47	1.26	1.16	1.43
11	5.07	12.90	20.40	9.79	10.80	6.68	3.55	2.02	1.42	1.16	1.16	1.27
12	5.80	12.00	19.40	8.85	12.10	6.45	3.55	2.02	1.52	1.26	1.06	1.32
13	7.81	12.40	21.10	8.06	12.50	6.07	3.55	2.12	1.26	1.16	1.11	1.38
14	8.06	11.80	20.40	8.33	11.80	5.84	3.42	2.02	1.36	1.16	1.16	1.55
15	7.67	10.80	18.40	8.33	11.50	5.61	3.42	2.02	1.26	1.26	1.06	1.55
16	5.39	9.53	18.10	14.30	10.60	5.38	3.28	2.02	1.36	1.16	1.16	1.73
17	4.70	10.20	17.90	16.60	10.40	5.15	3.17	2.02	1.36	1.16	1.11	1.66
18	4.21	12.60	16.20	15.30	9.93	5.04	3.03	2.02	1.42	1.26	1.16	2.01
19	4.51	13.80	15.20	12.90	9.53	4.92	3.03	1.76	1.36	1.16	1.26	2.07
20	4.89	11.80	14.60	11.10	8.98	4.70	2.80	1.68	1.47	1.11	1.16	2.29
21	4.14	10.10	14.70	9.79	8.57	4.48	2.80	2.02	1.36	1.16	1.26	2.77
22	4.41	9.53	14.60	8.98	8.06	4.70	2.67	1.93	1.42	1.21	1.16	2.94
23	4.51	9.53	12.90	8.19	7.67	4.48	2.57	1.93	1.42	1.16	1.06	2.37
24	4.21	14.70	13.30	7.81	7.32	4.48	2.57	1.83	1.42	1.16	1.16	2.53
25	5.39	13.00	12.50	7.32	7.07	4.23	2.57	1.76	1.36	1.06	1.26	2.86
26	6.82	13.80	11.20	7.07	8.70	4.05	2.80	1.83	1.36	1.06	1.16	3.53
27	8.57	14.20	10.40	6.82	10.20	3.82	2.80	1.76	1.36	1.06	1.16	4.69
28	7.07	16.60	9.65	6.82	11.40	3.82	2.57	1.68	1.26	1.16	1.16	4.09
29	6.00	14.70	8.85	9.93	11.50	3.70	2.34	1.68	1.26		1.16	3.72
30	5.49	14.20	8.33	11.8	12.40	3.60	2.34	1.68	1.21		1.26	3.36
31	7.94		7.94	11.70		3.60		1.38	1.31		1.26	
月平均	4.87	13.4	15.50	9.8	10.30	6.26	3.35	2.01	1.44	1.20	1.15	2.08

表 2-7　取水口设计代表年 $P = 50\%$ 逐日平均流量表　（单位：m^3/s）

日	月份											
	5	6	7	8	9	10	11	12	1	2	3	4
1	2.73	12.80	11.70	7.43	5.98	7.68	3.67	2.19	1.40	1.00	1.00	0.98
2	3.11	9.14	11.60	6.94	5.53	7.43	3.60	2.19	1.34	1.00	1.00	1.02
3	3.41	7.43	16.20	6.57	5.29	6.94	3.60	1.93	1.34	0.92	1.00	1.07
4	3.03	6.45	14.90	6.22	5.19	6.94	3.43	1.81	1.29	1.00	1.09	1.02
5	2.89	6.83	17.70	5.76	6.10	6.83	3.37	1.88	1.00	0.92	1.00	1.26
6	2.52	7.32	18.00	6.10	5.19	6.45	3.28	1.93	1.29	1.00	1.00	1.11
7	2.82	10.80	16.90	7.32	5.00	6.22	3.21	1.93	1.09	1.00	1.00	1.11
8	2.89	13.30	24.60	6.57	5.41	5.98	3.13	1.93	1.29	0.96	1.09	1.02
9	2.89	13.80	23.10	6.10	5.76	5.64	3.13	1.81	1.18	1.00	1.09	1.07
10	2.96	12.80	21.30	5.76	5.29	6.22	3.13	1.81	1.18	0.92	0.96	1.02
11	3.65	12.20	17.30	5.41	5.09	6.22	2.98	1.59	1.09	0.92	1.04	1.07
12	4.05	10.50	14.50	5.19	4.69	6.94	2.98	1.70	1.24	0.92	1.04	1.02
13	4.69	9.73	12.40	5.00	5.87	6.94	2.91	1.81	1.18	0.92	1.09	1.07
14	7.32	8.60	10.60	4.79	5.53	6.94	2.82	1.81	1.00	0.96	1.00	1.07
15	6.10	7.68	10.20	5.00	5.53	6.69	2.74	1.81	1.09	1.00	1.18	1.16
16	5.98	7.56	9.88	11.40	5.98	6.45	2.67	1.81	1.09	1.00	0.92	1.37
17	6.22	7.95	11.60	9.57	5.98	6.22	2.67	1.76	1.13	1.00	0.92	1.70
18	6.45	10.80	12.40	9.14	5.53	5.98	2.59	1.70	1.09	1.00	1.00	1.93
19	6.83	12.20	11.10	9.44	5.09	5.76	2.38	1.48	1.13	1.00	1.09	2.07
20	6.69	12.90	10.00	8.99	4.89	5.41	2.44	1.53	1.09	1.00	0.92	2.07
21	7.95	16.20	9.14	8.47	4.49	5.29	2.53	1.59	1.09	1.13	0.92	1.76
22	6.83	21.80	9.14	8.47	4.29	5.09	2.44	1.64	1.04	1.09	0.84	1.76
23	6.33	19.20	8.74	9.88	4.39	4.89	2.38	1.53	1.09	1.00	0.92	1.81
24	5.87	26.20	10.30	12.50	4.69	4.57	2.32	1.59	1.09	0.92	1.00	2.07
25	6.57	22.30	13.30	10.90	4.69	4.39	2.24	1.59	1.09	1.00	1.18	2.13
26	7.81	17.70	16.00	9.57	4.57	4.20	2.24	1.48	0.96	0.92	1.18	2.19
27	7.95	14.50	12.80	8.60	4.57	4.12	2.24	1.26	0.92	0.92	1.09	2.39
28	8.20	11.70	11.10	7.68	4.69	3.97	2.18	1.37	0.84	0.92	1.00	2.68
29	7.06	12.40	9.73	7.06	5.53	3.90	2.12	1.48	1.00		1.09	2.26
30	7.32	11.70	8.74	8.07	7.06	3.72	2.18	1.48	0.92		1.00	2.47
31	12.90		8.20	6.45		3.65		1.48	0.92		1.18	
月平均	5.55	12.50	13.30	7.63	5.26	5.73	2.78	1.71	1.11	0.97	1.03	1.55

表2-8 取水口设计代表年 $P=90\%$ 逐日平均流量表 (单位:m^3/s)

日	月份											
	5	6	7	8	9	10	11	12	1	2	3	4
1	3.32	11.00	8.93	5.98	3.12	7.08	3.27	1.65	1.14	0.86	0.81	0.92
2	3.68	9.25	8.14	5.73	3.02	6.95	3.17	1.51	1.08	0.62	0.81	0.92
3	3.59	10.30	7.37	5.35	3.02	6.53	3.07	1.44	0.91	0.66	0.81	0.97
4	3.68	10.60	7.37	5.35	2.93	6.53	2.97	1.51	0.86	0.62	0.86	1.09
5	3.68	9.07	6.81	4.97	2.93	6.67	2.79	1.51	1.08	0.76	0.81	1.42
6	3.87	9.07	8.93	4.86	2.75	7.82	2.69	1.37	1.02	0.86	0.76	1.42
7	4.09	13.00	12.10	4.65	2.75	8.29	2.69	1.31	1.02	0.76	0.76	1.29
8	3.68	10.60	9.42	4.54	3.12	7.82	2.60	1.31	1.14	0.86	0.76	1.09
9	3.40	8.77	9.25	4.43	3.32	8.45	2.50	1.37	1.14	0.81	0.76	1.15
10	3.98	7.53	14.60	4.20	3.22	9.07	2.50	1.24	1.08	0.86	0.66	1.22
11	4.13	6.95	13.60	3.98	3.12	9.42	2.50	1.19	1.02	0.81	0.71	1.02
12	4.75	6.37	12.50	4.13	3.32	9.25	2.42	1.19	1.02	0.86	0.71	1.02
13	4.65	6.24	11.50	4.20	3.68	8.62	2.31	1.08	1.02	0.86	0.81	1.09
14	4.75	6.11	10.40	3.87	3.40	7.82	2.31	1.02	1.02	0.81	0.91	1.02
15	4.86	5.98	9.25	3.87	3.32	7.08	2.31	1.24	0.66	0.81	0.91	1.02
16	5.86	8.45	8.77	3.77	3.77	6.53	2.22	1.24	0.76	0.86	0.91	1.09
17	6.67	10.30	7.82	3.77	3.49	5.98	2.14	1.13	0.91	0.81	0.81	1.15
18	7.37	10.40	8.77	3.77	3.77	5.61	2.06	1.13	0.91	0.81	0.86	1.09
19	8.88	13.60	7.82	3.68	3.49	4.97	1.98	1.13	0.96	0.86	0.86	1.15
20	10.60	16.10	10.60	3.40	3.68	4.65	1.98	1.31	0.91	0.81	0.96	1.15
21	10.10	15.70	13.00	3.40	4.20	4.43	1.90	1.13	0.86	0.86	0.86	1.15
22	9.58	12.90	18.00	3.32	4.20	4.20	1.83	1.19	0.86	0.86	0.91	1.22
23	8.45	12.50	15.80	3.22	4.09	3.87	1.83	1.19	0.86	0.86	0.91	1.15
24	8.45	10.80	15.20	3.40	4.31	3.87	1.90	1.08	0.86	0.81	0.86	1.42
25	8.93	11.20	13.00	3.22	4.31	3.87	1.76	1.19	0.81	0.86	1.02	1.42
26	10.10	11.50	11.0	2.93	4.31	3.68	1.83	1.19	0.81	0.81	0.86	1.48
27	11.20	10.60	9.42	3.59	4.20	3.59	1.76	1.19	0.86	0.76	0.91	1.42
28	12.50	9.93	8.29	4.09	4.43	3.40	1.68	1.13	0.86	0.62	0.91	1.55
29	13.50	9.25	7.53	4.20	4.65	3.32	1.83	1.19	0.81		0.86	2.08
30	13.30	9.42	6.95	3.32	4.86	3.32	1.68	1.08	0.81		0.96	2.61
31	11.90		6.37	3.22		3.22		1.08	0.81		0.81	
月平均	7.01	10.10	10.30	4.08	3.62	5.99	2.28	1.24	0.93	0.80	0.84	1.27

1.3.3　枯水分析计算

美诺沟流域冬季干旱少雨，河川径流主要靠地下蓄水量的补给，由于流域上游植被较好，覆盖率达90%左右；各支流源头有少许天然小湖泊，另外分水岭海拔高，年积雪在4个月左右，因而流域地下蓄水丰富，加之河床下切较深，每年秋末冬初降水量少，但河川径流却还丰富。

根据小金水文站实测枯水资料分析，该流域11月中下旬流量就明显减少，至翌年4月中下旬由于降水开始增加，径流才开始变大，枯水期持续时间较长，最枯流量一般出现在2～3月。多年平均最小流量为18.2 m^3/s，多年平均最小月平均流量为18.7 m^3/s，多年平均最小年平均流量为19.5 m^3/s，枯水期退水稳定，且年际变化不大。

把取水口丰、平、枯三个代表年的日平均流量组成系列，进行分组、统计、计算累积频率，并点绘日平均流量历时曲线，计算成果见图2-25。由曲线查得各种保证率对应的日保证流量见表2-9。

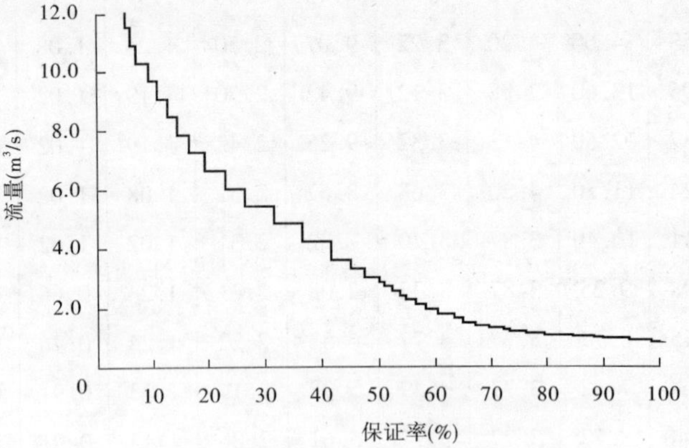

图2-25　双磨电站日平均流量保证率曲线

表2-9　取水口各种保证率对应的日保证流量

保证率(%)	5	10	20	30	50	70	75	80	85	90
日流量(m^3/s)	14.3	11.8	8.85	6.53	3.28	1.38	1.24	1.15	1.07	1.00

1.3.4　径流成果的合理性分析

电站取水口断面无实测水文资料，选择下游的木坡水文站作为参证站，两者在气候、下垫面条件方面具有较好的相似性，其水文特征也相近，具有较高的可移置性，故采用水文比拟法移置参证站的径流资料能满足工程水文计算要求，其成果具有较好的可靠性。

为论证径流计算成果的合理性，在小金水文站邻近流域选择了几个相似站点进行年径流频率计算，成果见表2-10，可以看出，各站年径流深相差不大；变差系数 C_v 也变化不大，在地区上有从东向西增加的趋势，这与1979年《四川省水文手册》等值线分布一致，也与年降水量等值线图分布相对应。

表2-10 小金及邻近水文站径流计算成果

河名	站名	流域面积（km^2）	均值		C_v	C_s/C_v
			Q(m^3/s)	R(mm)		
梭磨河	马尔康	2 536	49.3	613.3	0.15	2.0
革什扎河	布科	2 519	52.6	658.7	0.20	2.0
抚边河	木坡	1 721	35.7	654.4	0.15	2.0
小金河	小金	4 265	84.5	624.8	0.15	2.0
美诺沟	取水口	239	4.96	654.4		

2 河流泥沙

2.1 流域的产沙概况

美诺沟为大渡河上游左岸的二级支流。河谷两岸高山夹峙，坡陡水急，为典型的山区河流。流域内地质构造复杂，出露地层主要为中生界三叠系中统砂岩、板岩互层。岩体风化严重，河谷两岸崩塌、滑坡及泥石流等松散堆积物分布较多，推移质泥沙补给充分。流域内植被良好，上游有原始森林且人烟稀少，中下游人类活动较频繁，由于伐林，垦植坡地等，从而加大了地表径流对土壤的冲蚀。近年来，随着退耕还林工程实施，域内植被恢复状况良好，水土流失现象得到遏制，大大减少了泥沙流失。

2.2 双磨坊电站多年平均输沙量及输沙特征

2.2.1 悬移质

2.2.1.1 基本资料

小金水文站，集水面积4 265 km^2，1964年开始悬移质泥沙测验，1992年由于三关桥电站建成后停止观测。泥沙测验用横式采样器一点法采取水样，年内单沙测次一般在400次左右，大多采用近似法整编。本次泥沙计算收集了该站（1964～1986年）泥沙资料，经复查能满足工程设计要求。

2.2.1.2 河流输沙量和输沙特征

根据小金水文站（1964～1986年）实测泥沙资料统计，多年平均含沙量为182 g/m^3，实测最大断面含沙量为15.4 kg/m^3，汛期（6～9月）平均含沙量为263 g/m^3，多年平均输沙量为48.6万t，汛期（6～9月）输沙量为45万t，占全年的92.6%。多年平均侵蚀模数为114 t/km^2。输沙量年际变化幅度较大，实测年输沙量最大值为137万t，最小值为12.3万t，二者之比为11.1，年最大侵蚀模数为322 t/(km^2·年)。小金川洪峰多为复式峰，历时一般3～5 d，一般情况下沙峰较洪峰稍前，输沙量主要集中在6～9月，而6月、7月输沙量占年输沙量的77%。非汛期河流含沙量较小。小金水文站输沙量年内分配及多年逐月平均含沙量见表2-11。

表 2-11 小金水文站含沙量、输沙量多年平均分配

项目	月份													全年
	1	2	3	4	5	6	7	8	9	10	11	12	6~9	
含沙量(g/m^3)	8.34	7.32	8.47	3.21	97.8	356	305	93.6	89.3	20.6	5.72	6.50	263	182
输沙量(万 t)	0.05	0.04	0.029	0.256	2.59	19.4	18.2	3.37	3.76	0.584	0.08	0.05	44.8	48.6
分配比(%)	0.10	0.08	0.04	0.34	3.46	25.9	24.3	4.49	5.02	0.78	0.11	0.07	92	100

2.2.1.3 双磨坊电站悬移质泥沙计算

根据小金水文站的泥沙分析成果，年输沙模数为 114 t/km^2，双磨坊电站各坝址的悬移质输沙量按照面积比直接移用小金站的成果，双磨坊电站悬移质泥沙计算成果见表 2-12、表 2-13。

表 2-12 电站坝址多年平均悬移质输沙量年内分配

项目	月份								全年
	11~3	4	5	6	7	8	9	10	
输沙量(万 t)	0.014	0.014	0.146	1.090	1.023	0.189	0.211	0.033	2.72

表 2-13 双磨坊电站坝址泥沙计算成果

项目	单位	数量
多年平均悬移质年输沙模数	t/km^2	114
坝址控制流域面积	km^2	239
多年平均悬移质输沙量	万 t	2.72
多年平均悬移质输沙率	kg/s	0.86
多年平均流量	m^3/s	4.96
多年平均悬移质含沙量	kg/m^3	0.17
汛期 6~9 月占全年输沙量百分数	%	92.6
汛期 6~9 月悬移质输沙量	万 t	2.52
汛期 6~9 月悬移质含沙量	kg/m^3	0.27
多年平均推移质年输沙量	万 t	0.55
多年平均年输沙总量	万 t	3.27

2.2.2 推移质

美诺沟流域无实测推移质资料，现采用推移质与悬移质比值(β)经验方法估算。根据《四川省水文手册》，山丘区河流 β 可采用 10% ~30%，砂卵石河床可采用 20%。本电

站基本属此情况。从附近已建电站看，各工程β在12%～27%，平均为20%左右。本工程坝址采用$\beta=20\%$基本合适。由此计算出坝址多年平均推移质年输沙量为0.55万t。

2.2.3 悬移质颗粒级配及矿物成分

小金水文站未进行悬移质颗粒级配分析，本电站借用邻近工程的悬移质颗粒级配分析资料，供电站参考选用，其悬移质最大粒径为1.31 mm，中数粒径为0.129 mm，其中粒径大于0.25 mm的沙重占34.1%。悬移质颗粒级配及矿物成分见表2-14、表2-15。

表2-14 悬移质颗粒级配成果

粒径(mm)	0.005	0.010	0.025	0.05	0.10	0.25	0.50	1.0	2.0
大于某粒径沙重百分数(%)	2.6	4.9	12.5	26.1	43.6	65.9	82.1	95.5	100

表2-15 悬移质各粒径组硬矿物质含量

粒径(mm)	<0.05	0.05～0.1	0.1～0.25	0.25～0.5	0.5～1.0	1.0～2.0
硬矿物含量(%)	50	70	69	68	65	41

项目3　设计洪水分析与计算

项目任务书

项目名称		项目综述	参考课时 14
学习型工作任务		任务1　掌握由流量资料推求设计洪水方法	4
		任务2　掌握由暴雨资料推求设计洪水方法	4
		任务3　了解小流域设计洪水分析与计算方法	4
		任务4　案例分析	2
项目任务		让学生熟悉掌握由暴雨资料或流量资料推求设计洪水的方法	
教学内容		(1)洪水资料的选样与审查;(2)设计洪峰流量和洪量系列的频率计算;(3)设计洪水过程线的推求;(4)设计暴雨的计算;(5)设计净雨的推求;(6)设计洪水过程线的推求;(7)小流域设计暴雨;(8)推理公式法推求洪峰流量;(9)经验公式法推求洪峰流量;(10)设计洪水总量推求及设计洪水过程线拟定	
教学目标	知识	(1)洪水资料的选样与审查;(2)设计洪峰流量和洪量系列的频率计算;(3)设计洪水过程线的推求;(4)设计暴雨的计算;(5)设计净雨的推求;(6)设计洪水过程线的推求;(7)小流域设计暴雨;(8)推理公式法推求洪峰流量;(9)经验公式法推求洪峰流量;(10)设计洪水总量的推求及设计洪水过程线的拟定	
	技能	(1)能够由流量资料推求设计洪水;(2)能够由暴雨资料推求设计洪水	
	态度	(1)具有刻苦学习精神;(2)具有吃苦耐劳精神;(3)具有敬业精神;(4)具有团队协作精神;(5)诚实守信	
教学实施		参观模型,结合图文资料　展示+理论教学	
项目成果		根据给定条件选择进水口形式	
技术规范		《水利水电工程等级划分及洪水标准》(SL 252—2000),《水电枢纽工程等级划分及设计安全标准》(DL 5180—2003)	

洪水是指暴雨或急促的融冰化雪和水库垮坝等引起的江河水量迅速增加及水位急剧上涨的一种自然现象。当洪水超过江河的防洪能力时,若不加以防范就会造成洪水灾害,危及工矿企业及人民的生命财产安全。

设计洪水是指水利水电工程规划、设计中所指定的各种设计标准的洪水。合理分析计算设计洪水,是水利水电工程规划设计中首先要解决的问题。

在河流上筑坝建库能在防洪方面发挥很大的作用,但是水库本身却直接承受着洪水的威胁，一旦洪水漫溢坝顶，将会造成严重灾害。为了处理好防洪问题，在设计水工建筑物时，必须选择一个相应的洪水作为依据，若此洪水定得过大，则会使工程造价增多而不经济，但工程却比较安全；若此洪水定得过小，虽然工程造价降低，但遭受破坏的风险增大。如何选择对设计的水工建筑物较为合适的洪水作为依据，涉及一个标准问题，称为设计标准。确定设计标准是一个非常复杂的问题，国际上尚无统一的设计标准。我国通过十余年工程实践经验，结合我国国情，水利部会同有关部门于1994年共同制定了《防洪标准》(GB 50201—94)作为强制性国家标准，自1995年1月1日起施行。GB 50201—94根据工程规模、效益和在国民经济中的重要性，将水利水电枢纽工程分为五等，其等别见表3-1。

表3-1 水利水电枢纽工程的等别

工程等别	水库		防洪		治涝	灌溉	供水	水电站
	工程规模	总库容（亿 m^3）	城镇及工矿企业的重要性	保护农田（万亩）	治涝面积（万亩）	灌溉面积（万亩）	城镇及工矿企业的重要性	装机容量（万 kW）
Ⅰ	大(1)型	≥10	特别重要	≥500	≥200	≥150	特别重要	≥120
Ⅱ	大(2)型	10～1.0	重要	500～100	200～60	150～50	重要	120～30
Ⅲ	中型	1.0～0.1	中等	100～30	60～15	50～5	中等	30～5
Ⅳ	小(1)型	0.1～0.01	一般	30～5	15～3	5～0.5	一般	5～1
Ⅴ	小(2)型	0.01～0.001		≤5	≤3	≤0.5		≤1

注：1亩=1/15 hm^2，全书同。

水利水电枢纽工程的水工建筑物，根据所属枢纽工程的等别、作用和重要性分为五级，其级别见表3-2。

表3-2 水工建筑物的级别

工程等别	永久性水工建筑物		临时性水工建筑物等别
	主要建筑物	次要建筑物	
Ⅰ	1	3	4
Ⅱ	2	3	4
Ⅲ	3	4	5
Ⅳ	4	5	5
Ⅴ	5	5	

设计时根据建筑物级别选定不同频率作为防洪标准。这样，把洪水作为随机现象，以概率形式估算未来的设计值，同时以不同频率来处理安全和经济的关系。

水利水电工程建筑物防洪标准分为正常运用和非常运用两种。按正常运用洪水标准算出的洪水称为设计洪水，用它来决定水利水电枢纽工程的设计洪水位、设计泄洪流量等，宣泄正常运用洪水时，泄洪设施应保证安全和正常运行。GB 50201—94规定的设计洪水标准见表 3-3。

当河流发生比设计洪水更大的洪水时,选定一个非常运用洪水标准进行计算,算出的洪水称为非常运用洪水或校核洪水。GB 50201—94 规定的校核洪水标准见表 3-3。

表 3-3　水库工程水工建筑物的防洪标准

水工建筑物级别	防洪标准(重现期(年))				
	山区、丘陵区			平原区、滨海区	
	设计	校核		设计	校核
		混凝土坝、浆砌石坝及其他水工建筑物	土坝、堆石坝		
1	1 000 ~ 500	5 000 ~ 2 000	最大可能洪水 PMF 或 10 000 ~ 5 000	300 ~ 100	2 000 ~ 1 000
2	500 ~ 100	2 000 ~ 1 000	5 000 ~ 2 000	100 ~ 50	1 000 ~ 300
3	100 ~ 50	1 000 ~ 500	2 000 ~ 1 000	50 ~ 20	300 ~ 100
4	50 ~ 30	500 ~ 200	1 000 ~ 300	20 ~ 10	100 ~ 50
5	30 ~ 20	200 ~ 100	300 ~ 200	10	50 ~ 20

水利水电枢纽工程的泄洪设施,在有条件时,可分为正常设施和非常设施两部分,宣泄非常运用洪水时,泄洪设施应保证满足泄量的要求,可允许消能设施和次要建筑物部分破坏,但不应影响枢纽工程主要建筑物的安全或发生河流改道等重大灾害性后果。有关永久性水工建筑物的坝、闸顶部安全超高和抗滑稳定安全系数在水工专业规范中有规定,这里不另述。

设计洪水包括设计洪峰流量、不同时段设计洪量及设计洪水过程线三个要素。推求设计洪水的方法有两种类型,即由流量资料推求设计洪水和由暴雨资料推求设计洪水。当必须采用可能最大洪水作为非常运用洪水标准时,则由水文气象资料推求可能最大暴雨,然后计算可能最大洪水。

任务 1　由流量资料推求设计洪水

【学习目标】 (1)掌握洪水资料的选样与审查。

(2)掌握设计洪峰流量和洪量系列的频率计算。

(3)掌握设计洪水过程线的推求。

【学习要点】 (1)洪水资料的选样与审查。

(2)设计洪峰流量和洪量系列的频率计算。

(3)设计洪水过程线的推求。

由流量资料推求设计洪峰及不同时段的设计洪量,可以使用数理统计方法,计算符合设计标准的数值,一般称为洪水频率计算。

1 洪水资料的选样与审查

1.1 资料审查

在应用资料之前，首先要对原始水文资料进行审查，洪水资料必须可靠，具有必要的精度，而且具备频率分析所必须的某些统计特性，例如洪水系列中各项洪水相互独立，且服从同一分布等。

资料审查主要包括三个方面，即可靠性、一致性和代表性。

洪水资料的可靠性，即洪水资料的可靠程度，也就是洪水资料是否存在着种种较大的误差和错误。为使洪水资料具有可靠性，在统计分析之前就应该对原始资料进行复核，对测验精度、资料整编成果等作出分析评价。若问题较大，应先进行修正。

洪水资料的一致性，是指洪水资料是否在同一条件下产生。为使洪水资料具有一致性，要在调查观测期中，洪水形成条件相同，当使用的洪水资料受人类活动(如修建水工建筑物、整治河道等)的影响有明显变化时，应进行还原计算，使洪水资料换算到天然状态的基础上。

洪水资料的代表性，是指样本的统计参数能否代表总体的统计特性。而洪水的总体难获得，所以一般认为，资料年限较长，并能包括大、中、小等各种洪水年份，则代表性较好。由此可见，通过古洪水研究，历史洪水调查，考证历史文献和系列插补延长等增加洪水系列的信息量方法，是提高洪水系列代表性的基本途径。

1.2 样本选取

河流上一年内要发生多次洪水，每次洪水具有不同历时的流量变化过程，如何从历史洪水系列资料中选取表征洪水特征值的样本，是洪水频率计算的首要问题。

对于洪水系列，应采用年最大值原则选样，即从资料中逐年选取一个大流量和固定时段的最大洪水总量，组成洪峰流量和洪量系列。固定时段一般采用1 d、3 d、5 d、7 d、15 d、30 d。大流域、调洪能力大的工程，设计时段可以取得长一些；小流域、调洪能力小的工程，可以取得短一些。

在设计时段以内，还必须确定一些控制时段，即洪水过程对工程调洪后果起控制作用的时段，这些控制时段洪量应具有相同的设计频率。同一年内所选取的控制时段洪量，可发生在同一次洪水中，也可不发生在同一次洪水中，关键是选取其最大值。例如，图3-1中最大1 d洪量与最大3 d洪量、最大5 d洪量不属于同一次洪水。

2 设计洪峰流量和洪量系列的频率计算

2.1 特大洪水处理

特大洪水是指实测系列和调查到的历史洪水中，比一般洪水大得多的稀遇洪水。我国实测流量资料系列一般不长，通过插补延长的系列也有限，若只根据短系列资料作，当出现一次新的大洪水以后，设计洪水数值就会发生变动，所得成果很不稳定。如果在频率计算中能够正确利用特大洪水资料，则会提高计算成果的稳定性。

特大洪水一般指的是历史洪水，但是在实测洪水系列中，若有大于历史洪水或数值相当大的洪水，也作为特大洪水。洪水系列(洪峰或洪量)有两种情况，一是系列中没有特

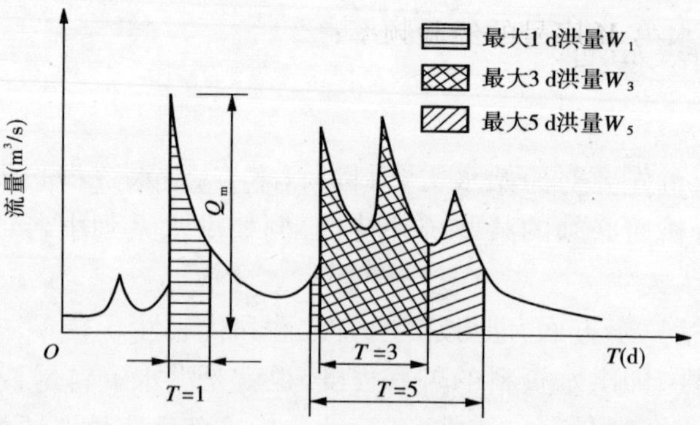

图 3-1　年最大值法选样示意图

大洪水值，在频率计算时，各项数值直接按大小次序统一排位，各项之间没有空位，序数 m 是连序的，称为连序系列，如图 3-2(a)所示；二是系列中有特大洪水值，特大洪水值的重现期(N)必然大于实测系列年数 n，而在 $N-n$ 年内各年的洪水数值无法查得，它们之间存在一些空位，由大到小是不连序的，称为不连序系列，如图 3-2(b)所示。

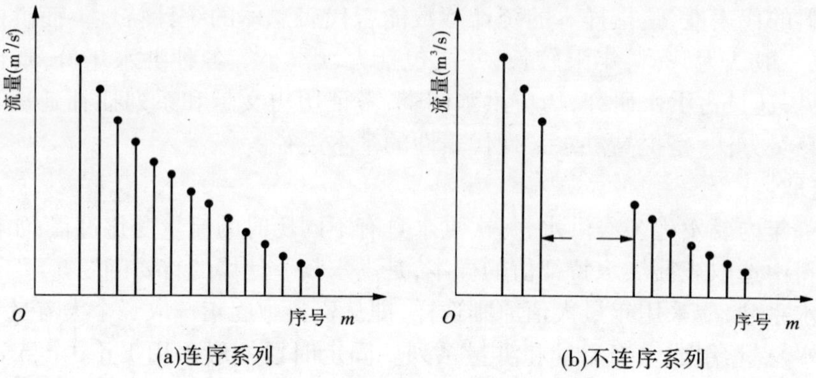

图 3-2　连序系列和不连序系列示意图

对于不连序系列，其经验频率与统计参数的计算与连序系列样本资料有所不同，这就是所谓的特大洪水的处理问题。

考虑特大洪水的不连序系列的经验频率，有以下两种估算方法。

2.1.1　独立样本法

把实测系列与特大值系列都看作是从总体中独立抽出的两个随机连序样本，各项洪水可分别在各个系列中进行排位，实测系列的经验频率仍按连序系列经验频率公式计算：

$$P_m = \frac{m}{n+1} \tag{3-1}$$

特大洪水系列的经验频率计算公式为

$$P_M = \frac{M}{N+1} \tag{3-2}$$

式中　P_m——实测系列第 m 项的经验频率；

m——实测系列由大至小排列的序号；

n——实测系列的年数；

P_M——特大洪水第 M 序号的经验频率；

M——特大洪水由大至小排列的序号；

N——自最远的调查考证年份至今的年数。

当实测系列内含有特大洪水时，此特大洪水亦应在实测系列中占序号。例如，实测为30年，其中有一个特大洪水，则一般洪水最大项应排在第二位，其经验频率 $P_2=2/(30+1)=0.064\ 5$。

2.1.2 统一样本法

将实测系列与特大值系列共同组成一个不连序系列，作为代表总体的一个样本，不连序系列各项可在历史调查期 N 年内统一排位。

假设在历史调查期 N 年中有特大洪水 a 项，其中有 l 项发生在 n 年实测系列之内；历史调查期 N 年中的 a 项特大洪水的经验频率仍用式(3-2)计算。实测系列中其余的 $(n-1)$ 项，则均匀分布在 $1-P_{Ma}$ 频率范围内，P_{Ma} 为特大洪水第末项 $M=a$ 的经验频率，即

$$P_{Ma}=\frac{a}{N+1} \tag{3-3}$$

实测系列第 m 项的经验频率计算公式为

$$P_m=P_{Ma}+(1-P_{Ma})\frac{m-l}{n-l+1} \tag{3-4}$$

上述两种方法，我国目前都在使用，第一种方法比较简单，但是在使用式(3-1)和式(3-2)点绘不连序系列时，会出现所谓的“重叠”现象，而且在假定不连序系列是两个相互独立的连序样本条件下，没有对式(3-1)作严格的推导。当调查考证期 N 年中为首的数项历史洪水确系连序而无错漏，为避免历史洪水的经验频率与实测系列的经验频率的重叠现象，采用第二种方法较为合适。

2.2 频率曲线线型选择

样本系列各项的经验频率确定之后，就可以在概率格纸上确定经验频率点据的位置。点绘时，可以用不同符号分别表示实测、插补和调查的洪水点据，其为首的若干个点据应标明其发生年份。通过点据中心，可以目估绘制出一条光滑的曲线，称为经验频率曲线。由于经验频率曲线是由有限的实测资料算出的，当求稀遇设计洪水数值时，需要对频率曲线进行外延，而经验频率曲线往往不能满足这一要求，为使设计工作规范化，便于各地设计洪水估计结果有可比性，世界上大多数国家根据当地长期洪水系列经验点据拟合情况，选择一种能较好地拟合大多数系列的理论线型，以供本国或本地区有关工程设计使用。

我国自20世纪60年代以来，一直采用P-Ⅲ型曲线，作为洪水频率计算的依据。

2.3 频率曲线参数估计

在洪水频率计算中，我国规范统一规定采用适线法。适线法有两种：一种是经验适线法(或称目估适线法)，另一种是优化适线法。用适线法估计频率曲线的统计参数分为初步估计参数、用适线法调整初估值以及对比分析三个步骤。

矩法是一种简单的经典参数估计方法，它无须事先选定频率曲线线型，因而是洪水频率分析中广泛使用的一种方法。由矩法估计的参数及由此求得的频率曲线总是系数偏小，其中尤以 C_s 偏小更为明显。

在用矩法初估参数时，对于不连序系列，假定 $n-l$ 年系列的均值和均方差与除去特大洪水后的 $N-a$ 年系列的相等，即 $\bar{x}_{N-a}=\bar{x}_{n-l}$，$\sigma_{N-a}=\sigma_{n-l}$，可以导出参数计算公式

$$\bar{x}=\frac{1}{N}\left(\sum_{j=1}^{a}x_j+\frac{N-a}{n-l}\sum_{i=l+1}^{n}x_i\right) \tag{3-5}$$

$$C_v=\frac{1}{\bar{x}}\sqrt{\frac{1}{N-1}\left[\sum_{j=1}^{a}(x_j-\bar{x})^2+\frac{N-a}{n-l}\sum_{i=l+1}^{n}(x_i-\bar{x})^2\right]} \tag{3-6}$$

式中 x_j——特大洪水，$j=1,2,\cdots,a$；

x_i——一般洪水，$i=l+1,l+2,\cdots,n$。

偏差系数 C_s 抽样误差较大，一般不宜直接计算，而是参考相似流域分析成果，选用一定的 C_s/C_v 作为初始值。

2.4 推求设计洪峰、洪量

根据上述方法计算的参数初估值，用适线法求出洪水频率曲线，然后在频率曲线上求得相应于设计频率的设计洪峰和各统计时段的设计洪量。

有关水文频率曲线适线法的步骤、计算实例，以及适线时应考虑的事项，已在项目1作了具体介绍，但未涉及特大洪水处理问题，本节将用一个实例，考虑加入特大洪水，具体说明用矩法配线推求设计洪峰的方法。

【例3-1】 某河水文站实测洪峰流量资料共30年，历史特大洪水2年，历史考证期102年，试用矩法初选参数进行配线，推求该水文站200年一遇的洪峰流量。

解：(1)计算经验频率，并点绘经验频率曲线，见图3-3。

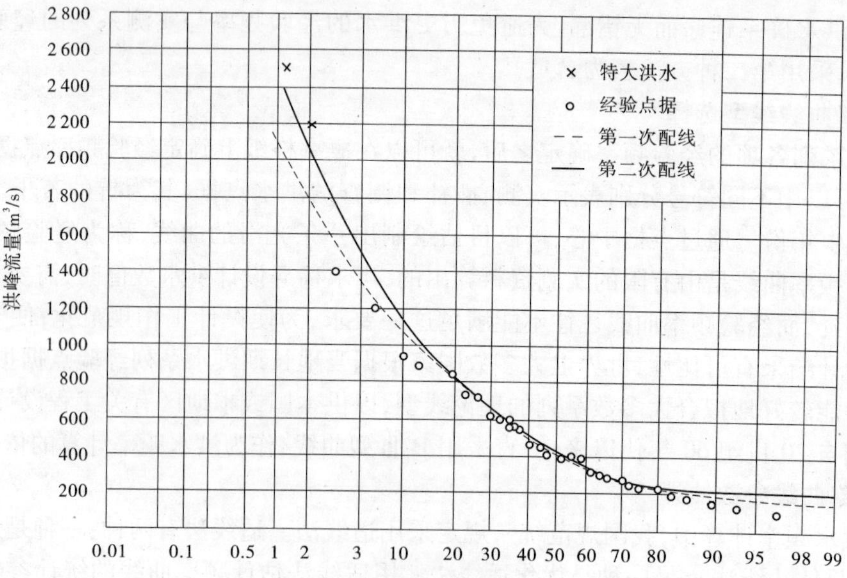

图3-3 某站洪峰流量频率曲线

用式(3-2)计算特大洪水的经验频率，式中 $N=102$，计算成果列入表3-4第(3)栏。用式(3-1)计算一般洪水的经验频率，式中 $P_{Ma}=P_{M2}$，计算成果列入表3-4第(4)栏。

表3-4 某河水文站洪峰流量经验频率计算($a=2, l=0$)

序号	洪峰流量 (m^3/s)	$P_{Ma}=\frac{M}{N+1}$	$\frac{m}{n+1}$	$(1-P_{Ma})\frac{m}{n+1}$	$P_m=P_{Ma}+(1-P_{Ma})\frac{m}{n+1}$
(1)	(2)	(3)	(4)	(5)	(6)
	2 520	0.010			
	2 100	0.019			
1	1 400		0.032	0.032	0.051
2	1 210		0.065	0.063	0.082
3	960		0.097	0.095	0.114
4	920		0.129	0.127	0.146
5	890		0.161	0.158	0.177
6	880		0.194	0.190	0.209
7	790		0.226	0.221	0.240
8	784		0.258	0.253	0.272
9	670		0.290	0.285	0.304
10	650		0.323	0.316	0.335
11	638		0.355	0.348	0.367
12	590		0.387	0.380	0.399
13	520		0.419	0.411	0.430
14	510		0.452	0.443	0.462
15	480		0.484	0.474	0.493
16	470		0.516	0.506	0.525
17	462		0.548	0.538	0.557
18	440		0.581	0.569	0.588
19	386		0.613	0.601	0.620
20	368		0.645	0.633	0.652
21	340		0.677	0.664	0.683
22	322		0.710	0.696	0.715
23	300		0.742	0.728	0.747
24	288		0.774	0.759	0.778
25	262		0.806	0.791	0.810
26	240		0.839	0.823	0.842
27	220		0.871	0.854	0.873
28	200		0.903	0.886	0.905
29	186		0.935	0.917	0.937
30	160		0.968	0.949	0.968

(2)用矩法计算统计参数。用式(3-5)计算年最大洪峰流量的均值,式中 $N=102$、$n=30$、$a=2$、$l=0$,得

$$\bar{x}=\frac{1}{N}\left(\sum_{j=1}^{a}x_j+\frac{N-a}{n-l}\sum_{i=l+1}^{n}x_i\right)=\frac{1}{102}\times\left(4\,620+\frac{100}{30}\times 16\,542\right)=586(\mathrm{m^3/s})$$

用式(3-6)计算年最大洪峰流量的变差系数,得

$$C_v=\frac{1}{\bar{x}}\sqrt{\frac{1}{N-1}\left[\sum_{j=1}^{a}(x_j-\bar{x})^2+\frac{N-a}{n-l}\sum_{i=l+1}^{n}(x_i-\bar{x})^2\right]}$$

$$=\frac{1}{587}\times\sqrt{\frac{1}{101}\times(6\,338\,238+9\,617\,033)}=0.68$$

(3)选配洪水频率曲线。根据统计参数计算成果,取 $C_v=0.7$,$C_s=3C_v$,查附表2得出相应于不同频率 P 的 K_P 值,列入表3-5第(2)栏,乘以 $\bar{Q}$ 得相应的 Q_P 值,列入表3-5第(3)栏。

表3-5　频率曲线配线计算表

频率	第一次配线 $\bar{Q}=586\ \mathrm{m^3/s}$ $C_v=0.7$ $C_s=3C_v$		第二次配线 $\bar{Q}=586\ \mathrm{m^3/s}$ $C_v=0.8$ $C_s=3.5C_v$	
P(%)	K_P	$Q_P(\mathrm{m^3/s})$	K_P	$Q_P(\mathrm{m^3/s})$
(1)	(2)	(3)	(4)	(5)
1	3.56	2 089.72	4.18	2 453.66
2	3.05	1 790.35	3.49	2 048.63
5	2.40	1 408.8	2.61	1 532.07
10	1.90	1 115.3	1.97	1 156.39
20	1.41	827.67	1.37	804.19
50	0.78	457.86	0.70	410.9
75	0.50	293.5	0.49	287.63
90	0.39	228.93	0.44	258.28
95	0.36	211.32	0.43	252.41
99	0.34	199.58	0.43	252.41

将表3-5中第(1)、(3)栏的对应数值点绘成曲线,可见点绘的频率曲线中下段与经验频率点据配合较好,但中上段偏离特大洪水点据下方较多,因此必须进行调整。

第二次配线时适当将 C_v 增大,并取 $C_s=3.5C_v$,使曲线中上部与经验点靠近,再查附表2,得出相应于不同频率 P 的 K_P 值,列入表3-5第(4)栏,乘以 $\bar{Q}$ 得相应的 Q_P 值,列入表3-5第(5)栏,此时曲线与经验点据配合较好,可作为采用的洪水频率曲线。查 $P=0.5\%$ 对应的 K_P,得 $K_P=4.87$,按 $Q_P=K_P\bar{Q}$ 算得

$$Q_P = K_P \overline{Q} = 4.87 \times 586 = 2\ 853.82(\mathrm{m^3/s})$$

即为所求的该水文站200年一遇的洪峰流量。

或查附表1,得 $\Phi=4.84$,代入 $X_P=\overline{X}(1+C_v\Phi)$,有 $Q_{0.5\%}=586\times(1+0.8\times4.84)=2\ 854.99\ \mathrm{m^3/s}$。

2.5 设计成果的合理性分析

在洪水峰量计算中,不可避免地存在各种误差,为了防止因各种原因带来的差错,必须对计算成果进行合理性检查,以便尽可能地提高精度。检查工作一般从以下三个方面进行:

(1)根据本站频率计算成果,检查洪峰、各时段洪量的统计参数与历时之间的关系,一般说来,随着历时的增加,洪量的均值也逐渐增大,而时段平均流量的均值则随历时的增加而减小。C_v、C_s 在一般情况下随历时的增长而减小,但对于连续暴雨次数较多的河流,随着历时的增长,C_v、C_s 反而加大,如浙江省新安江流域就有这种现象。所以,参数的变化还要和流域的暴雨特性和河槽调蓄作用等因素联系起来分析。

另外,还可以从各种历时的洪量频率曲线对比分析,要求各种曲线在使用范围内不应有交叉现象,当出现交叉时,应复查原始资料和计算过程有无错误,统计参数是否选择得当。

(2)根据上下游站、干支流站及邻近地区各河流洪水的频率分析成果进行比较,如气候、地形条件相似,则洪峰、洪量的均值应自上游向下游递增,其模数则由上游向下游递减。

若将上下游站、干支流站同历时最大洪量的频率曲线绘在一起,下游站、干流站的频率曲线应高于上游站和支流站,曲线间距的变化也有一定的规律。

(3)暴雨频率分析成果进行比较。一般来说,洪水的径流深应小于相应天数的暴雨深,而洪水的 C_v 值应大于相应暴雨量的 C_v 值。

以上所述,可作为成果合理性检查的参考,若发现明显的不合理之处,应分析原因,将成果加以修正。

3 设计洪水过程线的推求

设计洪水过程线是指具有某一设计标准的洪水过程线。但是,洪水过程线的形状千变万化,且洪水每年发生的时间也不相同,是一种随机过程,目前尚无完善的方法直接从洪水过程线的统计规律求出一定频率的过程线。尽管已有人从随机过程的角度,对过程线作模拟研究,但尚未达到实用的目的。为了适应工程设计要求,目前仍采用放大典型洪水过程线的方法,使其洪峰流量和时段洪水总量的数值等于设计标准的频率值,即认为所得的过程线是待求的设计洪水过程线。

放大典型洪水过程线时,根据工程和流域洪水特性,可选用同频率放大法或同倍比放大法。

3.1 典型洪水过程线的选择

典型洪水过程线是放大的基础,从实测洪水资料中选择典型时,资料要可靠,同时应考虑下列条件:

(1)选择峰高量大的洪水过程线,其洪水特征接近于设计条件下的稀遇洪水情况。

(2)要求洪水过程线具有一定的代表性,即它的发生季节、地区组成、洪峰次数、峰量关系等能代表本流域上大洪水的特性。

(3)从水库防洪安全着眼,选择对工程防洪运用较不利的大洪水典型,如峰型比较集中,主峰靠后的洪水过程。

一般按上述条件初步选取几场典型洪水,分别放大,并经调洪计算,取其中偏于安全的作为设计洪水过程线的典型。

3.2　放大方法

目前采用的典型放大方法有按峰或量同倍比控制方法(简称同倍比放大法)和峰量同频率控制方法(简称同频率放大法)。

3.2.1　同倍比放大法

此法是按洪峰或洪量同一个倍比放大典型洪水过程线的各纵坐标值,从而求得设计洪水过程线。因此,此法的关键在于确定以谁为主的放大倍比值。

如果以洪峰控制,其放大倍比为

$$K_Q = \frac{Q_{mP}}{Q_{mD}} \tag{3-7}$$

式中　K_Q——以峰控制的放大系数;

Q_{mP}——设计洪峰流量;

Q_{mD}——典型洪水过程的洪峰流量。

如果以量控制,其放大倍比为

$$K_{Wt} = \frac{W_{tP}}{W_{tD}} \tag{3-8}$$

式中　K_{Wt}——以量控制的放大系数;

W_{tP}——控制时段 t 的设计洪量;

W_{tD}——典型过程线在控制时段 t 的最大洪量。

采用同倍比放大时,当放大后洪峰或某时段洪量超过或低于设计值很多,且对调洪结果影响较大时,应另选典型。

3.2.2　同频率放大法

此法要求放大后的设计洪水过程线的峰和不同时段(1 d、3 d…)的洪量均分别等于设计值。具体做法是先由频率计算求出设计的洪峰值 Q_{mP} 和不同时段的设计洪量值 W_{1P}、W_{3P}…并求典型过程线的洪峰值 Q_{mP} 和不同时段的洪量值 W_{1D}、W_{3D}…然后按洪峰、最大 1 d 洪量、最大 3 d 洪量…的顺序,采用以下不同倍比值分别将典型过程进行放大。

洪峰放大倍比为

$$R_{Q_m} = \frac{Q_{mP}}{Q_{mD}} \tag{3-9}$$

最大 1 d 洪量放大倍比为

$$R_1 = \frac{W_{1P}}{W_{1D}} \tag{3-10}$$

最大3 d洪量中除最大1 d外,其余两天的放大倍比为

$$R_{3-1} = \frac{W_{3P} - W_{1P}}{W_{3D} - W_{1D}} \tag{3-11}$$

以上说明,最大1 d洪量包括在最大3 d洪量之中,同理,最大3 d洪量包括在最大7 d洪量之中。将典型洪水过程线的洪峰和不同时段的洪量乘以相应的放大系数,得放大的设计洪水过程线(见图3-4),得出的设计洪水过程线上的洪峰和不同时段的洪量,恰好等于设计值。由于各时段放大倍比不相等,放大后的过程线在时段分界处出现不连续现象,此时可徒手修匀,修匀后仍应保持洪峰和各时段洪量等于设计值。若放大倍比相差较大,要分析原因,采取措施,消除不合理的现象。因此,时段划分不宜太多,视过程线的长度而定,一般以3段或4段为宜。

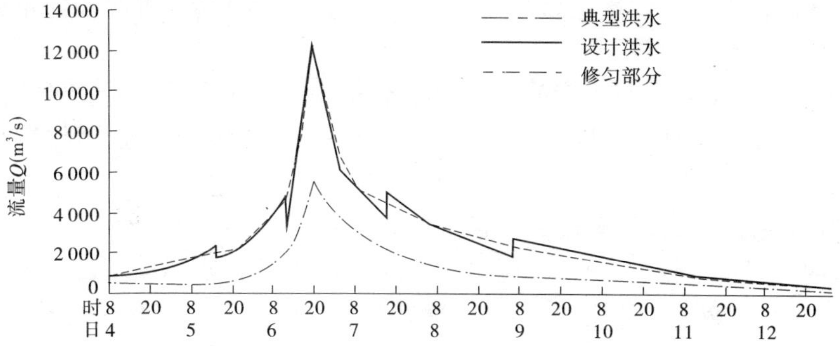

图3-4 某水库 $P=0.1\%$ 设计洪水与典型洪水过程线

任务2 由暴雨资料推求设计洪水

【学习目标】 (1)了解设计暴雨的计算。
(2)了解设计净雨的推求。
(3)掌握设计洪水过程线的推求。

【学习要点】 (1)设计暴雨的计算。
(2)设计净雨的推求。
(3)设计洪水过程线的推求。

我国大部分地区的洪水主要由暴雨形成。在实际工作中,中小流域常因流量资料不足无法直接用流量资料推求设计洪水,而暴雨资料一般较多,因此可用暴雨资料推求设计洪水。

由暴雨资料推求设计洪水的主要内容如下:

(1)推求设计暴雨。根据实测暴雨资料,用统计分析和典型放大法求得。

(2)推求设计洪水过程线。由求得的设计暴雨,利用产流方案推求设计净雨过程,利用流域汇流方案由设计净雨过程求得设计洪水过程。

设计暴雨是指符合设计标准的面平均暴雨及过程。推求设计洪水所需的是流域上的设计面暴雨过程。根据当地雨量资料条件，计算方法可分资料充足和资料短缺两种方法。前一种是由面平均雨量资料系列直接进行频率计算，方法类似于由流量资料推求设计洪水的方法，适用于雨量资料充分的流域；后一种是通过降雨的点面关系，由设计点雨量间接推求设计面雨量，有时直接以点代面，适用于雨量资料短缺的中小流域。

1　设计暴雨的计算

1.1　设计暴雨的推求

(1)面暴雨量的选样。面暴雨资料的选样，一般采用年最大值法。其方法是先根据当地雨量的观测站资料，根据设计精度要求确定各计算时段，一般为 6 h、12 h、1 d、3 d、7 d…，并计算各时段面平均雨量；然后按独立选样的方法，选取历年各时段的年最大面平均雨量组成面暴雨系列。

(2)面暴雨量的频率计算。面暴雨量的频率分析计算所选用的线型和经验频率公式与前面所属的频率分析计算相同，其计算步骤包括暴雨特大值的处理、适线法绘制频率曲线、设计值的推求及合理性分析等。

1.2　暴雨资料短缺时设计面雨量的计算

当流域内的雨量站较少，或各雨量站资料长短不一，难以求出满足设计要求的面暴雨系列时，可先求出流域中心的设计点雨量，然后通过降雨的点面关系进行转换，求出设计面雨量。

1.2.1　设计点雨量的计算

求设计点雨量时，如果在流域中心处有雨量站且系列足够长，则可用该站的暴雨资料直接进行频率计算求得设计点雨量。如果在流域中心没有这种雨量测站，则可先求出所在流域中心附近各测站的设计点雨量，然后通过地理插值，求出流域中心的设计点雨量；若流域缺乏暴雨资料，则通过各省《水文手册》(图集)所提供的各时段年最大暴雨量的 $\overline{H}$、C_v 等值线图及 C_s/C_v，计算设计点雨量。

此外，对于流域面积小、历时短的设计暴雨，也可采用暴雨公式计算设计点雨量。其方法是根据各地区的《水文手册》(图集)查得设计流域中心的 24 h 暴雨统计参数($\overline{H}$、C_v、C_s)，计算出该流域 24 h 设计雨量 $H_{24\,h,P}$，并按照暴雨公式求出设计雨力 S_P，其计算式为

$$S_P = H_{24\,h,P}24^{n-1} \tag{3-12}$$

任一历时的设计暴雨 $H_{t,P}$ 可通过暴雨公式转换得到，计算式为

$$H_{t,P} = S_P t^{1-n} \tag{3-13}$$

暴雨递减指数 n 要经过实测资料分析，通过地区综合得出。暴雨递减指数 n 一般不是常数，当 $t<t_0$ 时，$n=n_1$；当 $t\geq t_0$ 时，$n=n_2$。t_0 取 1 h 或 6 h，具体应用时，可由当地的水文手册》(图集)查得。

1.2.2　设计面暴雨量的计算

按上述要求求出设计点雨量后，就可由流域降雨点面关系，很容易地转换出流域设计平均雨量，即设计面暴雨量。

暴雨的点面关系是指暴雨中心或流域内某一特定位置的点雨量与一定范围内相应的面雨量之间的相关关系。

根据径流试验站的观测资料表明：流域面积较小时，暴雨的时空分布基本均匀，可直接以点雨量代替面雨量，不作点面关系的转换。随着流域面积的增大，点面雨量的差异也随之加大。例如，某流域 $F=324\ km^2$，流域内有4个雨量站，1983年7月26日大暴雨，算得的最大24 h流域平均雨量为115.7 mm，而4个站观测的最大24 h点雨量为205.1 mm，最小点雨量为38.9 mm，相差5倍多，最大点雨量为流域平均雨量的1.8倍。显然，用点雨量代替面雨量的误差一定较大，这时应通过点面关系将点雨量转换成面雨量。点面关系的建立有两种方式，分别介绍如下。

1.2.2.1 定点定面关系

用流域中心或流域内某一雨量站作为定点，以设计流域面积作为定面，计算某历时次暴雨的点雨量及相应的流域平均雨量，建立点雨量与面雨量的相关关系，叫作定点定面关系。

点面关系图以流域面积为横坐标，以面雨量与相应点雨量的比值，即点面折扣系数为纵坐标。

$$\alpha = H_F/H_0 \tag{3-14}$$

式中 α——点面折扣系数；

H_F——面雨量，mm；

H_0——代表站或流域中心处的点雨量，mm。

暴雨在地区上的分布是极不均匀的，其变化不受流域边界约束，只受气候、地形及自然条件的影响。因此，各次暴雨的点面关系均不会相同，致使点面关系点距比较散乱。生产中常将点面关系取其平均或取外包线，加以综合后绘制成点面关系图。

1.2.2.2 动点动面关系

由于暴雨的走向、雨量大小及地区分布的随机性，有时定点定面关系很不稳定，规范建议在定点定面关系不好的情况下，可建立动点动面关系来推求设计面雨量。

动点动面关系根据某一历时的暴雨图分析计算求得，即以暴雨图上暴雨中心的点雨量与其四周等雨量线围成的面积的平均雨量建立点面关系。关系图的绘制与前述相同。但横坐标 F 已不是流域面积，而是各等雨量线包围的面积，并将点面关系加以综合即得暴雨动点动面关系图。

以上两种点面关系，前者面积为固定的流域面积，点是特定的点。因暴雨中心不一定正好落在特定点上，因此点雨量不一定大于面雨量，故点面折扣系数可能出现大于1.0的情况，但经综合后均小于1.0；后者点的位置和面的范围都是变动的，点雨量是暴雨中心的雨量，因此一定大于面雨量，点面折扣系数均小于1.0。

各省(区)的《水文手册》(图集)中刊有不同历时暴雨的点面关系图(表)，可供查用。当流域较小时，可直接用设计点雨量代替设计面暴雨量。

1.3 设计暴雨的时程分配

拟定设计暴雨在时间上的分配过程的具体方法是在求出各种历时的设计面雨量后，首先在设计流域(若缺乏实测暴雨资料，则在其邻近流域)内选取一次实测大暴雨过程作为典型。典型暴雨的选择原则如下：

(1)所选典型暴雨的分配过程应为本流域设计条件下比较容易发生的雨型，即所选的典型暴雨的雨峰个数、主雨峰位置、实际降雨时段数是大暴雨中较常见的。

(2)所选典型暴雨的雨量与设计暴雨量相近。

(3)所选典型暴雨的分配过程对工程不利，即为雨量集中、主峰偏后的暴雨，这样的暴雨对水利工程安全不利。

然后采用同倍比法或者同频率法放大典型暴雨过程。有时在小流域上也可以采用单站雨量(点雨量)过程作为典型，但在大流域上应尽可能地避免，因为单站的典型暴雨更容易产生偏大的结果。

【例 3-2】 某流域具有充分的雨量资料。经面暴雨量频率计算得各时段 $P=1\%$ 的设计雨量为 $H_{6\text{ h}}=64.0$ mm，$H_{24\text{ h}}=106.0$ mm，$H_{72\text{ h}}=178.0$ mm。求 $P=1\%$ 的设计暴雨过程。

解：(1)对流域内的某次实测大暴雨过程进行分析比较后，选定 2002 年 7 月的一次大暴雨作为典型，其暴雨过程如表 3-6 所示。

(2)根据典型暴雨过程，经统计得典型最大 6 h、最大 24 h、最大 72 h 雨量及位置分别如下：

最大 6 h 为第 9 时段，$H_{D,6}=46.7$ mm；

最大 24 h 为第 7～10 时段，$H_{D,24}=84.2$ mm；

最大 72 h 为第 1～12 时段，$H_{D,72}=141.0$ mm。

表 3-6　某流域设计暴雨过程计算结果

时段(6 h)	1	2	3	4	5	6	7	8	9	10	11	12	合计
典型暴雨(mm)	12.2	6.8	0	20.0	1.5	3.8	4.7	11.3	46.7	21.5	3.8	8.7	141.0
放大倍比	1.27	1.27	1.27	1.27	1.27	1.27	1.12	1.12	1.37	1.12	1.27	1.27	
设计暴雨(mm)	15.5	8.6	0	25.4	1.9	4.8	5.3	12.7	64.0	24.1	4.8	11.0	178.1

(3)各种历时的放大倍比系数为

$$K_1=\frac{64.0}{46.7}=1.37$$

$$K_{4-1}=\frac{106.0-64.0}{84.2-46.7}=1.12$$

$$K_{12-4}=\frac{178.0-106.0}{141.0-84.2}=1.27$$

(4)用同频率控制放大法推求设计暴雨过程，将各放大倍比系数填在表 3-6 与典型暴雨过程相对应的位置上，通过放大计算得设计暴雨过程，如表 3-6 所示。

2 设计净雨的推求

净雨量是指降雨扣除损失后剩余的雨量，又称产流量。设计净雨的推求也就是设计条件下产流量的推求，是从设计暴雨中扣除损失量的计算过程。由于产流过程是十分复杂的过程，损失量一般无法直接预测，通常用间接的方法来确定，其常用方法有降雨径流相关图法和初损后损法。

2.1 降雨径流相关图的确定

降雨径流相关图是指流域面雨量与所形成的径流深及影响因素之间的相关曲线。一般次降雨量 H 为纵坐标，以相应的径流深 Y 为横坐标，以流域前期影响雨量 P_a 为参数，然后按点群分布的趋势和规律，定出一条以 P_a 为参数的等值线。这就是该流域的 H—P_a—Y 三变量降雨径流相关图，如图3-5(a)所示。相关图做好后，要用若干次未参加制作相关图的雨洪资料，对相关图的精度进行检验与修正，以满足精度要求。当降雨径流资料不多，相关点据较少，按上述方法定线有一定困难时，可绘制简化的三变量相关图，即以 $H+P_a$ 为纵坐标，径流深 Y 为横坐标的 $H+P_a$—Y 相关图，如图3-5(b)所示。

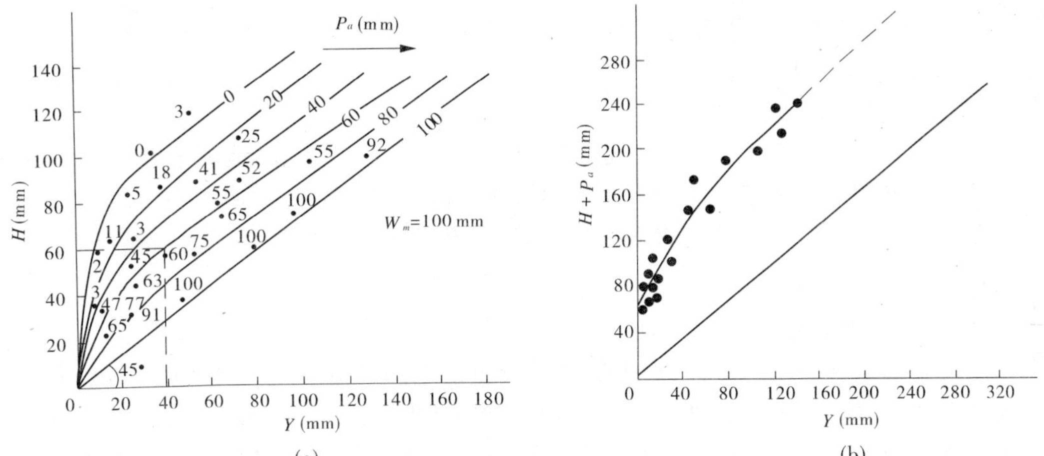

图3-5 降雨径流相关图

必须指出，降雨径流相关图中的径流有地面径流和总径流之分。两者有很大差别，前者是以超渗产流为基础建立的，而后者则是以蓄满产流为基础建立的。

有的省对降雨径流相关图选配了数学公式；有的省不考虑 P_a 值，直接建立两变量的降雨径流相关图；有的省则直接采用直线表示上述两变量的降雨径流相关图，亦即径流系数法；而有的省采用了理论的降雨径流关系，即蓄满产流模型来推求设计净雨，具体见各省(区)的《水文手册》(图集)。

2.2 降雨径流相关图的应用

利用降雨径流相关图由设计暴雨及过程可查出设计净雨及过程。其方法是由时段累加暴雨量，查降雨径流相关图曲线得相应的时段累加净雨量，然后将相邻累加净雨量相减得到各时段的设计净雨量。

需要强调的是，由实测降雨径流资料建立起来的降雨径流相关图应用于设计条件时，必须处理如下两方面的问题：

(1)降雨径流相关图的外延。设计暴雨常常超出实测点距范围，使用降雨径流相关图时，需对相关曲线作外延。以蓄满产流为主的湿润地区，其上部相关线接近于45°直线，外延比较方便。干旱地区的产流方案外延任意性大，必须慎重。

(2)设计条件下P_{aP}的确定。有长期实测暴雨洪水资料的流域，可直接计算各次暴雨的P_a值，用频率计算法求得设计值P_{aP}。有时也用几场大暴雨所分析的P_a值，取其平均值作为P_{aP}值。

中小流域缺乏实测资料时，可采用各省(区)《水文手册》(图集)分析成果确定。P_{aP}值大约为I_m的2/3倍，湿润地区大一些，干旱地区小一些。

设计产流过程的推求是利用降雨径流相关图(以$y=f(H+P_a)$表示)和P_{aP}值，推求产流的过程，其具体步骤是：

(1)雨量过程按时序逐时段累加起来，求得时段累积雨量$H_1=\Delta H_1, H_2=H_1+\Delta H_2, H_3=H_2+\Delta H_3\cdots$

(2)在$y=f(H+P_a)$图上，用时段累积雨量加P_{aP}值为纵坐标，查读横坐标值，求得时段累积径流深$Y_1, Y_2, Y_3\cdots$

(3)将各时段累积径流深相减，即求得各时段径流深，从而也就求得了产流过程，即$\Delta Y_1=Y_1, \Delta Y_2=Y_2-Y_1\cdots$

2.3 初损后损法

初损后损法适用于干旱半干旱地区，或湿润地区的少雨季节(地下水埋藏深的)超渗产流模型。初损后损法把实际的下渗过程简化为初损和后损两个阶段。产流以前的总损失水量为初损，记为I_0，包括植物截留、填洼及产流前下渗的水量；后损是流域产流以后下渗的水量，以平均下渗$\bar{f}$表示。

2.4 设计净雨的划分

对于湿润地区，一次降雨所产生的径流量包括地面径流和地下径流两部分。由于地面径流和地下径流的汇流特性不同，在推求洪水过程线时要分别处理。为此，在由降雨径流相关图求得设计净雨过程后，需将设计净雨划分为设计地面净雨和设计地下净雨两部分。按蓄满产流方式，当流域降雨使包气带缺水得到满足后，全部降雨形成径流，其中按稳定入渗率f_c入渗的水量形成地下径流h_g，降雨强度i超过f_c的那部分水量形成地面径流h_s。

该时段为Δt，时段净雨为h，则：

当$i>f_c$时，有

$$h_g = f_c\Delta t$$

$$h_s = h - h_g = (i - f_c)\Delta t$$

当$i\leqslant f_c$时，有

$$h_g = h = i\Delta t$$

$$h_s = 0$$

可见，f_c是个关键数值，只要知道f_c就可以将设计净雨划分为h_g和h_s两部分。f_c是流域土壤、地质、植被等因素的综合反映。若流域自然条件无显著变化，一般认为f_c是不变的，因此f_c可通过实测雨洪资料分析求得。各省(区)的《水文手册》(图集)中，刊有f_c

分析成果，可供无资料的中小流域查用。

对于干旱地区的超渗产流方式，除有少量的深层地下水外，几乎没有浅层地下径流，因此求得的设计净雨基本上全部是地面径流，不存在净雨划分的问题。

3 设计洪水过程线

由径流形成可知，设计洪水过程线的推求，就是设计净雨的汇流计算。一般中小流域的设计地面洪水过程线采用综合单位线法来推求。设计地下洪水过程线采用简化的方法推求。

3.1 综合单位线法的基本概念

单位线法是把一次净雨产生的出口断面的地面径流过程线看成是由单位时段内，单位净雨深经流域调蓄后在出口断面上形成的一条单位流量过程线（单位线）经倍比放大，错开时段叠加形成的。

小流域一般缺乏实测暴雨资料，往往不能直接求得单位线。此时，可根据附近地区的单位线，建立单位线要素（即洪峰流量 Q_m、洪峰滞时 t_p 与总历时 T）与流域特征值的经验关系。对于无资料地区，只要知道它的流域特征，便可通过地区经验公式确定它的单位线要素，从而求得该流域的单位线。由于上述单位线要素与流域特征的经验关系是根据地区的各种流域特征资料综合而来的，故称为综合单位线。综合单位线又分为综合时段单位线和综合瞬时单位线两种。其中，综合瞬时单位线目前在全国应用得最为广泛，这里只介绍用综合瞬时单位线推求设计洪水过程线的方法。

3.2 单位线的定义及其假定

单位线是指在特定的流域上，单位时段内均匀分布的单位地面净雨在流域出口断面所形成的地面径流过程线，如图 3-6(a) 所示。单位净雨(h)一般取 10 mm。单位时段则根据流域的特性而定，一般取涨洪历时的 1/4 ~ 1/2，常取的时段有 1 h、3 h、6 h、12 h 和 24 h 等。所取的时段不同，单位线也就不同，所以基于时段降雨资料分析出的单位线常称为时段单位线。

单位线包围的面积 W（径流量）换算成径流 Y 应为 10 mm，可据此校核单位线，即

$$Y = \frac{3.6\Delta t \sum q_i}{F} \tag{3-15}$$

式中 Y——径流深，mm；

F——流域面积，km^2；

Δt——单位线时段长，h；

q_i——单位线的纵坐标，m^3/s。

(1) 倍比假定。如果单位时段内的净雨深不是 1 个单位，而是 n 个单位，则它所能形成的流量过程线总历时与单位线底宽相同，各时刻流量则为单位线的 n 倍。

(2) 叠加假定。如果地面净雨历时不是一个时段，而是 n 个时段，则各时段净雨深所形成的部分流量之间互不干扰，出口断面的流量过程线等于 n 个部分流量过程错开时段相加，如图 3-6 所示。

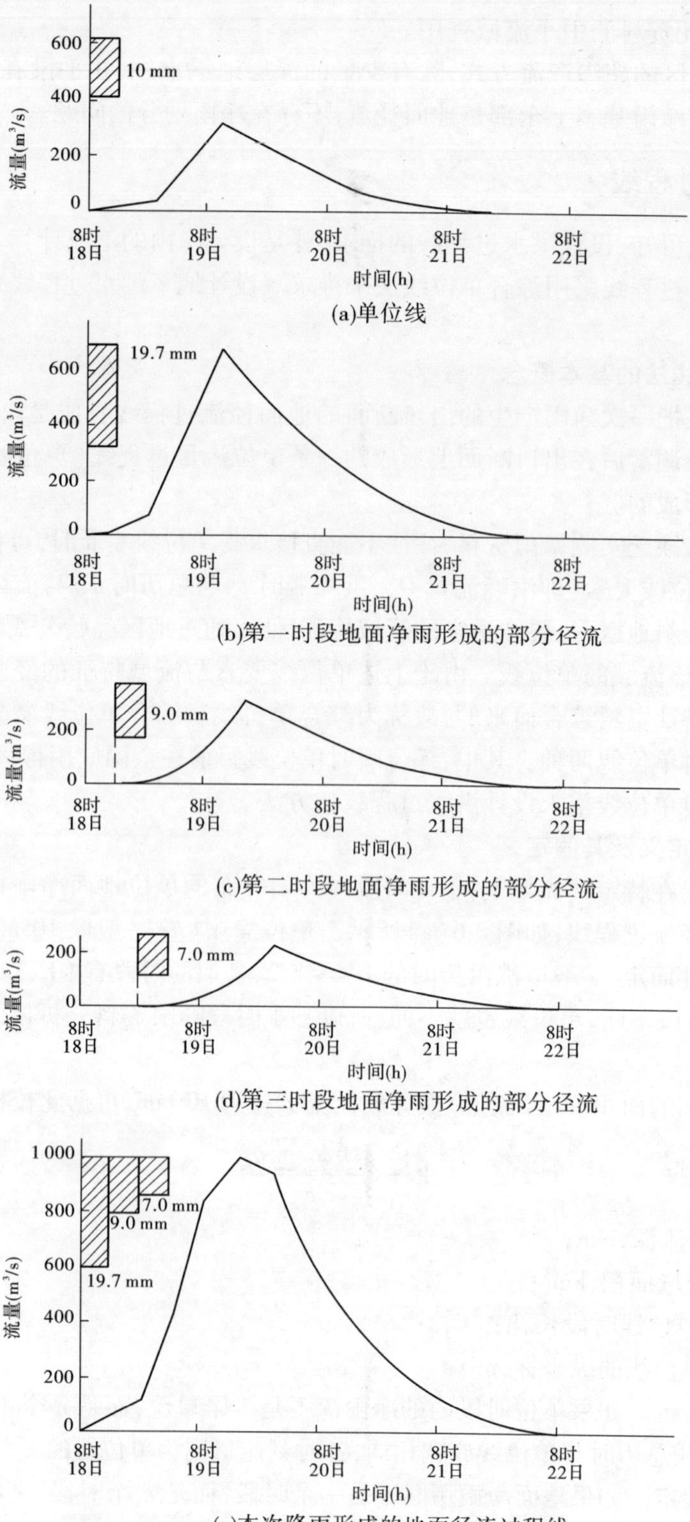

图 3-6 单位线及推流计算示意图

3.3 瞬时单位线的概念

瞬时单位线是指流域上均匀分布的瞬时时刻(即 $\Delta t \to 0$)的单位净雨在出口断面处形成的地面径流过程线。其纵坐标常以 $u(0,t)$ 或 $u(t)$ 表示,无因次。瞬时单位线可用数学方程式表示,概括性强,便于分析。

J. E. Nash 设想流域的汇流可看作是 n 个调蓄作用相同的串联水库的调节,且假定每一个水库的蓄泄关系为线性,则可导出瞬时单位线的数学方程为

$$u(t) = \frac{1}{K\Gamma(n)}\left(\frac{t}{K}\right)^{n-1}\mathrm{e}^{-t/K} \tag{3-16}$$

式中 $u(t)$——t 时刻的瞬时单位线纵高;

n——线性水库的个数;

$\Gamma(n)$——n 的伽马函数;

K——线性水库的调节系数,具有时间单位。

单位线的上述两个基本假定同样适用于瞬时单位线,瞬时单位线与时间轴所包围的面积为1.0,即

$$\int_0^{\infty} u(0,t)\,\mathrm{d}t = 1.0 \tag{3-17}$$

显然,决定瞬时单位线的参数只有 n、K 两个。n 值越大,流域调节作用越强;K 值相当于每个线性水库输入与输出的时间差,即滞时。整个流域的调蓄作用所造成的流域滞时为 nK。只要求出流域的 n 值、K 值,就可推求该流域的瞬时单位线。

3.4 瞬时单位线的综合

瞬时单位线的综合实质上即参数 n、K 的综合。但是,在实际工作中一般并不直接对 n、K 进行综合,而是根据中间参数 m_1、m_2 等来间接综合,$m_1 = nK$、$m_2 = 1/n$。实践证明,n 值相对稳定,综合的方法比较简单,如湖北省Ⅱ片的 $n = 0.529F^{0.25}J^{0.2}$,江苏省山丘区的 $n = 3$。因此,一般先对 m_1 进行地区综合,根据已确定的 n 值,就很容易确定 K 值。

对 m_1 进行地区综合一般是首先通过建立单站的 m_1 与雨强 i 之间的关系,其关系式为 $m_1 = ai^{-b}$,求出相应于雨强为 10 mm/h(或其他指定值)的 $m_{1,(10)}$。然后根据各站的 $m_{1,(10)}$ 与流域地理因子(如 F、J、L)建立关系,$m_{1,(10)} = f(F,J,L\cdots)$,则 $m_1 = m_{1,(10)} \times (10/i)^b$,从而求得任一雨强 i 相应的 m_1。如湖北省Ⅱ片的 $m_{1,(10)} = 1.64F^{0.131}L^{0.231}J^{-0.08}$。其次是对指数 b 进行地区综合。一般 b 随流域面积的增大而减小。有时也可直接对单站的 m_1—i 关系式中的 a、b 进行综合,而不经 $m_{1,(10)}$ 的转换,如黑龙江省的 $m_{1,(10)} = CF^{0.27}i^{-0.31}$,$C$ 可查图得到。

3.5 瞬时单位线的应用

由于瞬时单位线是由瞬时净雨产生的,而实际应用无法提供瞬时净雨,所以用综合瞬时单位线推求设计地面洪水过程线时,需将瞬时单位线转换成时段为 Δt(与净雨时段相同)、净雨深为 10 mm 的时段单位线后,再进行汇流计算。具体步骤如下。

3.5.1 求瞬时单位线的 S 曲线

S 曲线是瞬时单位线的积分曲线,其公式为

$$S(t) = \int_0^t u(0,t)\mathrm{d}t = \frac{1}{\Gamma(n)}\int_0^{t/K}\left(\frac{t}{K}\right)^{n-1}\mathrm{e}^{-t/K}\mathrm{d}\left(\frac{t}{K}\right) \tag{3-18}$$

式(3-18)表明 $S(t)$ 曲线也是参数 n、K 的函数。生产中为了应用方便,已制成 $S(t)$ 关系表供查用,见附表5。

3.5.2 求无因次时段单位线

将求出的 $S(t)$ 曲线向后错开一个时段 Δt,即得 $S(t-\Delta t)$ 曲线,两条 S 曲线的纵坐标差即为时段为 Δt 的时段单位线,其计算公式为

$$u(\Delta t,t) = S(t) - S(t-\Delta t) \tag{3-19}$$

3.5.3 求有因次单位线

根据单位线的特性可知,有因次单位线的纵坐标之和为 $\sum q_i = \frac{10F}{3.6\Delta t}$;而无因次时段单位线的纵坐标之和为 $\sum u(\Delta t,t) = 1.0$。

有因次时段单位线的纵高 q_i 与无因次时段单位线的纵高 $u(\Delta t,t)$ 之比等于其总和之比,即

$$\frac{q_i}{u(\Delta t,t)} = \frac{\sum q_i}{\sum u(\Delta t,t)} = \frac{10F}{3.6\Delta t} \tag{3-20}$$

由此可见,当时段为 Δt 时,10 mm 净雨深时段单位线的纵坐标为

$$q_i = \frac{10F}{3.6\Delta t}u(\Delta t,t) \tag{3-21}$$

3.5.4 汇流计算

根据单位线的定义及倍比假定和叠加假定,用各时段设计地面净雨(换算成 10 mm 的倍数)分别乘以单位线的纵高得到对应的部分地面径流过程,然后把它们分别错开一个时段后叠加即得到设计地面洪水过程。

根据单位线的定义可知,单位线只能用来推求流域设计地面洪水过程线。湿润地区的设计洪水过程线还包括设计地下洪水过程线。如果流域的基流量较大,不可忽略时,则还需加上基流。所以,湿润地区的设计洪水过程线是设计地面洪水过程线、设计地下洪水过程线和基流三部分叠加而成的。干旱地区的设计地面洪水过程线即为所求的设计洪水过程线。

设计地下洪水过程线可采用简化的三角形方法推求。该法认为地面、地下径流的起涨点相同,由于地下汇流较地面汇流缓慢,所以将地下径流过程线概化为三角形过程,且将峰值放在地面径流过程的终止点。三角形面积为地下径流总量 W_g,计算式为

$$W_g = \frac{Q_{m,g}T_g}{2} \tag{3-22}$$

而地下径流总量等于地下净雨总量,即 $W_g = 1\,000h_gF$,则

$$Q_{m,g} = \frac{2W_g}{T_g} = \frac{2\,000h_gF}{T_g} \tag{3-23}$$

式中 $Q_{m,g}$——地下径流过程线的洪峰流量;

T_g——地下径流过程总历时,s;

h_g——地下净雨深,mm;

F——流域面积,km^2。

按式(3-23)可计算出地下径流的峰值,其底宽一般取地面径流过程的2~3倍,由此可推求出设计地下径流过程。

【例3-3】 江苏省某流域属山丘区,流域面积 $F=118\ km^2$,干流平均坡度 $J=0.05$,$P=1\%$ 的设计地面净雨过程($\Delta t=6$ h),$h_1=15$ mm、$h_2=25$ mm,设计地下总净雨深 $h_g=9.5$ mm,基流 $Q_{基}=5\ m^3/s$,地下径流历时为地面径流的2倍。求该流域 $P=1\%$ 的设计洪水过程线。

解:(1)推求瞬时单位线的 $S(t)$ 曲线和无因次时段单位线。

①根据该流域所在的区域,查《江苏省暴雨洪水手册》得 $n=3$,$m_1=2.4(F/J)^{0.28}=21.1$,则 $K=m_1/n=21.1/3=7.0$(h)。

②因 $\Delta t=6$ h,用 $t=N\Delta t$,$N=(0,1,2,\cdots)$,算出 t,填入表3-7中的第(1)栏。

③由参数 $n=3$、$K=7.0$,计算 t/K,见第(3)栏,查附表5得瞬时单位线的 $S(t)$ 曲线,见第(4)栏。

④将 $S(t)$ 曲线顺时序向后移一个时段($\Delta t=6$ h),得 $S(t-\Delta t)$ 曲线,见第(5)栏,用式(3-19)计算无因次时段单位线,见第(6)栏。

(2)将无因次时段单位线转换为6 h、10 mm的时段单位线。

用式(3-21),将第(6)栏中的无因次时段单位线转换为有因次的时段单位线,填入第(7)栏。

检验时段单位线,由

$$Y=\frac{3.6\Delta t\sum q_i}{F}=10\ \text{mm}$$

因此,计算正确。

(3)设计洪水过程线的推求。

①计算设计地面径流过程。

根据单位线的特性,各时段设计地面净雨换算成10的倍数后,分别去乘单位线的纵坐标得到相应的部分地面径流过程,然后把它们分别错开一个时段后叠加便得到设计地面洪水过程,见第(8)、(9)栏。

②计算设计地下径流过程

$$T_g=2T_s=2\times16\times6=192(\text{h})$$

据式(3-23)计算,得 $Q_{m,g}=3.2\ m^3/s$,按直线比例内插的每一时段地下径流的涨落均为 $0.2\ m^3/s$。经计算即可得出第(10)栏的设计地下径流过程。

③将设计地面径流、地下径流及基流(第(11)栏)相加,得设计洪水过程线,见第(12)栏。

表 3-7　设计洪水过程线计算

时段(6 h)	设计净雨(mm)	t/K	$S(t)$	$S(t-\Delta t)$	$u(t)$	$q(t)$ (m^3/s)	部分地面径流(m^3/s)		$Q_s(t)$ (m^3/s)	$Q_g(t)$ (m^3/s)	$Q_{基}$ (m^3/s)	Q_P (m^3/s)
							15 mm	12 mm				
(1)	(2)	(3)	(4)	(5)	(6)	(7)	(8)		(9)	(10)	(11)	(12)
0	15	0	0			0	0		0	0	5.0	5.0
1	25	0.9	0.063	0	0.063	3.4	5.1	0	5.1	0.2	5.0	10.3
2		1.7	0.243	0.063	0.180	9.8	14.7	8.5	23.2	0.4	5.0	28.6
3		2.6	0.482	0.243	0.239	13.1	19.7	24.5	44.2	0.6	5.0	49.8
4		3.4	0.660	0.482	0.178	9.7	14.6	32.8	47.4	0.8	5.0	53.2
5		4.3	0.803	0.660	0.143	7.8	11.7	24.3	36.0	1.0	5.0	42.0
6		5.1	0.884	0.803	0.081	4.4	6.6	19.5	26.1	1.2	5.0	32.3
7		6	0.938	0.884	0.054	3.0	4.5	11.0	15.5	1.4	5.0	21.9
8		6.9	0.968	0.938	0.030	1.6	2.4	7.5	9.9	1.6	5.0	16.5
9		7.7	0.983	0.968	0.015	0.8	1.2	4.0	5.4	1.8	5.0	12.0
10		8.6	0.991	0.983	0.008	0.4	0.6	2.0	2.9	2.0	5.0	9.6
11		9.4	0.995	0.991	0.004	0.2	0.3	1.0	1.3	2.2	5.0	8.5
12		10.3	0.998	0.995	0.003	0.2	0.3	0.5	0.8	2.4	5.0	8.2
13		11.1	0.999	0.998	0.001	0.1	0.2	0.5	0.7	2.6	5.0	8.3
14			1.000	0.999	0.001	0.1	0.2	0.3	0.5	2.8	5.0	8.3
15				1.000	0	0	0	0.3	0.3	3.0	5.0	8.3
16								0	0	3.2	5.0	8.2
17										3.0	5.0	8.0
18										2.8	5.0	7.8
										2.6	5.0	7.6
合计					1.0	54.6					5.0	

任务 3　小流域设计洪水分析与计算

【学习目标】　(1)了解推理公式法推求洪峰流量原理。
(2)了解经验公式法推求洪峰流量原理。
(3)了解设计洪水总量的推求和设计洪水过程线的拟定。

【学习要点】　(1)小流域设计暴雨。
(2)推理公式法推求洪峰流量。
(3)经验公式法推求洪峰流量。
(4)设计洪水总量的推求及设计洪水过程线的拟定。

小流域设计洪水计算广泛应用于中、小型水利工程中，例如修建农田水利工程的小水库,渠系上交叉建筑物(如涵洞、泄洪闸等),铁路、公路上的小桥涵设计,城市和工矿地区的防洪工程,都必须进行设计洪水计算,因此水文学上常常将其作为一个专门的问题进行研究。与大、中流域相比,小流域设计洪水具有以下三方面的特点:

(1)在小流域上修建的工程数量很多,往往缺乏暴雨和流量资料,特别是流量资料。

(2)小型工程一般对洪水的调节能力较小、工程规模主要受洪峰流量控制,因而对设计洪峰流量的要求高于对设计洪水过程的要求。

(3)小型工程的数量较多,分布面广,计算方法应力求简便,使广大基层水文工作者易于掌握和应用。小流域设计洪水计算工作已有100多年的历史,计算方法在逐步充实和发展,由简单到复杂,由计算洪峰流量到计算洪水过程。归纳起来,有经验公式法、推理公式法、综合单位线法以及水文模型法等方法。本节主要介绍推理公式法和经验公式法。

1 小流域设计暴雨

小流域设计暴雨与其所形成的洪峰流量假定具有相同频率。因小流域缺少实测暴雨系列,多采用以下步骤推求设计暴雨:

(1)按省(区、市)水文手册及《暴雨径流查算图表》上的资料计算特定历时的暴雨量。

(2)将特定历时的设计雨量通过暴雨公式转化为任一历时的设计雨量。

2 推理公式法

推理公式法是由暴雨资料推求设计洪水的一种简化方法。它是把流域上的产流、汇流条件均匀概化,利用等流时线原理,经过一定的推理过程,得出小流域设计洪峰流量的推求方法。

2.1 推理公式的基本原理

在一个小流域中,若流域的最大汇流长度为L,流域的汇流时间为τ,根据等流时线原理,当净雨历时t_c大于等于汇流历时τ时称全面汇流,即全流域面积F上的净雨汇流形成洪峰流量;当t_c小于τ时称部分汇流,即部分流域面积F_{t_c}的净雨汇流形成洪峰流量,形成最大流量的部分汇流面积F_{t_c},是汇流历时相差t_c的两条等流时线在流域中所包围的最大面积,又称最大等流时面积。

当$t_c \geqslant \tau$时,根据小流域的特点,假定τ历时内净雨强度均匀,流域出口断面的洪峰流量Q_m为

$$Q_m = 0.278 \frac{h_\tau}{\tau} F \tag{3-24}$$

式中 h_τ——τ历时内的净雨深,mm;

0.278——Q_m的单位为m^3/s、F的单位为km^2、τ的单位为h时的单位换算系数。

当$t_c < \tau$时,只有部分面积F_{t_c}上的净雨产生出口断面最大流量,计算公式为

$$Q_m = 0.278 \frac{h_R}{t_c} F_{t_c} \tag{3-25}$$

式中 h_R——次降雨产生的全部净雨深,mm。

F_{t_c}与流域形状、汇流速度和t_c大小等有关,因此详细计算是比较复杂的。生产实际

中一般采用水文研究中的简化方法，其近似假定 F_{t_c} 随汇流时间的变化可概化为线性关系，即

$$F_{t_c} = \frac{F}{\tau} t_c \tag{3-26}$$

将式(3-26)代入式(3-25)，则部分汇流计算洪峰流量的简化公式为

$$Q_m = 0.278 \frac{h_R}{\tau} F \tag{3-27}$$

综合上述全面汇流($t_c \geq \tau$)与部分汇流($t_c < \tau$)的情况，计算洪峰流量公式为

$$Q_m = 0.278 \frac{h_\tau}{\tau} F \quad (t_c \geq \tau)$$

$$Q_m = 0.278 \frac{h_R}{\tau} F \quad (t_c < \tau)$$

上两式即为推理公式的基本形式，式中 τ 用下式计算：

$$\tau = \frac{0.278L}{mJ^{1/3} Q_m^{1/4}} \tag{3-28}$$

式中 J——流域平均坡度，包括坡面和河网，实用上以主河道平均比降来代表，以小数计；

L——流域汇流的最大长度，km；

m——汇流参数，与流域及河道情况等条件有关。

推理公式的基本形式简单、应用方便，是无资料情况下推求洪峰流量的常用方法。但它是在特定的概化条件下建立的，它的基本假定是：

(1)设计暴雨与设计洪峰为同频率。

(2)在流域汇流历时 τ 内，产流强度为时空均匀不变的常数。

(3)将集雨面积概化为矩形，流域汇流符合线性规律。

式(3-24)及式(3-25)中的地面净雨计算可分为两种情况，如图 3-7 所示。

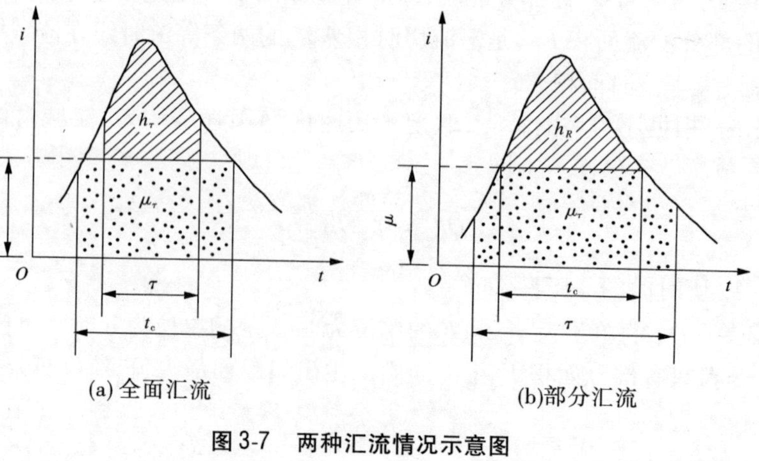

(a) 全面汇流　　(b)部分汇流

图 3-7　两种汇流情况示意图

当 $t_c \geq \tau$ 时，历时 τ 的地面净雨深 h_τ 可用式(3-24)计算，则

$$h_\tau = (\bar{i}_\tau - \mu)\tau = S_P\tau^{1-n} - \mu\tau \tag{3-29}$$

当 $t_c < \tau$ 时，产流历时内的净雨深 h_R 可用式(3-25)计算，则

$$h_R = (\bar{i}_{t_c} - \mu)t_c = nS_P\tau_c^{1-n} \tag{3-30}$$

式中 $\bar{i}_\tau$、$\bar{i}_{t_c}$——汇流历时与产流历时内的平均雨强，mm/h；

μ——产流参数，mm/h。

经推导，净雨历时 t_c 可用式(3-31)计算，即

$$t_c = \left[(1-n)\frac{S_P}{\mu}\right]^{\frac{1}{n}} \tag{3-31}$$

2.2 求解设计洪峰流量的两组公式

由全面汇流或部分汇流的推理公式可知，求解 Q_m 需要确定汇流历时 τ，而 τ 的计算公式中又包含 Q_m，因此必须建立两个方程式联立求解 Q_m 和 τ。

当 $t_c \geqslant \tau$ 时，有

$$Q_{mP} = 0.278\left(n\frac{S_P}{\tau^n} - \mu\right)F$$

$$\tau = \frac{0.278L}{mJ^{1/3}Q_m^{1/4}}$$

当 $t_c < \tau$ 时，有

$$Q_{mP} = 0.278(nS_Pt_c^{1-n}/t)F$$

$$\tau = \frac{0.278L}{mJ^{1/3}Q_m^{1/4}}$$

可见，由推理公式计算小流域设计洪峰流量的参数有三类：流域特性参数 F、L、J；暴雨特性参数 n、S_P；产、汇流参数 μ、m。求解过程中，首先确定7个参数，而后用图解交点法或试算法求解 Q_{mP} 和 τ。

2.3 产、汇流参数的确定

产流参数 μ 代表产流历时 t_c 内地面平均入渗率，又称损失参数。推理公式法假定流域各点的损失相同，把其视为常数。μ 值的大小与所在地区的土壤透水性能、植被情况、降雨量的大小及分配、前期影响雨量等因素有关。一般可根据雨洪资料反算，然后进行地区综合，建立其与流域特征因素间的关系以解决无资料地区确定 m 的问题。各省在分析大暴雨洪水资料后都提供了 μ 值和 m 值的简便计算方法。

【例3-4】 江西省某流域上需建一小水库，要求用推理公式法计算 $P=1\%$ 的设计洪峰流量。

计算步骤如下：

(1)流域特征参数 F、L、J 的确定。

F(km²)：代表出口断面以上流域面积，在适当比例尺地形图上勾绘出流域分水线后用求积仪量算。

L(km)：从出口断面起沿主河道至分水岭的最长距离，在适当比例尺的地形图上用分规量算。

J（小数计）：沿 L 的坡面和河道平均比降。

本例中，已知流域特征如下：

$$F = 104\ \mathrm{km}^2, L = 26\ \mathrm{km}, J = 8.75‰$$

（2）设计暴雨参数 n 和 S_P 的确定。

$$S_P = 24^{n-1} H_{24\,\mathrm{h},P} = 24^{n-1} \alpha H_{1\,\mathrm{d},P}$$

暴雨衰减指数 n 由各省（区）实测暴雨资料分析定量，查当地《水文手册》即可获得，一般 n 的数值以定点雨量资料代替面雨量资料，不作修正。

现从《江西省水文手册》的设计流域最大 1 d 雨量的参数：

$$H_{1\,\mathrm{d}} = 115\ \mathrm{mm}, C_{\mathrm{v},1\,\mathrm{d}} = 0.42, C_{\mathrm{s},1\,\mathrm{d}} = 3.5C_{\mathrm{v},1\,\mathrm{d}}$$

查到 $K_{P=0.1\%} = 2.39$，则

$$n_2 = 0.60, H_{24\,\mathrm{h}} = 1.1H_{1\,\mathrm{d}}$$

$$S_P = 24^{n_2-1} H_{24\,\mathrm{h},P} = 1.1 \times 115 \times 2.39 \times 24^{0.60-1} = 84.8(\mathrm{mm/h})$$

（3）设计流域损失参数和汇流参数的确定：$\mu = 3.0\ \mathrm{mm/h}$，$m = 0.70$。

（4）用迭代试算法求解，结果见表 3-8。

表 3-8　迭代试算法结果

τ(h)	6.0	9.57	10.37	10.51	10.54
Q_{mP}(m^3/s)	750.01	545.60	515.86	511.03	510.01
τ'(h)	9.57	10.37	10.51	10.54	10.54

假定 $t_c \geq \tau$，选定 τ 的初始值 $\tau = 6$ h，求得 $Q_m = 750.01\ \mathrm{m}^3/\mathrm{s}$，再根据 Q_m 求得 $\tau' = 9.57$，得 $\tau' \neq \tau$，可令 $\tau = 10.37$ h，再比较 τ' 和 τ，若两者不相等，则继续迭代直至两者相等。

从迭代试算得出 $Q_{mP} = 510.01\ \mathrm{m}^3/\mathrm{s}$，$\tau = 10.54$ h。

（5）检验。算得 $t_c = 57$ h（见式（3-25））$> \tau$，故 $Q_{mP} = 510.01\ \mathrm{m}^3/\mathrm{s}$ 即为所求。

3　经验公式法

计算洪峰流量的经验公式由于结构形式简单，计算环节较少，便于掌握，在有的地区农村小型水利工程设计中广为使用。

经验公式的建立，依据特定地区各河流的实测洪水和调查洪水资料，采用相关分析的方法，分析洪峰流量（或洪水总量）与流域特征参数（如 F、L、J）以及降雨特征值（如 $H_{24\,\mathrm{h}}$、i）等主要影响因素之间的相关关系，并用数学方程式表示出来。由于公式中包含有经验性参数和系数，因而称为经验公式。

影响洪峰流量的因素很多，其中有的因素时空变化复杂，建立经验公式时，不可能一一加以考虑，只能突出反映一个或几个重要因素，而将其余的因素对洪峰的影响，概括综合在经验性系数之中。

单因素洪峰流量经验公式有如下形式

$$Q_{mP} = C\overline{H}_{24\,\mathrm{h},P} F^n \tag{3-32}$$

$$Q_{mP} = C\overline{H}_{24\,\mathrm{h},P} K_f^m F^n \tag{3-33}$$

$$Q_{mP} = C\overline{H}_{24\,\mathrm{h},P}K_f^m J^\beta F^n \tag{3-34}$$

式中 $\overline{H}_{24\,\mathrm{h}}$,$\overline{H}_{24\,\mathrm{h},P}$——24 h 雨量均值与设计值;

K_f——流域形状系数,$K_f=\dfrac{F}{L^2}$;

C、n、m——经验性系数和指数。

有的省区已经把经验公式收集在《水文手册》中了,供无资料地区使用,经验性系数可分区确定或绘成等值线图。但是,使用时应注意建立公式的使用条件及流域面积范围,否则会导致错误结果。

经验公式的应用区域性很强,即使公式上的基本形式相同,各地区的参数和系数也不一定相同。推求洪峰流量时,应尽量利用设计流域或参证流域的实测及调查洪水资料,对公式中的经验系数进行验证才能取得合理的成果。

4 设计洪水总量及设计洪水过程线

具有一定防洪库容的中、小型水库,或多沙河流上的水库,为了排沙,汛期必须降低水位运行,因而形成较大的滞洪库容。这种情况下水库具有一定的调洪削峰作用。

为了分析水库的调洪能力、防洪效果以及防洪建筑物的设计,除需要一定频率的设计洪峰外,还需求设计洪水总量及设计洪水过程线。

4.1 设计洪量的推求

小流域设计洪水总量,一般由设计 24 h 净雨量乘以流域面积求得,即

$$W_P = 0.1h_PF \quad 或 \quad W_P = 0.1\alpha H_{24\,\mathrm{h},P}F \tag{3-35}$$

式中 W_P——设计洪水总量,万 m^3;

h_P——设计净雨量,mm;

$H_{24\,\mathrm{h},P}$——最大 24 h 设计雨量,mm;

F——流域面积,km^2;

α——24 h 暴雨径流系数;

0.1——单位换算系数。

当利用推理公式法计算洪峰流量时,设计洪量也可由 h_R 和 h_τ 直接计算,即

$$W_P = 0.1h_RF \quad (t_c \geqslant \tau) \tag{3-36}$$

$$W_P = 0.1h_\tau F \quad (t_c < \tau) \tag{3-37}$$

4.2 设计洪水过程线的拟定

拟定小流域设计洪水过程线,要求方法简便而又能达到一定的精度。常用的方法有概化过程线法及综合单位线法。

概化过程线由实测洪水过程线进行综合分析和概化得出。例如,将洪水过程概化为三角形、五边形或将实测洪水过程综合成以相对量表示的标准概化过程线等。

4.2.1 三角形概化过程线

用三角形概化过程线推求设计洪水过程还要先求设计洪水总量,其计算公式为

$$W_P = 0.1h_{RP}F \tag{3-38}$$

式中　W_P——设计洪水总量，万 m^3；

0.1——单位换算系数；

F——流域面积，km^2；

h_{RP}——频率为 P 的降雨在汇流历时 t_c 时段内的净雨量，或采用最大 24 h 设计雨量所产生的净雨量，mm。

三角形洪水过程线的总历时为

$$T = T_1 + T_2 = \frac{2W_P}{Q_{mP}} \tag{3-39}$$

式中　T、T_1、T_2——设计洪水的总历时、涨洪历时、退洪历时，T_2 应大于 T_1，令 $T_2/T_1 = r$，其取值一般为 1.5～3.0。

4.2.2　标准概化过程线

标准概化过程线是根据实测典型洪水资料综合出来的，以 Q_i/Q_m 为纵坐标，t_i/T 为横坐标的无因次洪水过程线。在使用时，用 Q_{mP}、T 分别乘以标准过程线的纵、横坐标，便得到设计洪水过程线。

任务4　案例分析：双磨坊电站的洪水计算

1　暴雨洪水特性

美诺沟属于山区雨源性河流，洪水由暴雨形成，洪水发生的时间与暴雨相应，由于流域地势较高，水汽不足，周围受高山阻隔，处于西南气流和东南气流的背风坡，故暴雨笼罩面积小，强度不大，很少出现大暴雨。根据流域内及四周历年降水资料统计，一般暴雨在流域内历时较短，强度不大，暴雨笼罩面积较小，形成的洪水量级都不大，据小金气象站资料统计，历年最大 24 h 暴雨均值为 34.4 mm，最大为 51.5 mm（1963 年）；变差系数为 0.30，偏差系数为 1.05。

流域属山溪性河流，洪水涨落较快，且峰形多呈单式，一般一次洪水过程经历 1～2 d，洪水年际变化不大。据小金水文站根据 1959～2004 年 46 年系列统计，年最大洪峰流量有 40 年出现在 6 月、7 月，占年总数的 87%。年最大流量最早出现在 5 月 31 日（1980 年），最晚出现在 9 月 13 日（1974 年），小金水文站年最大流量在各月发生的频次见表 3-9。小金站实测年最大洪峰流量模数仅为 0.066 9～0.133 $m^3/(s \cdot km^2)$，实测年最大洪峰流量 568 m^3/s（1992 年 6 月 27 日），本流域是四川省年最大流量均值模数和设计模数较低地区之一。

表 3-9　小金水文站年最大流量发生频次统计

月份	5	6	7	8	9	合计
出现次数	2	24	16	1	3	46
占总数(%)	4.3	52.2	34.8	2.2	6.5	100

2 历史洪水

小金河段在1965年、1966年由成都勘测设计研究院进行过历史洪水调查，经整编后刊印在《四川省洪水调查资料》中。

洪水调查以小金为中心，访问了20多位老人，但大多数老人离推流河段较远，访问条件极差，很难访到洪水痕迹。调查到首次大洪水1927年洪痕一个，精度较差，二大洪水1933年，没有访问到洪痕，还调查到1943年、1947年、1952年、1965年4个洪水年份，1952年有洪痕4个，1965年有洪痕7个(大部分调查者自找)，同时有实测水位，属一般洪水，调查洪水整编成果见表3-10。

表3-10 小金河段历史洪水调查整编成果

年份	水位(m)	流量(m^3/s)	可靠程度
1927	94.10	1 320	供参考
1952	93.94	1 220	供参考

该调查成果存在的主要问题：其一，由于洪痕点少精度差，河道变化剧烈，在洪水水面线和序位上都存在一定问题，推流成果仅供参考。其二，1960年无全断面资料，只有水下断面成果，本次岸上部分系用1963年8月所测大断面资料，与1960年水下部分凑合而成，衔接存在一定问题。

鉴于历史洪水调查成果的不确定性，精度较差，重现期较难确定，故将历史洪水仅作参考，不参加最大洪峰流量系列的频率计算。

另外，本工程开展时对工程所在的厂址、坝址断面进行了洪水访问调查，沿岸的居民很少，工程所在坝、厂址河段根本无人居住。对当地居民的调查访问也只获得了一般供水的洪痕，无法获得特大历史洪水资料。

3 设计洪水

因电站坝址、厂址无实测洪水资料，本阶段采用水文比拟法和推理公式法分别计算电站洪水，进行综合分析确定电站设计洪水成果。

3.1 水文比拟法(方法一)

3.1.1 小金水文站洪水频率计算

由小金水文站实测46年洪水资料(1959~2004年)组成连序样本系列进行频率计算，用$P=[m/(n+1)]\times 100\%$计算经验频率，用P-Ⅲ型曲线适线，确定洪水统计参数，频率计算成果见表3-11，频率曲线见图3-8。

表3-11 小金水文站洪峰流量频率计算成果

均值(m^3/s)	C_v	C_s/C_v	Q_P(m^3/s)						
			0.5%	1.0%	2.0%	3.3%	5.0%	10%	20%
427	0.3	5	928	854	778	723	677	597	515

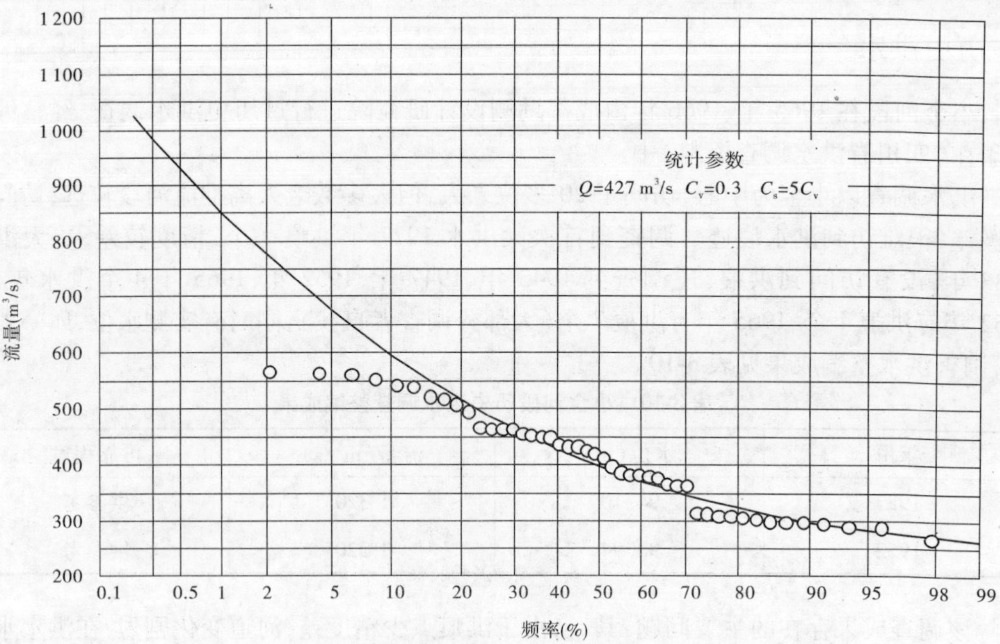

图 3-8 小金水文站年最大流量频率曲线

3.1.2 小金水文站洪水成果的校核与检验

选择设计流域四周的一些测站，进行年最大流量频率计算，结果见表3-12。由此表可看出，在几乎没有暴雨的这一带高原区，多年平均年最大流量模数都很小，而且相差不大；变差系数较小，相差也不大，偏差系数与变差系数之比都相同，小金水文站最大流量参数基本符合这一规律，因而成果具有一定的可靠性。

表 3-12 小金水文站最大流量计算成果合理性分析

水系	河名	站名	流域面积（km^2）	均值 Q_m（m^3/s）	$Q_m/F^{0.67}$	C_v	C_s/C_v
大渡河	小金川	小金	4 265	427	1.58	0.30	5
	革什扎河	布科	2 519	277	1.46	0.30	5
	梭磨河	马尔康	2 536	272	1.42	0.30	5
	瓦斯沟	康定	1 354	176	1.40	0.38	5
岷江	杂谷脑河	杂谷脑	2 404	270	1.47	0.26	5

3.1.3 双磨坊电站设计洪水

将小金水文站设计洪水按面积比拟法移至本电站坝、厂址，关键是流域面积指数 n 的确定。在无资料地区，中等流域一般采用 $n=0.67$，在该地区是否符合实际应通过实测洪水资料加以验证。为此，在小金站及设计流域四周，选择了高原上10余站推求多年平均年最大流量 Q_m 及设计值 Q_P，建立 Q_m 与 F 以及 Q_P 与 F 的关系，发现在双对数纸上，两种关系点据分布直线趋势显著，反映其坡度的指数 n 都在0.67左右，见图3-9，说明该地区流域面积指数 n 基本符合一般规律。

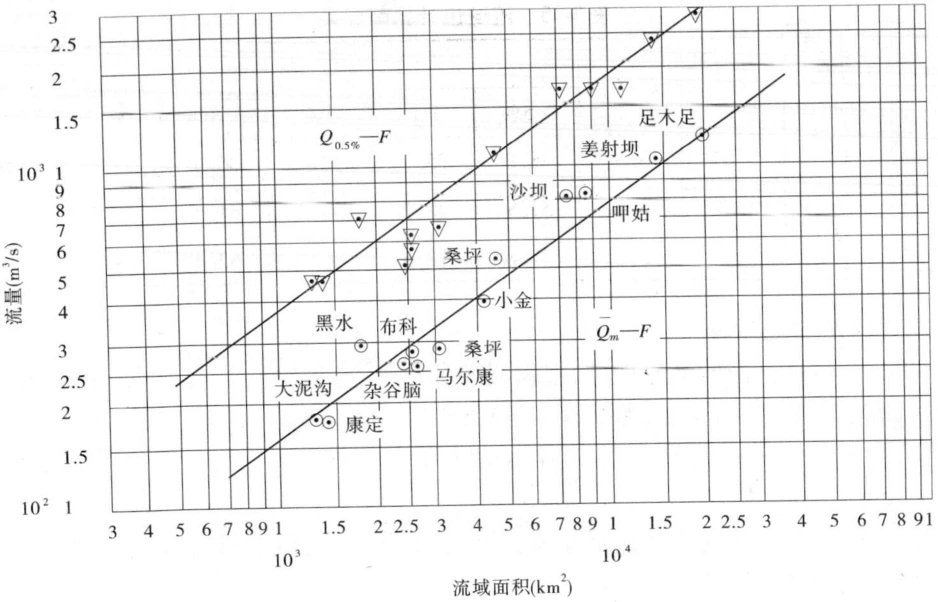

图3-9 年最大流量$_{设计值}^{均值}$与流域面积关系

按流域面积指数 $n=0.67$ 将小金站设计洪水移至电站坝、厂址，由于频率计算没有加入历史洪水，为确保工程安全，对移用的成果建议加成15%使用（表中成果已加成）。水文比拟法电站设计洪水计算成果见表3-13。

表3-13 电站设计洪水计算成果（方法一）

位置	均值	各频率设计值 Q_{mP}（m³/s）						
		0.5%	1.0%	2.0%	3.3%	5.0%	10%	20%
闸址	239	155	142	130	121	113	100	85.9
厂址	310	184	170	154	144	134	119	102

3.2 推理公式法（方法二）

3.2.1 流域特征值

据1:5万航测图量算，工程坝址、厂址以上流域特征值见表3-14。

表3-14 工程坝址、厂址以上流域特征参数

位置	流域面积（km²）	河流长度（km）	纵坡降（‰）	特征系数 θ
坝址	239	18.6	68.0	11.6
厂址	310	29.6	51.0	18.1

3.2.2 设计暴雨

根据《四川省中小流域暴雨洪水计算手册》提供的年最大1 h、6 h、24 h暴雨量均值等值线图，以及变差系数 C_v 值等值线图查得设计流域的暴雨量均值及 C_v 值，$C_s=3.5C_v$，用P-Ⅲ型曲线计算各频率设计值，由点面折算系数计算流域设计面雨量，成果见表3-15。

表 3-15 流域设计暴雨成果

时段(h)	均值(mm)	C_v	C_s/C_v	H_P(mm)					
				0.5%	1%	2%	3.3%	5%	10%
1	17	0.35	3.5	38.8	35.7	32.6	30.3	28.4	25.0
6	25	0.3	3.5	51.9	48.2	44.4	41.6	39.2	35.1
24	37.5	0.3	3.5	77.8	72.3	66.5	62.4	58.8	52.6

3.2.3 流域产、汇流参数

本设计流域地处川西高原地区,根据流域的自然地理特征,结合《四川省中小流域暴雨洪水计算手册》,确定产流参数采用$\mu=3.6F^{-0.19}$,$C_v=0.23$,$C_s=3.5C_v$。

汇流参数采用$m=0.318\theta^{0.204}$,其中$\theta=L/(J^{0.333}\times F^{0.25})$。

3.2.4 设计洪水计算

应用1984年《四川省中小流域暴雨洪水计算手册》提供的推理公式,采用解析法推求设计洪水,计算成果见表3-16。

表 3-16 电站设计洪水计算成果(方法二)

地址	流域面积(km^2)	各频率设计值 Q_{mP}(m^3/s)						
		0.5%	1%	2%	3.33%	5%	10%	20%
坝址	239	202	180	164	150	136	115	92.4
厂址	310	241	215	195	178	162	137	110

3.3 电站设计洪水成果选用

通过上述两种方法的电站洪水计算成果分析,两种方法计算成果偏差不大,水文比拟法采用的参证站控制面积与设计流域控制面积相差较大,两个流域的产、汇流条件不同,参证流域面积大,全流域降雨机会小,河床坡降小,汇流时间长,故把参证站洪水成果移置到设计流域,其成果一般偏小,而暴雨洪水推理公式法,充分考虑了流域的降雨及产汇流特性,能更确切地反映流域实际情况,计算的洪水成果更可靠些。目前,缺乏洪水实测资料的小流域洪水计算通常采用此法,故本电站洪水成果推荐采用方法二的成果,电站设计洪水成果见表3-17。

表 3-17 电站设计洪水计算成果(采用)

地址	流域面积(km^2)	各频率设计值 Q_{mP}(m^3/s)						
		0.5%	1%	2%	3.33%	5%	10%	20%
坝址	239	202	180	164	150	136	115	92.4
厂址	310	241	215	195	178	162	137	110

4 分期设计洪水

为了合理划分分期洪水的时段,点绘了小金水文站月最大流量散点图,结合暴雨洪水特性分析可知，小金川洪水随降雨变化，有明显的季节性，每年5月进入汛前过渡期，洪水量级显著增大，6月进入主汛期，年最大流量最早出现在5月31日，最晚出现在9月13日，至9月底主汛期结束，10月为汛后过渡期，11月至翌年3月为稳定的退水期。

根据洪水年内变化规律，结合施工要求，将全年划分为1月、2月、3月、4月、5月、6～9月、10月、11月、12月计9个时段。其中，主汛期采用年最大设计洪水成果，其余月份按定时段最大值法选样，得到各月最大流量系列进行频率计算，用P-Ⅲ型曲线适线，小金站分期设计洪水成果见表3-18。各月最大流量散布图见图3-10，频率曲线见图3-11。

表3-18　小金水文站分期洪水成果

时段	均值(m^3/s)	C_v	C_s/C_v	各频率设计值 Q_P(m^3/s)				
				5%	10%	20%	33.3%	50%
1月	27.9	0.16	4.0	36.0	33.8	31.5	29.4	27.4
2月	23.4	0.15	4.0	29.7	28.1	26.2	24.6	23.1
3月	23.7	0.31	5.0	38.1	33.5	28.7	25.0	21.9
4月	55.6	0.46	3.0	105	89.8	73.7	61.0	49.9
5月	203	0.46	5.0	391	322	255	207	171
6～9月	427	0.30	5.0	677	597	515	452	396
10月	143	0.34	3.0	234	208	180	156	135
11月	64.0	0.17	3.0	83.3	78.4	72.8	67.9	63.1
12月	39.3	0.16	5.0	50.9	47.7	44.2	41.3	38.5

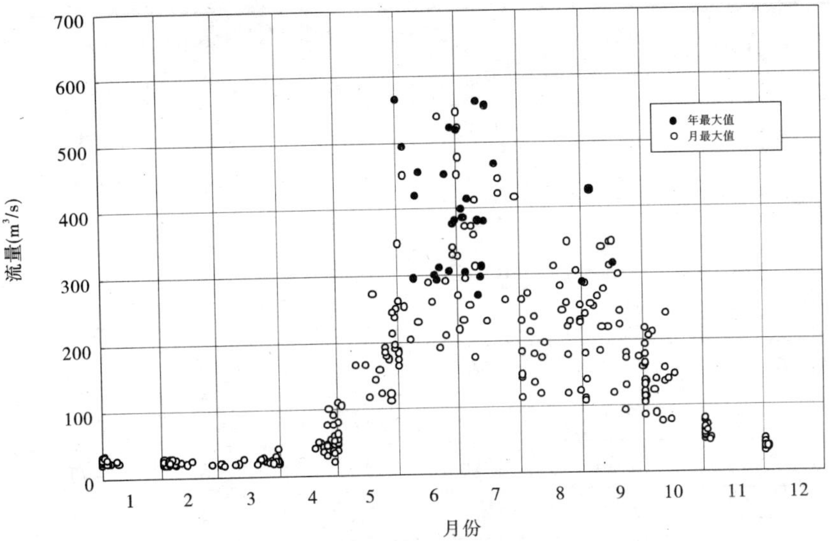

图3-10　小金水文站年、月最大流量

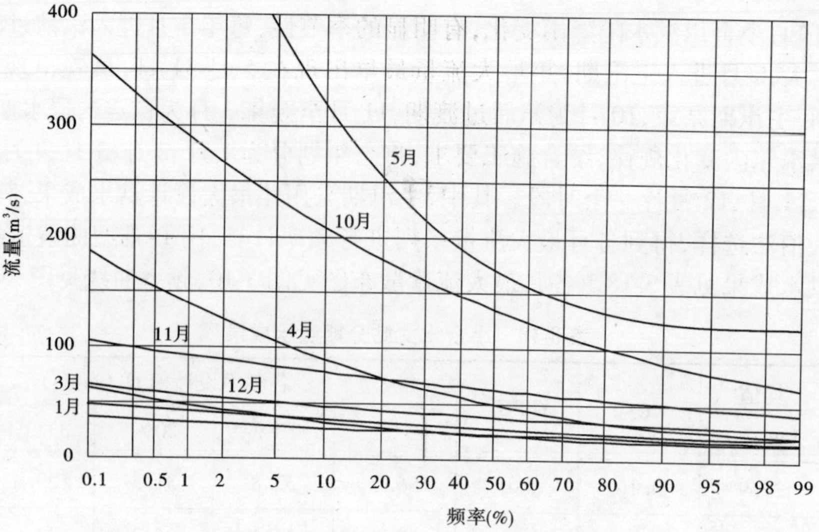

图 3-11　小金水文站分期洪水频率曲线

把各分期洪水的均值及各频率的设计值，点绘在洪水年内分布图上，其季节性变化规律与实际相符。各分期洪水频率曲线与年最大流量频率曲线不相交，相互之间保持合理差距。

电站坝址、厂址按面积比直接移用小金水文站分期设计洪水成果，坝址、厂址主汛期6～9月采用推理公式计算成果；5月、10月过渡期分期设计洪水，采用面积比的2/3次方移用，枯水期12月至翌年3月采用1次方移用，其余采用0.80次方移用。计算成果见表3-19。

表 3-19　双磨坊电站分期洪水计算成果

位置	时段	均值 (m^3/s)	各频率设计值 Q_P (m^3/s)				
			5%	10%	20%	33.3%	50%
坝址	1月	1.56	2.02	1.89	1.77	1.65	1.54
	2月	1.31	1.66	1.57	1.47	1.38	1.29
	3月	1.33	2.14	1.88	1.61	1.40	1.23
	4月	5.54	10.47	8.95	7.35	6.08	4.98
	5月	29.4	56.7	46.7	37.0	30.0	24.8
	6～9月		136	115	92.4	76.6	63.2
	10月	20.7	33.9	30.2	26.1	22.6	19.6
	11月	6.38	8.31	7.82	7.26	6.77	6.29
	12月	2.20	2.85	2.67	2.48	2.31	2.16

续表 3-19

位置	时段	均值 (m^3/s)	各频率设计值 Q_P (m^3/s)				
			5%	10%	20%	33.3%	50%
厂址	1月	2.03	2.62	2.46	2.29	2.14	1.99
	2月	1.70	2.16	2.04	1.90	1.79	1.68
	3月	1.72	2.77	2.43	2.09	1.82	1.59
	4月	6.83	12.9	11.0	9.05	7.49	6.13
	5月	35.0	67.5	55.6	44.0	35.7	29.5
	6~9月		162	137	110	91.2	75.2
	10月	24.7	40.4	35.9	31.1	26.9	23.3
	11月	7.86	10.2	9.63	8.94	8.34	7.75
	12月	2.86	3.70	3.47	3.21	3.00	2.8

注:该表所算分期设计洪水成果汛前可以提前 10 d 使用,汛后可以错后 10 d 使用。

项目4 水文预报

项目任务书

项目名称		项目综述	参考课时 12
学习型工作任务		任务1 掌握水文预报的分类及工作内容	1
		任务2 掌握短期洪水预报方法	4
		任务3 掌握枯水预报基本原理及常用方法	2
		任务4 掌握施工水文预报工作内容	2
		任务5 了解水文实时预报方法	2
		任务6 了解案例基本资料	1
项目任务		让学生熟悉水文预报的基本方法和工作内容	
教学内容		(1)水文预报分类和基本工作程序；(2)洪水波运动；(3)相应水位(流量)法；(4)合成流量法；(5)马斯京根流量演算方法；(6)降雨径流预报；(7)退水曲线法；(8)前后期径流相关法；(9)围堰水情预报；(10)截流期水情预报；(11)水文预报误差的来源、实时预报校正模型和方法；(12)最小二乘方法	
教学目标	知识	(1)水文预报分类和基本工作程序；(2)洪水波运动；(3)相应水位(流量)法；(4)合成流量法；(5)马斯京根流量演算方法；(6)降雨径流预报；(7)退水曲线法；(8)前后期径流相关法；(9)围堰水情预报；(10)截流期水情预报；(11)水文预报误差的来源、实时预报校正模型和方法；(12)最小二乘方法	
	技能	能够运用相应方法进行短期洪水预报、枯水预报及施工水文预报工作	
	态度	(1)具有刻苦学习精神；(2)具有吃苦耐劳精神；(3)具有敬业精神；(4)具有团队协作精神；(5)诚实守信	
教学实施		参观模型、结合图文资料 展示+理论教学	
项目成果		根据给定条件选择进水口形式	
技术规范		《水利水电工程等级划分及洪水标准》(SL 252—2000),《水电枢纽工程等级划分及设计安全标准》(DL 5180—2003)	

【内容简介】

对未来水文情况作出科学预测并发布预报的技术与作业。

【研究对象】

本章研究水文现象的客观规律,利用现时已经掌握的水文、气象资料,预报水文要素未来变化过程。

【研究目的】

在防汛工作中,及时准确的水文预报是防汛抗洪指挥决策的重要科学依据;在水能、水资源的合理调度、开发利用和保护以及航运等工作中,都需要有水文预报作指导。

任务1 概 述

【学习目标】 (1)了解水文预报的重要作用。

(2)掌握水文预报的分类。

(3)掌握水文预报工作的基本程序。

【学习要点】 (1)水文预报的分类。

(2)水文预报工作的基本程序。

1 水文预报的重要作用

可靠的洪水预报对防止洪水灾害具有特别重要的作用。例如在河流防洪抢险中,需要及时预报出防洪地点即将出现的洪峰水位、流量,以便在洪峰到来之前,迅速加高加固堤防、转移可能受淹的群众和物资、动用必要的防洪设施等,把洪水灾害减小到最低限度。图4-1为1998年长江沙市水位预报与实测情况。

在水库管理中,可以利用洪水预报,使上游来的洪水与区间洪水的高峰段彼此错开(称错峰),即下游洪水很大时,水库把上游来的洪水暂时蓄存起来,待下游洪峰过后,再加大水库泄量,把上游来的洪水放出来,从而大大减低下游的洪峰和洪水灾害,例如1998年8月长江中下游发生近百年一遇的特大洪水,由于及时准确的洪水预报,对葛洲坝水库、隔河岩水库和漳河水库科学调度,使三峡以上来的洪水和清江、沮漳河洪水的洪峰互相错开,大大降低了荆江河段的洪峰水位,避免了荆江分洪损失,为战胜该年发生的特大洪水做出了巨大贡献。表4-1为1998年葛洲坝水库、隔河岩水库在错峰、调峰中,降低沙市水位发挥作用的分析结果。

另外,洪水预报还可较好地解决水库防洪与兴利的矛盾,在预报的洪水未进库之前,先打开泄洪闸门腾空一部分库容,以便洪水来临时能蓄存更多的水量;当洪水即将结束时,预知近期没有很大的洪水入库,则可超蓄洪水尾部的一些水量,用于多发电、多灌溉,使现有工程发挥更多的效益。

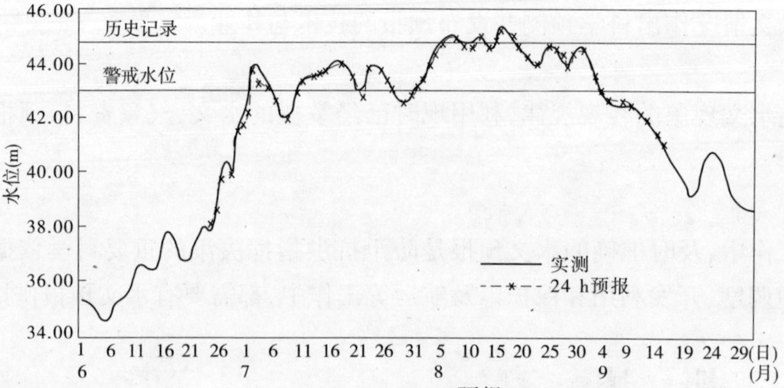

(a)24 h预报

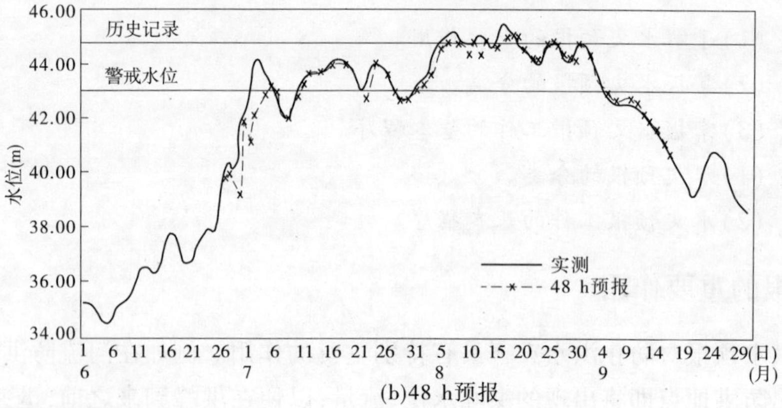

(b)48 h预报

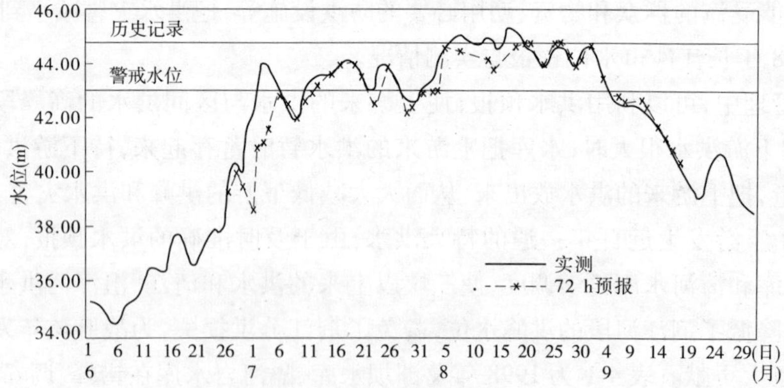

(c)72 h预报

图 4-1 1998 年长江沙市水位预报与实测情况

表 4-1　葛洲坝水库、隔河岩水库在错峰调度中对沙市水位的影响

<table>
<tr><th rowspan="2">洪次</th><th colspan="4">调蓄量统计</th><th rowspan="2">水库有效削减的下泄流量（m³/s）</th><th rowspan="2">削减流量降低的沙市站洪峰水位（m）</th><th rowspan="2">沙市站实测洪峰水位（m）和时间（月-日 T 时）</th><th rowspan="2">若不调蓄沙市站可能达到的洪峰水位（m）</th></tr>
<tr><th>起止日期（月-日 T 时）</th><th>起止水位（m）</th><th>起止库容（亿 m³）</th><th>使用的调蓄库容（亿 m³）</th></tr>
<tr><td>1</td><td>07-02T14 ~ 07-03T08</td><td>192. 31 ~ 196. 14</td><td>26. 30 ~ 28. 70</td><td>2. 40</td><td>3 500</td><td>0. 23</td><td>43. 95（07-03T05）</td><td>44. 18</td></tr>
<tr><td>2</td><td>08-05T14 ~ 08-08T08</td><td>198. 38 ~ 203. 91</td><td>30. 10 ~ 33. 90</td><td>3. 80</td><td>1 060</td><td>0. 07</td><td>44. 96（08-07T05）</td><td>45. 03</td></tr>
<tr><td rowspan="2">3</td><td>08-15T20 ~ 08-16T20</td><td>199. 58 ~ 203. 83</td><td>30. 90 ~ 33. 80</td><td>2. 90</td><td>－1 300（3 600）</td><td>－0. 09（0. 24）</td><td rowspan="2">45. 22（08-17T09）</td><td rowspan="2">45. 33（45. 31）</td></tr>
<tr><td>08-16T20 ~ 08-17T14</td><td>66. 25 ~ 67. 00</td><td>16. 00 ~ 16. 55</td><td>0. 55</td><td>2 400</td><td>0. 21</td></tr>
<tr><td>4</td><td>08-25T05 ~ 08-26T08</td><td>65. 48 ~ 66. 46</td><td>15. 45 ~ 16. 15</td><td>0. 70</td><td>2 200</td><td>0. 20</td><td>44. 38（08-26T10）</td><td>44. 58</td></tr>
<tr><td>5</td><td>08-30T20 ~ 08-31T14</td><td>65. 48 ~ 66. 70</td><td>15. 45 ~ 16. 34</td><td>0. 89</td><td>1 600</td><td>0. 14</td><td>44. 43（08-31T17）</td><td>44. 57</td></tr>
</table>

2　水文预报的分类

2.1　按预报的项目分

径流预报：预报的要素主要是水位和流量，水位预报指的是水位高程及其出现时间；流量预报则是流量的大小、涨落时间及其过程。径流预报又可分洪水预报和枯水预报。

冰情预报：是利用影响河流冰情的前期气象因子，预报流凌开始、封冻与开冻日期，冰厚，冰坝及凌汛最高水位等。

沙情预报：是根据河流的水沙相关关系，结合流域下垫面因素，预报年、月和一次洪水的含沙量及其过程。

水质预报：预测河流中污染物迁移转化的时空变化过程。

施工水文预报：在工程施工期间要进行的特殊预报项目。

2.2　按预见期的长短分

短期水文预报：主要由水文要素作出的预报。

中长期水文预报:包括气象预报性质在内的水文预报。

预报的预见期是指发布预报与预报要素出现的时间间距。在水文预报中,预见期的长与短并没有明确的时间界限。

3　水文预报工作的基本程序

水文预报工作大体上分为两大步骤。

3.1　制订预报方案

分析预报要素的形成规律,建立由过去的观测资料推算水文预报要素大小和出现时间的一整套计算方法,即水文预报方案。

制订的方案按国家《水文情报预报规范》(SL 250—2000)要求的允许误差进行评定和检验。只有质量优良和合格的方案才能付诸应用。图 4-2 为我国 2000 年 6 月 30 日开始实施的《水文情报预报规范》(SL 250—2000)。

UDC

中华人民共和国行业标准　SL

P　SL250—2000

水文情报预报规范

Standard for hydrological information and hydrological forecasting

2000-06-14 发布　2000-06-30 实施

中华人民共和国水利部　发布

图 4-2　我国现行的《水文情报预报规范》(SL 250—2000)

3.2　进行作业预报

将现时发生的水文气象信息,经过预报方案算出即将发生的水文预报要素大小和出现时间,及时将信息发布出去,这个过程称为作业预报。

若现时水文气象信息是通过自动化采集、自动传送到预报中心的计算机内,由计算机直接按存储的水文预报模型程序计算出预报结果。这样的作业预报称为联机作业实时水文预报。

任务 2 短期洪水预报

【学习目标】 (1)了解河段中洪水波运动的规律。
(2)掌握相应水位(流量)法、合成流量法和马斯京根流量演算方法。
(3)了解降雨径流预报工作内容。

【学习要点】 (1)洪水波运动。
(2)相应水位(流量)法。
(3)合成流量法。
(4)马斯京根流量演算方法。
(5)降雨径流预报。

1 河段中的洪水波运动

1.1 洪水波

流域上大量降水后,产生的净雨沿坡地迅速汇集,注入河槽,由于降雨量时空分布不均匀、河网干支流和分布形状的不同,以及水流汇集速度的快慢,河道接纳的水量沿程不同,使河道沿程水面发生高低起伏的一种波动,称为洪水波。

1.2 附加比降

附加比降是洪水波的主要特征之一。附加比降 i_Δ 是指洪水波水面比降 i 与同水位稳定流水面比降 i_0 之差,即 $i_\Delta = i - i_0$。图 4-3 为河道洪水波水面比降示意图。

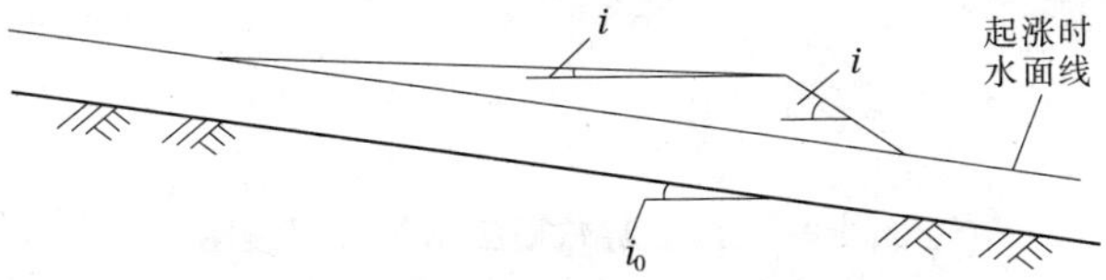

图 4-3 河道洪水波水面比降示意图

当涨洪时:$i_\Delta > 0$;

当落洪时:$i_\Delta < 0$;

当水流稳定时:$i_\Delta = 0$。

1.3 河段洪水波的传播与变形

由于河槽的调蓄作用,洪水波向下游传播过程中,不断发生变形,如图 4-4 所示。在沿棱柱形河槽运动中其变形有以下两种形态:

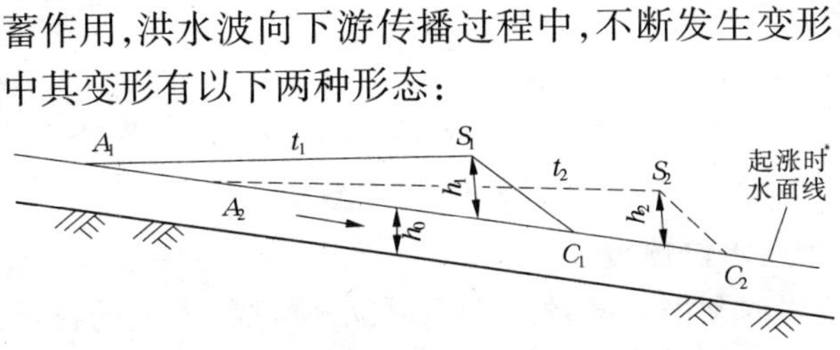

图 4-4 河道洪水波传播与变形过程示意图

(1)洪水波展开:洪水波在传播过程中,波长不断加大,波高不断减小的现象,即 $A_2C_2 >$

$A_1C_1, h_2 < h_1$。

(2)洪水波扭曲:洪水波在传播过程中,波前水量不断向波后转移的现象。

在自然河道中,河道断面边界的差异和河段区间入流等条件变化,都对洪水波变形有显著的影响。

2　相应水位(流量)法

根据河段洪水波运动和变形规律,利用河段上断面的实测水位(流量),预报河段下断面未来水位(流量)的方法,称为相应水位(流量)法。

2.1　基本原理

2.1.1　相应水位(流量)

相应水位(流量)是指在河段同次洪水过程线上,处于同一位相点上、下站的水位(流量)称为相应水位(流量)。

如图 4-5 所示某次洪水过程线上的各个特征点,例如上游 2 点洪峰水位经过河段传播时间 τ,在下游站 2′点的洪峰水位,就是同位相的水位。

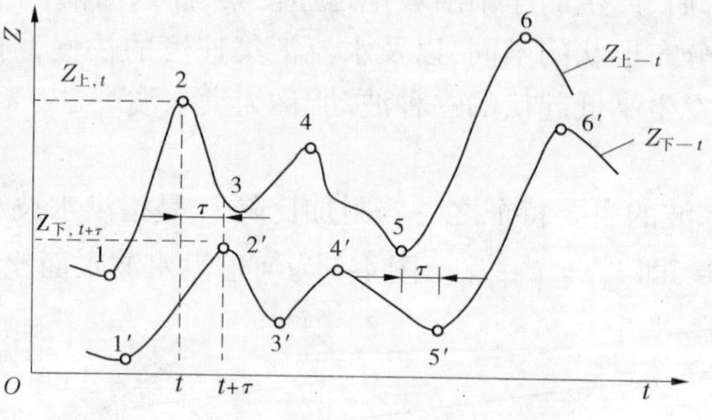

图 4-5　上、下游站相应水位过程线图

2.1.2　相应水位(流量)法的基本方程

河段无区间入流:

设河段上游站流量为 $Q_{上,t}$,经过时间 τ 的传播,下游站的相应流量为 $Q_{下,t+\tau}$,两者的关系为

$$Q_{下,t+\tau} = Q_{上,t} - \Delta Q_L \tag{4-1}$$

式中　ΔQ_L——洪水波展开量,与附加比降有关。

河段有区间入流 q:

两者的关系为

$$Q_{下,t+\tau} = Q_{上,t} - \Delta Q_L + q \tag{4-2}$$

2.2　无支流河段的相应水位预报

在制订相应水位法的预报方案时,一般采取水位过程线上的特征点,如洪峰等,作出该特征点的相应水位关系曲线与传播时间曲线。

2.2.1　简单的相应水位法

在无支流汇入的河段上,若影响洪水波传播的因素比较单纯,可用简单的相应水位法。

预报方案：根据上游站和下游站的实测水位过程线，摘录相应的特征点即洪峰水位值及其出现时间（见表 4-2），并绘制相应洪峰水位相关曲线及其传播时间曲线（见图 4-6）作为预报方案。

表 4-2　长江万县站—三斗坪站相应洪峰水位及传播时间

万县站洪峰		三斗坪站洪峰		传播时间 τ(h)
日期（年-月-日 T 时）	水位 Z(m)	日期（年-月-日 T 时）	水位 Z(m)	
1974-06-13T02	112.40	1974-06-14T08	54.80	30
1974-06-22T14	116.74	1974-06-23T17	57.20	27
1974-07-31T10	123.78	1974-08-01T17	62.76	31
1974-08-12T15	137.21	1974-08-13T08	71.43	17
…	…	…	…	…

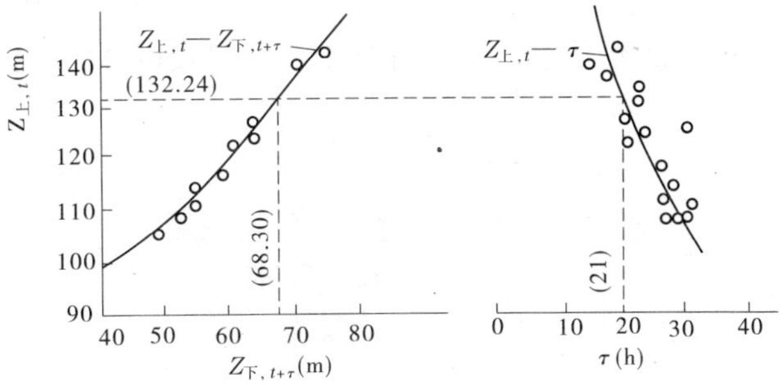

图 4-6　万县站—三斗坪站相应洪峰水位及传播时间关系

作业预报：按 t 时上游出现的洪峰水位 $Z_{上,t}$，在 $Z_{上,t}$—$Z_{下,t+\tau}$ 曲线上查得 $Z_{下,t+\tau}$，在 $Z_{上,t}$—τ 曲线上查得 τ，从而预报出 $t+\tau$ 时下游将要出现的洪峰水位 $Z_{上,t+\tau}$。

2.2.2　以下游站同时水位为参数的相应水位法

下游站同时水位 $Z_{下,t}$ 就是上游站水位 $Z_{上,t}$ 出现时刻的下游水位，它与 $Z_{上,t}$ 一起能反映 t 时刻的水面比降变化，同时间接地反映区间入流和断面冲淤以及回水顶托等因素的影响。

预报方案：制作预报方案时，以下游站同时水位 $Z_{下,t}$ 为参数作等值线，分别绘制 $Z_{上,t}$—$Z_{下,t}$—$Z_{下,t+\tau}$ 和 $Z_{上,t}$—$Z_{下,t}$—τ 相关曲线，如图 4-7 所示。

作业预报：按 t 时刻的水位 $Z_{上,t}$ 及 $Z_{下,t}$，按图 4-7 的箭头方向查得 $Z_{下,t+\tau}$ 和 τ，从而预报出 $t+\tau$ 时下游将要出现的洪峰水位 $Z_{上,t+\tau}$。

2.2.3　以上游站涨差为参数的水位相关法

上述各种洪峰水位预报方案，可近似地用来预报下游站的洪水过程。但由于它们没有反映洪水过程中附加比降的变化等因素，使预报的洪水过程常常有比较大的系统误差。

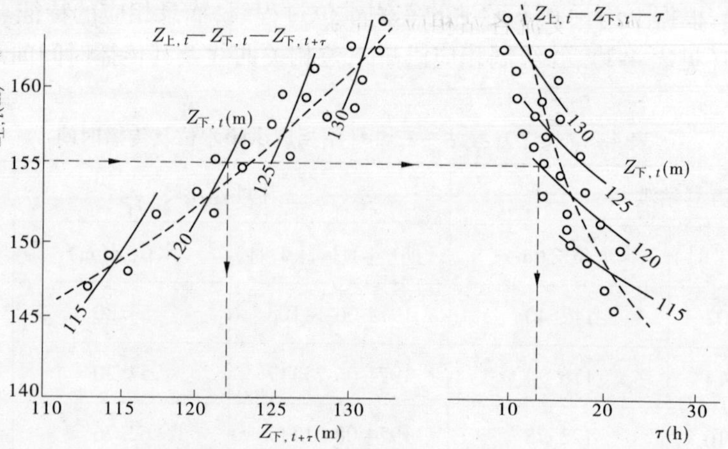

图 4-7　以下游站同时水位为参数的水位及传播时间关系曲线图

为克服这种缺点，可用以上游站水位涨差为参数的水位相关法。

洪水波通过某一断面时，波前的附加比降为正，使涨水过程的涨率 $\Delta Z_{上}/\Delta t$ 为正；波后的附加比降为负，使落水过程的涨率为负。因此，水位（流量）过程线的涨（落）率在很大程度上反映了附加比降和水面比降的大小。

预报方案：图 4-8 是长江万县水文站—宜昌水文站河段以 $\Delta Q_{上}$ 为参数的水位预报方案。

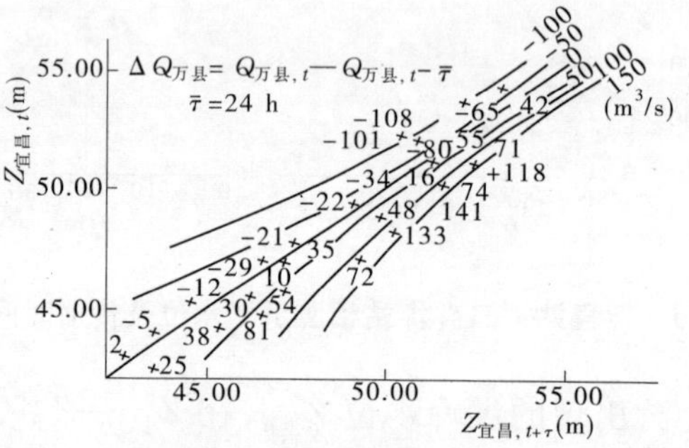

图 4-8　长江万县水文站—宜昌水文站以上游站涨差为参数的水位预报方案

作业预报：已知 t 时刻的 $Z_{上,t}$（或 $Z_{下,t}$）、$\Delta Z_{上}$（或 $\Delta Q_{上}$），在图上查出预报的下游水位 $Z_{下,t+\bar{\tau}}$ 和预见期为 $\bar{\tau}$。

3　合成流量法

在有支流汇入的河段，按照上游干、支流各站的传播时间，把各站同时刻到达下游站的流量叠加起来得合成流量，然后建立合成流量与下游站相应流量的关系曲线，进行预报的方法称为合成流量法。

该法预报下游站流量的关系式为

$$Q_{下,t} = f\left(\sum_{i=1}^{n} Q_{上,i,t-\tau_i}\right) \tag{4-3}$$

式中　$Q_{上,i,t-\tau_i}$——上游干、支流各站相应流量；

τ_i——上游干、支流各站到下游站的洪水传播时间；

n——上游干、支流的测站数目。

根据式(4-3)的关系；该法的预见期取决于上游各站中传播时间最短的一个。一般情况下，上游各站中以干流站的流量为最大，从预报精度的要求出发，常常用它的传播时间 τ 作为预报方案的预见期。

4　流量演算法

流量演算法是在圣维南方程组简化的基础上，利用河槽的水量平衡方程替代连续性方程，用河段的蓄泄关系替代动力方程，然后联立求解，将河段的入流过程演算为出流过程的方法。

4.1　基本原理

河段流量演算是由以下两个基本公式组成：

河槽时段水量平衡方程

$$\frac{1}{2}(Q_{上,1}+Q_{上,2})\Delta t-\frac{1}{2}(Q_{下,1}+Q_{下,2})\Delta t=S_2-S_1=\Delta S \tag{4-4}$$

式中　$Q_{上,1}$、$Q_{上,2}$——时段始、末上断面的入流量，m^3/s；

$Q_{下,1}$、$Q_{下,2}$——时段始、末下断面的出流量，m^3/s；

Δt——计算时段，h；

S_1、S_2——时段始、末河段蓄水量。

式(4-4)是河段水量平衡方程式，其相关关系如图 4-9 所示。图中阴影部分为 $\Delta S=S_2-S_1$。

若河段内有区间入流量 q，将 q 值并入到上断面的入流量中进行演算，即

$$q+Q'_{上}=Q_{上}$$

河段蓄水量与泄流量方程

$$S=f(Q) \tag{4-5}$$

式中　S——河段内某一流量所对应的蓄水量。

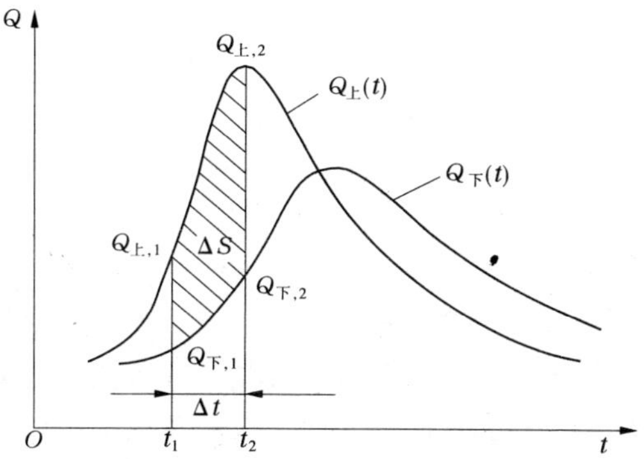

图 4-9　河段时段水量平衡示意图

4.2 马斯京根法及其槽蓄曲线方程

该方法由 G. T. 麦卡锡(G. T. McCarthy) 1938 年应用于美国马斯京根河流域而得名。该法主要是建立马斯京根槽蓄曲线方程,并与水量平衡方程联立求解,进行河段洪水演算。

在马斯京根槽蓄曲线方程中,河段槽蓄量由柱蓄和楔蓄两部分组成,如图 4-10 所示。令 x 为流量比重因素,$S_{Q上}$、$S_{Q下}$分别为上、下断面在稳定流情况下的蓄量,它们与河段内总蓄量 S 的关系为

$$S = xS_{Q_{上}} + (1-x)S_{Q_{下}} \tag{4-6}$$

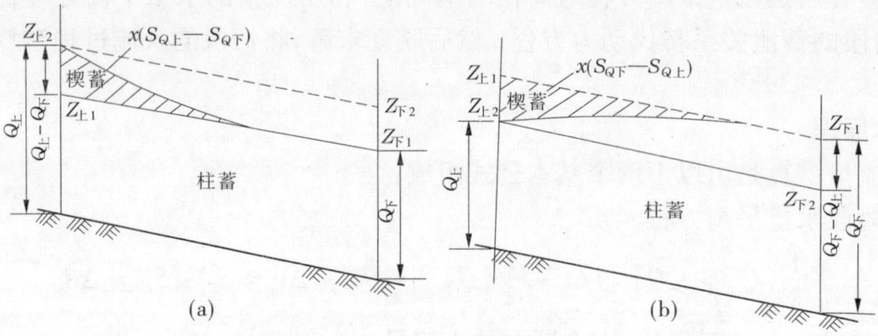

图 4-10 河段槽蓄量示意图

若将河道中的断面流量与相应的槽蓄量近似地按稳定流处理时($SQ=KQ$),由式(4-6)可得到马斯京根槽蓄曲线方程:

$$\begin{aligned} S &= K[xQ_{上} + (1-x)Q_{下}] \\ &= KQ' \end{aligned} \tag{4-7}$$

式中 K——稳定流情况下的河段传播时间;

Q'——示储流量,$Q' = xQ_{上} + (1-x)Q_{下}$。

4.3 马斯京根流量演算方程

联解水量平衡方程式(4-4)和马斯京根槽蓄曲线方程式(4-7),可得马斯京根流量演算方程:

$$Q_{下,2} = C_0Q_{上,2} + C_1Q_{上,1} + C_2Q_{下,1} \tag{4-8}$$

式中

$$C_0 = \frac{0.5\Delta t - Kx}{K - Kx + 0.5\Delta t};C_1 = \frac{0.5\Delta t + Kx}{K - Kx + 0.5\Delta t};C_2 = \frac{K - Kx - 0.5\Delta t}{K - Kx + 0.5\Delta t} \tag{4-9}$$

4.4 试算法确定 x、K 值

对某一次洪水,假定不同的 x 值计算 Q',作出 $S—f(Q')$关系曲线,其中能使二者关系成为单一直线的 x 值即为此次洪水所求的 x 值,而该直线的斜率即为所求的 K 值。取多次洪水作相同的计算和分析,就可以确定该河段的 x、K 值。

【例 4-1】 根据某河段一次实测洪水资料(见表 4-3、图 4-11),用马斯京根法进行河段洪水演算。

表4-3 马斯京根法 S 与 Q' 值计算表

时间(月-日 T时)	$Q_上$ (m^3/s)	$Q_下$ (m^3/s)	$q_区$ (m^3/s)	$Q_上+q_区$ (m^3/s)	$Q_上+q_区-Q_下$ (m^3/s)	ΔS ((m^3/s)·12 h)	S ((m^3/s)·12 h)	Q' $x=0.2$	Q' $x=0.3$
(1)	(2)	(3)	(4)	(5)	(6)	(7)	(8)	(9)	(10)
07-01T00	75	75	0	75	0	164	0	75	75
07-01T12	370	80	37	407	327	790	164	145	178
07-02T00	1 620	440	73	1 693	1 253	947	954	691	816
07-02T12	2 210	1 680	110	2 320	640	427	1 901	1 810	1 870
07-03T00	2 290	2 150	73	2 363	213	-100	2 328	2 190	2 210
07-03T12	1 830	2 280	37	1 867	-413	-437	2 228	2 200	2 160
07-04T00	1 220	1 680	0	1 220	-460	-450	1 791	1 590	1 540
07-04T12	830	1 270		830	-440	-355	1 341	1 180	1 140
07-05T00	610	880		610	-270	-235	986	826	799
07-05T12	480	680		480	-200	-180	751	640	620
07-06T00	390	550		390	-160	-140	571	518	502
07-06T12	330	450		330	-120	-110	431	426	414
07-07T00	300	400		300	-100	-90	321	380	370
07-07T12	260	340		260	-80	-70	231	324	316
07-08T00	230	290		230	-60	-55	161	278	272
07-08T12	200	250		200	-50	-45	106	240	235
07-09T00	180	220		180	-40	-40	61	212	208
07-09T12	160	200		160	-40		21	192	188

假定本河段的 x、k 值已选定，即 $x=0.2$，$K=12$ h 以及 $\Delta t=12$ h，代入式(4-9)得：$C_0=0.231$，$C_1=0.538$，$C_2=0.231$，而且 $C_0+C_1+C_2=1.0$，计算无误。因此，该河段的洪水演算方程为

$$Q_{下,2}=0.231Q_{上,2}+0.538Q_{上,1}+0.231Q_{下,1}$$

根据本河段另一场洪水的上断面资料（见表4-4中第(2)栏），用上述洪水演算方程，可算出河段下断面的流量（见表4-4第(6)栏）。

4.5 马斯京根法中几个问题的分析

4.5.1 K 值的综合

K 具有时间的因次，它基本上反映了河道稳定流时河段的传播时间。

在不稳定流情况下，按流量分级，根据不同的流量取不同的 K 值。

4.5.2 x 值的综合

流量比重因素 x 反映了楔蓄对流量的作用外，还反映了河段的调蓄能力。

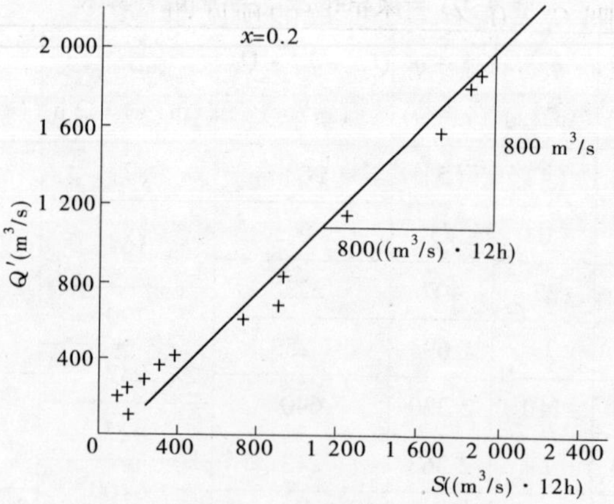

图 4-11 马斯京根法 $S—Q'$关系曲线

表 4-4 马斯京根洪水演算表

时间 (月-日 T时)	$Q_{上}$	$C_0Q_{上,2}$	$C_1Q_{上,1}$	$C_2Q_{下,1}$	$Q_{下,2}$
(1)	(2)	(3)	(4)	(5)	(6)
06-10T12	250				250
06-11T00	310	72	135	58	265
06-11T12	500	116	167	61	344
06-12T00	1 560	360	269	79	708
06-12T12	1 680	388	839	164	1 391
06-13T00	1 360	314	904	321	1 539
06-13T12	1 090	252	732	356	1 340
06-14T00	870	201	586	310	1 097
06-14T12	730	169	468	253	890
06-15T00	640	148	393	206	747
06-15T12	560	129	344	173	646
06-16T00	500	116	301	149	566

对于一定的河段，x 在洪水涨落过程中基本稳定，但也有随流量增加而减小的趋势。

流量比重因素 x，一般从上游向下游逐渐减小，为 0.2 ~ 0.45，特殊情况下也有小于零的。

4.5.3 计算时段 Δt 的选择

Δt 不能取得太长，以保证流量过程线在 Δt 内近于直线。

为在计算中不漏掉洪峰，选取的 Δt 最好等于河段传播时间 τ。

4.5.4 预见期问题

马斯京根法用于预报时是没有预见期的。

如果取 $\Delta t=2Kx$,则 $C_0=0$,有一个时段的预见期。

5 降雨径流预报

降雨径流预报是利用流域降雨量经过产流计算和汇流计算,预报出流域出口断面的径流过程,主要包括以下两方面的内容:

(1)由降雨量推求净雨量。

(2)由净雨过程推求流域出口断面的径流过程。

在降雨径流预报中,有以下主要工作内容。

5.1 编制降雨径流方案

根据流域自然地理特征和实测资料条件,建立流域产汇流计算方案,如降雨径流相关图、单位线等,并对方案的预报精度进行评定和检验。

5.2 作业预报

在作业预报中,如图4-12所示,t_0 时刻以前的降雨量是实测的;t_0 之后的降雨量是预报的。预报雨量与预报方案的误差,两者都影响预报的精度。因此,在作业预报时,应根据实测时段降雨量或实测流量对预报的径流进行逐时段修正。

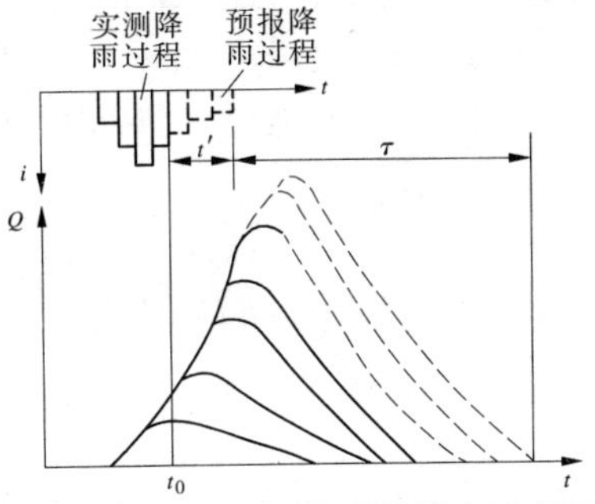

图4-12 降雨径流预报法预报洪水过程示意图

任务3 枯水预报

【学习目标】 (1)了解枯水预报基本原理。

(2)掌握退水曲线法基本原理。

(3)掌握前后期径流相关法基本原理。

【学习要点】 (1)退水曲线法。

(2)前后期径流相关法。

1 基本原理

枯水期河中的流量主要是由滞留在流域中的蓄水量消退形成,其次是来源于枯季的降雨。流域蓄水量包括地面蓄水量和地下蓄水量两部分:

(1)地面蓄水量存在于地面洼地、河网、水库、湖泊和沼泽之中。

(2)地下蓄水量存在于土壤孔隙、岩石裂隙、溶隙和层间含水带之中。

由于地下蓄水量的消退比地面蓄水量慢得多，故长期无雨后河中水量几乎全由地下水补给，流域的水量平衡方程式和蓄量方程式分别为

$$Q(t) = -\frac{\mathrm{d}W(t)}{\mathrm{d}t} \tag{4-10}$$

$$W(t) = KQ(t) \tag{4-11}$$

式中 $Q(t)$——枯水期中 t 时刻的流域出流量，m^3/s；

$W(t)$——枯水期中 t 时刻的流域蓄水量，m^3；

K——流域退水参数，s。

联立求解式(4-10)和式(4-11)，得枯水期流量消退规律的表达式为

$$Q(t) = Q(0)e^{-(t/k)} = Q(0)K_r^t \tag{4-12}$$

式中 $Q(0)$——枯水期某一初始时刻的流域出流量，m^3/s；

K_r——消退系数，$K_r = e^{-1/k}$。

因此，只要分析出流域 K_r 值，就可掌握该流域的退水规律。

2 退水曲线法

在枯水预报中常把退水曲线表示成相邻时间 Δt 的流量的相关关系，由式(4-12)有

$$Q(t+\Delta t) = Q(t)e^{-\beta\Delta t} = Q(t)K_r^{\Delta t} \tag{4-13}$$

K_r 随所采用的时段长而变，当相邻时间 Δt 取一固定时段时，相邻流量的比值则为

$$K_r = \frac{Q_{t+\Delta t}}{Q_t} \tag{4-14}$$

式中的消退系数 K_r，可通过建立相邻时间流量的相关图(见图 4-13)推求。

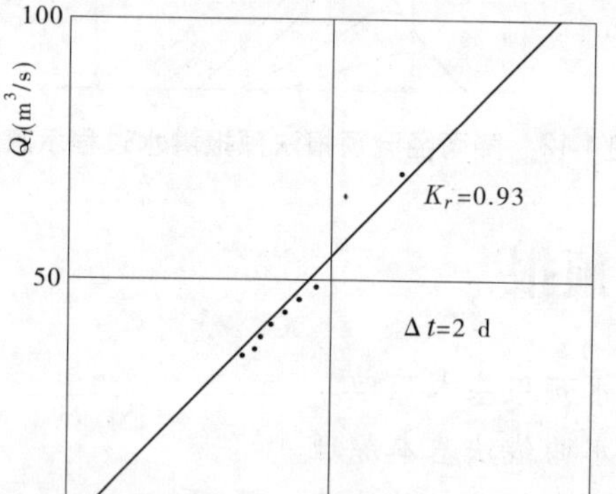

图 4-13 清江搬鱼嘴站枯水期 $Q_{t+\Delta t}$—Q_t 关系图

【例 4-2】 表 4-5 为清江搬鱼嘴站 1972 年 1 月枯水期的流量摘录，相邻时间 Δt 为 2 d。点绘相邻流量关系见图 4-13。由相关分析，得相关方程 $\bar{y} = a + b\bar{x}$ 中 $a = 0, b = \bar{y}/\bar{x} = \sum y/\sum x$，则有

$$K_r = \frac{\sum Q_{t+\Delta t}}{\sum Q} = \frac{495.2}{531.7} = 0.931$$

表 4-5 清江搬鱼嘴站 1972 年 1 月枯水期流量资料

序号 (Δt = 2 d)	Q_t	$Q_{t+\Delta t}$	K_r	序号 (Δt = 2 d)	Q_t	$Q_{t+\Delta t}$	K_r
1	69.8	62.7	0.898	8	40.7	38.5	0.946
2	62.7	57.4	0.915	9	38.5	36.5	0.948
3	57.4	52.9	0.922	10	36.5	34.8	0.953
4	52.9	49.2	0.930	11	34.8	(33.3)	0.957
5	49.2	46.0	0.935	12	(33.3)		
6	46.0	43.2	0.939	$\sum$	531.7	495.2	
7	43.2	40.7	0.942				

3 前后期径流相关法

前后期径流相关法是根据流域前期径流量来预报未来的后期径流量的。该法的预见期一般较长，如 10 d、1 个月等，可以直接预报出时段枯水径流量。图 4-14 为滏阳河东武仕站 11 月平均流量与 10 月平均流量的关系线（一年一个点据），其相关关系很好。

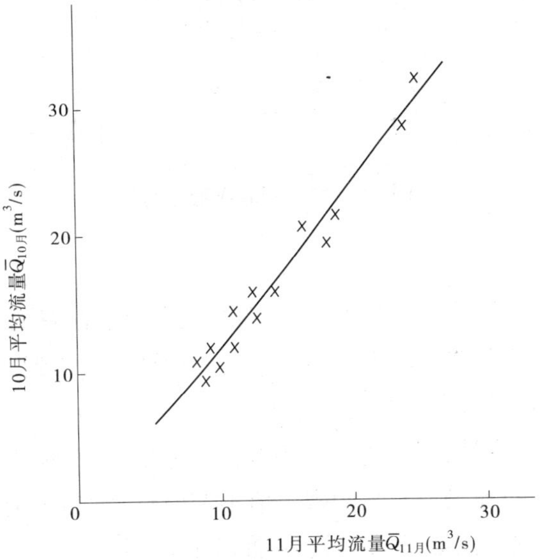

图 4-14 滏阳河东武仕站 $\overline{Q}_{11月}$—$\overline{Q}_{10月}$ 关系线

任务4　施工水文预报

【学习目标】（1）掌握围堰水情预报工作内容。
（2）掌握截流期水情预报工作内容。

【学习要点】（1）围堰水情预报。
（2）截流期水情预报。

施工水文预报是指对水电工程施工期，受到施工回水影响河段的水文预报。按施工阶段，施工水文预报主要分为围堰水情预报和截流期水情预报。

1　围堰水情预报

在修筑围堰（见图4-15）及导流建筑物阶段，要求预报围堰前的水位或流量，以防止河水漫入施工区。

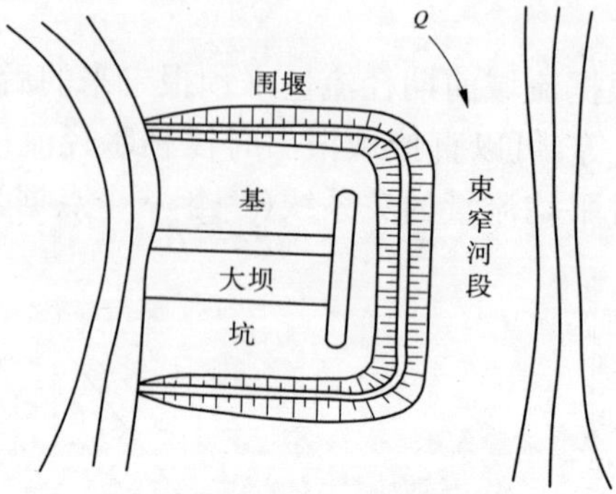

图4-15　施工围堰平面示意图

1.1　预报坝址处的流量

采用马斯京根流量演算法计算坝址处的流量，但此时要注意的是围堰修建以后，天然河道情况下的马斯京根槽蓄曲线已不适用了。具体计算方法步骤如下：

（1）采用水力学方法计算各级稳定流量 Q_i 相应的水面曲线。

（2）计算出上游为入库站，下游为坝址各级稳定流量 Q_i 的槽蓄量 W_i；

（3）假定修筑围堰后，原马斯京根参数 x 值不变（修围堰后 x 值最好以实测资料分析而得），计算出示储流量 Q'，点绘 $W—Q'$ 关系，推求出 K 值。

（4）求得修筑围堰后的演算公式，由于围堰上、下游两端距离很短，推算的流量可作为围堰上、下游的流量。

1.2　围堰上、下游水位预报

修筑围堰后，围堰上游天然情况下的水位流量关系发生了变化，此时应重新建立上游水位流量关系曲线。

根据坝址流量，可用下列公式近似推求束窄河段水位的壅高值 ΔZ：

$$\Delta Z = Z_{上} - Z_{下} = \frac{\alpha V_c^2}{2g} - \frac{\alpha V_{上}^2}{2g} \tag{4-15}$$

$$V_c = Q/A_c \tag{4-16}$$

$$V_{上} = Q/A_{上} \tag{4-17}$$

式中 $Z_{上}$、$Z_{下}$——上、下游断面水位；

$V_{上}$、V_c——上游及束窄断面平均流速；

$A_{上}$、A_c——上游及束窄处断面面积；

Q——稳定流量；

α——动能修正系数，取1.0～1.1；

g——重力加速度。

采用试算法计算 ΔZ，在计算时，要求具备有下游断面的水位流量关系 $Q=f(Z_{下})$，上游及束窄断面的水位面积曲线 $A_{上}=f_1(Z_{上})$，$A_c=f_2(Z_{下})$。具体计算方法步骤如下：

（1）确定过水流量 Q，查 $Q=f(Z_{下})$ 曲线得 $Z_{下}$。

（2）由 $Z_{下}$ 值查 $A_c=f_2(Z_{下})$ 曲线得 A_c，由此计算出 V_c，并算出 $\frac{\alpha V_c^2}{2g}$。

（3）假定壅水高度 $\Delta Z'$，则得上游水位 $Z_{上}=Z_{下}+\Delta Z'$，由 $A_{上}=f_1(Z_{上})$ 曲线查得 $A_{上}$，计算出 $V_{上}$，并计算出 $\frac{\alpha V_{上}^2}{2g}$。

（4）按式(4-15)计算壅水高度 ΔZ，若计算出的 ΔZ 与假定的 $\Delta Z'$ 相符，则试算完毕，否则重新计算。

计算出各级流量的壅水高度，即可建立上游壅高后的水位流量关系曲线 $Q=f(Z_{下}+\Delta Z)=f(Z_{上})$，见图4-16。围堰下游的水位流量关系仍是天然情况下的，即 $Q=f(Z_{下})$。有了围堰上、下游水位流量关系，便可利用前面预报的流量 Q，推求出上游水位 $Z_{上}$ 和 $Z_{下}$，完成围堰上、下游的水位预报。

2 截流期水情预报

水利水电工程施工的截流一般是在枯季进行，枯季河水流量小、流速慢给截流施工创造了有利条件。只有预先掌握了截流期河道流量的大小，采取相应措施，施工截流才能顺利地进行。因此，截流期水情预报是施工截流中不可缺少的工作。截流期水情预报方法可参见任务3的枯水预报。

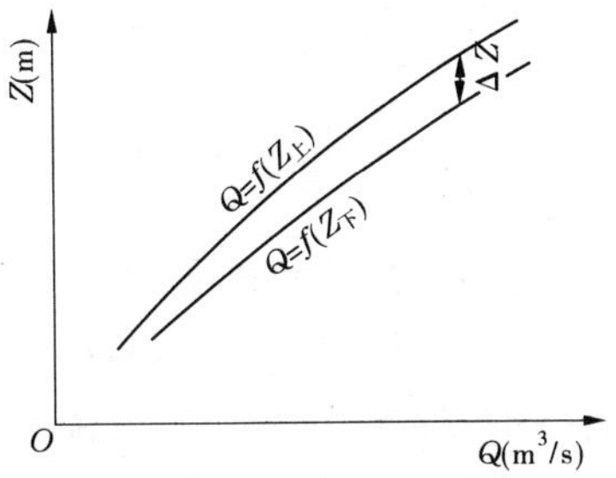

图4-16 围堰上、下游的水位流量关系曲线

任务5　水文实时预报

【学习目标】 (1)了解水文预报误差的来源、实时预报校正模型和方法。
(2)了解最小二乘估计的递推算法。

【学习要点】 (1)水文预报误差的来源。
(2)实时预报校正模型、实时预报校正方法。
(3)最小二乘方法。

1　水文实时预报的意义

水文现象受到自然界中众多因素的影响,人们采用的各种方法或模型都不可能将复杂的水文现象模拟得十分确切,水文预报估计值与实际出现值的偏离,即预报误差是不可避免的。实时预报就是利用在作业预报过程中,不断得到的预报误差信息,及时地校正、改善预报估计值或水文预报模型中的参数,使以后阶段的预报误差尽可能减小。

2　水文实时预报方法分类

2.1　水文预报误差的来源

水文预报误差的来源大致有如下几个方面:

(1)模型结构误差。

在对水文循环过程的模拟中,采用了不同程度简化的模型或不完善的处理方法,由此引起的误差称为模型结构误差。

(2)模型参数估计误差。

水文模型中估计的模型参数对其真值来讲,总是存在误差的。根据各场洪水优选的模型参数,它是综合各场洪水的最优值,而对某一特定场次的洪水,它并非就是最合适的。

(3)模型的输入误差。

进行水文预报所输入的资料通常是降雨、流量和流域蒸散发,这些资料或由实测获得,或根据天气预报估算得到。前者存在着测验和时段统计平均误差,后者则存在着相当大的预报误差。

2.2　实时预报校正模型

洪水实时预报校正方法包含两方面的内容:一是实时预报校正模型,二是实时校正方法。实时预报校正模型在很大程度上取决于水文模型的结构。

2.2.1　"显式"结构的水文模型

当水文模型相对于模型的待定参数是线性关系模型时,称为"显式"结构。一种处理方法是将水文系统视为动态系统,模型的动态参数"在线"识别和实时预报是关键。另一种处理方法是将水文预报模型改造成系统状态方程和系统观测方程,利用滤波的方法进行实时校正。

2.2.2　"隐式"结构的水文模型

一般来讲,流域概念性水文模型是较复杂的"隐式"结构。目前,在处理这类模型时,一种方法是对模型进行"显式"化处理；另一种方法是基于确定性流域水文模型的预报流量与实测流量的误差序列，建立流量误差预报的"显式"模型（如AR或ARMA模型），流域洪水预报即用预报的流量残差叠加到模型的计算流量上，从而完成洪水实时校正预报。

2.3 实时预报校正方法的分类

根据不同预报误差的来源，实时预报校正方法可分为以下三种。

2.3.1 对模型参数实时校正

若认为水文预报方法或模型的结构是有效的，只是由于存在数据的观测误差，导致率定的模型参数不准确，或是率定的模型参数对具体场次洪水并非最优，可以在实际作业预报过程中，根据实际的预报误差不断地修正模型参数。对模型参数进行实时校正的方法有最小二乘估计等方法。

2.3.2 对模型预报误差进行预测

对已出现的预报误差时序过程，建立合适的预报误差的模型。通过预报未来的误差值以校正尚未出现的预报值，从而提高水文预报的精度。

2.3.3 对状态变量进行估计

一个预报模型中，能控制当前及以后时刻系统状态和行为的变量称为状态变量。对状态变量的估计是认为预报误差来源于状态估计的偏差和实际观测的误差，通过实时修正状态变量来提高预报的精度。卡尔曼滤波就是对状态变量进行实时校正的一种算法。

3 水文实时预报的最小二乘方法

在水文预报模型参数的估计中，最小二乘法是一种常用的估计方法。通过最小二乘估计可以获得一个在最小方差意义上与实测数据拟合最好的模型。

3.1 最小二乘估计的基本算法

设$y(i)$和$x_1(i), x_2(i), \cdots, x_n(i)$为在$i$时刻$(i=1,2,\cdots,m)$所观测得的数据，可以用$m$个方程表示这些数据的关系：

$$y(i) = \theta_1 x_1 + \theta_2 x_2 + \cdots + \theta_n x_n + e(i) \quad (i = 1,2,\cdots,m) \tag{4-18}$$

其中，y为系统观测输出值，x为系统观测输入值，V为误差向量，$\theta=(\theta_1,\theta_2,\cdots,\theta_n)$是一个待定的参数向量。上式用矩阵形式表示为

$$Y = X\theta + V \tag{4-19}$$

式中：

$$Y = \begin{bmatrix} y(1) \\ y(2) \\ \vdots \\ y(m) \end{bmatrix} \quad X = \begin{bmatrix} x_1(1) & x_2(1) & \cdots & x_n(1) \\ x_1(2) & x_2(2) & \cdots & x_n(2) \\ \vdots & \vdots & & \vdots \\ x_1(m) & x_2(m) & \cdots & x_n(m) \end{bmatrix} \quad \Theta = \begin{bmatrix} \theta_1 \\ \theta_2 \\ \vdots \\ \theta_n \end{bmatrix} \quad V = \begin{bmatrix} v_1 \\ v_2 \\ \vdots \\ v_m \end{bmatrix} \tag{4-20}$$

在水文模型中，经常遇到测量次数m超过方程组所需的定解条件数n。最小二乘原理指出，最可信赖的参数值应在使残余误差平方和最小的条件下求出，目标函数为

$$J = \sum_{i=1}^{m} V_i^2 = V^T V = \min \tag{4-21}$$

将 J 对 θ 求偏微分,并令其等于零,则可求得使 J 趋于最小的估计值 $\hat{\Theta}$,有

$$\hat{\Theta} = (X^{T}X)^{-1}X^{T}Y \tag{4-22}$$

3.2 序贯递推最小二乘算法

它是基于最小二乘推导出的、利用新息来改进参数 θ_t 的递推估计算法,使参数实现在线识别。参数向量的递推算式:

$$\hat{\Theta}_{m+1} = \hat{\Theta}_m + K_m[y(m+1) - X^{T}(m+1)\hat{\Theta}_m] \tag{4-23}$$

$$K_m = P_mX(m+1)[I + X^{T}(m+1)P_mX(m+1)]^{-1} \tag{4-24}$$

$$P_{m+1} = [I - K_mX^{T}(m+1)]P_m \tag{4-25}$$

在递推过程中,当计及数据量不多时,新观测数据对参数的修正作用比较明显。当 m 达到一定数量级后,新鲜资料对 θ 的修正作用趋于消失,模型从而进入"稳态"。

3.3 衰减记忆递推最小二乘算法

在序贯最小二乘法中,将其目标函数中加入一个定常的指数权项(称为遗忘因子),以增加对新数据的重视程度。

$$J_m = \sum_{i=1}^{m}\lambda^{m-i}[y(i) - X(i)^{T}\theta(i)]^2 \tag{4-26}$$

式中,$0 < \lambda \leqslant 1$ 为权因子,当 $i = m$ 时,最新资料起的权重最大,$i < m$ 的各时段取的权重逐次减小,使参数实现衰减记忆的动态识别,其递推算式为

$$\hat{\theta}_{m+1} = \hat{\theta}_m + K_m[y(m+1) - X^{T}(m+1)\hat{\theta}_m] \tag{4-27}$$

$$K_m = P_mX(m+1)[\lambda + X^{T}(m+1)P_mX(m+1)]^{-1} \tag{4-28}$$

$$P_{m+1} = \frac{1}{\lambda}[I - K_mX^{T}(m+1)]P_m \tag{4-29}$$

衰减记忆递推最小二乘法对初值 $Q(0)$ 和 $P(0)$ 的选取,有以下两种方法:

(1)整批计算:用最初的 m 个数据直接用最小二乘的整批算法求出 $Q(m)$ 和 $P(m)$,以此作为递推计算的初值。从 $m+1$ 个数据开始,逐步进行递推计算。

(2)预设初值:直接设定递推算法的初值 $Q(0)$,$P(0) = aI$,其中 a 为一个充分大的正数,I 为单位矩阵。在进行递推计算时,尽管开头几步误差较大,但经过多次递推计算后,Q 将逐步逼近真值。

【例 4-3】 某河道断面的洪水流量过程,经分析可采用如下的自回归模型来预报:

$$Q(t+1) = q_1Q(t) + q_2Q(t-1) + q_3Q(t-2)$$

式中,$Q = (q_1, q_2, q_3)$,为模型参数。该断面 1985 年 4 月 8 ~ 16 日发生一次洪水过程,现在应用衰减记忆最小二乘递推算法进行洪水实时预报。

(1)将选定的水文预报模型写成递推最小二乘的规范形式为

$$y(t+1) = X^{T}(t+1)\hat{\Theta}(t)$$

式中,$y(t+1) = Q(t+1)$;$X^{T}(t+1) = (Q(t), Q(t-1), Q(t-2))$;$\hat{\Theta}(t) = (\theta_1(t), \theta_2(t), \theta_3(t))^{T}$。

(2)根据该河段以往的洪水流量资料,经综合分析选取遗忘因子 $\mu = 0.95$:

$$\hat{\Theta}(t) = (2.072 \quad -1.719 \quad 0.618)^{T}, P(0) = 10^{-6}I$$

(3)设4月8日20时为计算初始时间，其计算时段序号 $t=0$，由初始条件 $\hat{\Theta}(0)$，$P(0)$ 以及 $X^{T}(1)=(523\ 570\ 640)$，应用预报模型预报4月9日2时的流量：

$$\hat{y}(t) = X^{T}(1)\hat{\Theta}(0) = (523 \quad 570 \quad 640)(2.072 \quad -1.719 \quad 0.618)^{T} = 499$$

(4)在4月9日2时，获得实测流量 $Q(1)=512\ m^3/s$ 时，需对模型参数进行校正，应用式(4-28)和式(4-27)，有

$$K(1) = P(0)X(1)[\mu + X^{T}(1)P(0)X(1)]^{-1}$$

$$= \begin{bmatrix} 10^{-6} & 0 & 0 \\ 0 & 10^{-6} & 0 \\ 0 & 0 & 10^{-6} \end{bmatrix} \begin{bmatrix} 523 \\ 570 \\ 640 \end{bmatrix} \left\{ 0.95 + (523 \quad 570 \quad 640) \begin{bmatrix} 10^{-6} & 0 & 0 \\ 0 & 10^{-6} & 0 \\ 0 & 0 & 10^{-6} \end{bmatrix} \begin{bmatrix} 523 \\ 570 \\ 640 \end{bmatrix} \right\}^{-1}$$

$$= (0.000\ 267 \quad 0.000\ 291 \quad 0.000\ 327)^{T}$$

$$\hat{\Theta}(1) = \hat{\Theta}(0) + K(1)[y(1) - X^{T}(1)\hat{\Theta}(0)]$$

$$= \begin{bmatrix} 2.072 \\ -1.719 \\ 0.618 \end{bmatrix} + \begin{bmatrix} 0.000\ 267 \\ 0.000\ 291 \\ 0.000\ 327 \end{bmatrix} (512 - 499) = \begin{bmatrix} 2.075 \\ -1.715 \\ 0.622 \end{bmatrix}$$

(5)应用 $K(1)$ 和实测流量 $Q(1)$，便可进行下一步递推计算，有

$$P(1) = \frac{1}{\mu}[I - K(1)X(1)^{T}]P(0) = 10^{-7} \begin{bmatrix} 9.06 & -1.6 & -1.8 \\ -1.6 & 8.78 & -1.96 \\ -1.8 & -1.96 & 8.32 \end{bmatrix}$$

$$\hat{y}(2) = X^{T}(2)\hat{\Theta}(1) = (512 \quad 523 \quad 570)(2.075 \quad -1.715 \quad 0.622)^{T} = 515$$

(6)依上述步骤逐步递推计算，可计算得洪水实时预报过程，如表4-6第(4)栏所示。若在第(2)步初值选取时 Q 未知，可设 $Q(0)=(0 \quad 0 \quad 0)^{T}$，$P(0)=10^{-6}I$，经同样步骤递推计算，其结果如表4-6中第(5)栏所示，可以看到预报开始时段误差较大，但经过几个时段的计算之后，也可获得好的预报结果。

表4-6 某河流断面实时洪水预报结果

时序	时间(月-日T时)	实测流量(m^3/s)	预报流量(m^3/s)	预报流量(m^3/s)
(1)	(2)	(3)	(4)	(5)
	04-08T08	640	0	0
	04-08T14	570	0	0
0	04-08T20	523	0	0
1	04-09T02	512	499	0
2	04-09T08	547	515	473
3	04-09T14	579	580	655

续表 4-6

时序	时间（月-日 T 时）	实测流量（m^3/s）	预报流量（m^3/s）	预报流量（m^3/s）
(1)	(2)	(3)	(4)	(5)
4	04-09T20	796	579	291
5	04-10T02	1 010	1 016	680
6	04-10T08	1 230	1 112	1 388
7	04-10T14	1 240	1 364	1 544
8	04-10T20	1 110	1 119	1 983
9	04-11T02	954	967	486
10	04-11T08	850	868	783
11	04-11T14	1 070	834	794
12	04-11T20	1 470	1 397	1 481
13	04-12T02	2 360	1 800	1 774
14	04-12T08	3 200	3 253	3 684
15	04-12T14	3 440	3 784	3 757
16	04-12T20	2 970	3 310	2 982
17	04-13T02	2 430	2 327	2 197
18	04-13T08	2 020	2 207	2 562
19	04-13T14	1 860	1 917	2 012
20	04-13T20	1 740	1 939	2 003
21	04-14T02	1 660	1 688	1 691
22	04-14T08	1 620	1 626	1 630
23	04-14T14	1 730	1 607	1 612
24	04-14T20	1 790	1 866	1 887
25	04-15T02	1 600	1 774	1 775
26	04-15T08	1 400	1 328	1 305
27	04-15T14	1 190	1 276	1 272
28	04-15T20	948	1 059	1 053

任务6 案例分析:双磨坊电站水文预报站网规划和水情自动测报系统

1 站网规划及通信方式

美诺沟洪水主要由暴雨形成,洪水季节变化规律及地区组成情况与暴雨一致,为电站施工及运行提供洪水预报需设立水情自动测报系统。

该水情测报系统由2个雨量站和1个中心站组成,1号雨量站位于美诺沟上游,2号雨量站位于支流大草坝沟上游。中心站位于电站厂址,进行数据处理及洪水预报。流域地处高山峡谷之中,地形变化复杂,可以建设卫星通信或超短波通信组网的水情自动测报系统。

2 投资估算

本系统初步拟定设2个雨量站,1个中心站,按目前各设备厂家报价及同类系统概算结果,该系统投资初步估算为30万元(不包括施工期运行费用)。

项目5 径流调节

项目任务书

<table>
<tr><th colspan="2">项目名称</th><th>项目综述</th><th>参考课时 16</th></tr>
<tr><td colspan="2" rowspan="4">学习型工作任务</td><td>任务1 掌握水库兴利调节计算方法及工作内容</td><td>4</td></tr>
<tr><td>任务2 掌握水库防洪调节计算方法及工作内容</td><td>4</td></tr>
<tr><td>任务3 掌握水能计算原理及方法</td><td>6</td></tr>
<tr><td>任务4 了解案例资料</td><td>2</td></tr>
<tr><td colspan="2">项目任务</td><td colspan="2">让学生熟悉水库兴利调节、防洪调节及水能计算的基本方法和工作内容</td></tr>
<tr><td colspan="2">教学内容</td><td colspan="2">(1)水库兴利调节的含义与分类;(2)水库特性曲线及特征水位;(3)水库设计保证率含义及分类;(4)水库年调节计算方法;(5)泄洪建筑物的类型和计算公式;(6)水库防洪调节计算基本公式;(7)水能利用原理及开发方式;(8)无调节、日调节水电站的水能计算方法;(9)年调节水电站的水能计算方法;(10)案例分析</td></tr>
<tr><td rowspan="3">教学目标</td><td>知识</td><td colspan="2">(1)水库兴利调节的含义与分类;(2)水库特性曲线及特征水位;(3)水库设计保证率含义及分类;(4)水库年调节计算方法;(5)泄洪建筑物的类型和计算公式;(6)水库防洪调节计算基本公式;(7)水能利用原理及开发方式;(8)无调节、日调节水电站的水能计算方法;(9)年调节水电站的水能计算方法;(10)案例分析</td></tr>
<tr><td>技能</td><td colspan="2">(1)能够进行水库兴利调节和防洪调节计算;(2)能够进行水库水能计算</td></tr>
<tr><td>态度</td><td colspan="2">(1)具有刻苦学习精神;(2)具有吃苦耐劳精神;(3)具有敬业精神;(4)具有团队协作精神;(5)诚实守信</td></tr>
<tr><td colspan="2">教学实施</td><td colspan="2">参观模型、结合图文资料 展示+理论教学</td></tr>
<tr><td colspan="2">项目成果</td><td colspan="2">根据武都电站的资料进行水库径流调节计算和水能计算</td></tr>
<tr><td colspan="2">技术规范</td><td colspan="2">《水利水电工程等级划分及洪水标准》(SL 252—2000),《水电枢纽工程等级划分及设计安全标准》(DL 5180—2003)</td></tr>
</table>

任务1 水库兴利调节计算

【学习目标】 (1)掌握水库兴利调节的含义与分类。
(2)掌握水库特性曲线及特征水位。
(3)掌握水库设计保证率含义及分类。
(4)了解水库的水量损失类型。
(5)掌握水库年调节计算方法。
(6)了解水库多年调节计算。

【学习要点】 (1)水库兴利调节的含义与分类。
(2)水库特性曲线及特征水位。
(3)水库设计保证率含义及分类。
(4)水库年调节计算方法。

天然情况下的河川径流,有着年内和年际变化,且地区间的分布也不均衡,因此无法满足国民经济各用水部门对水资源利用的要求,需要通过水利工程的控制和调节来重新分配河川径流的时空分布,以解决来用水在时间与数量上不相适应的矛盾。这种利用专门水工建筑物(如大坝、水库和渠道等)来重新分配河川径流以适应需水过程的措施为径流调节。其中,为减免洪水灾害,在汛期拦蓄洪水、削减洪峰的调节称为防洪调节;为满足用水部门需水要求的调节称为兴利调节。

1 水库兴利调节的含义与分类

拦河筑坝将天然径流蓄存,形成水库,修建水库是进行径流调节的主要措施。所谓水库的兴利调节,就是当来水大于用水时,水库将多余的水蓄存起来,当来水量小于用水量时,再放水补充,以满足兴利部门的用水要求。水库的蓄泄量随来水与用水的变化而变化。

由库空到蓄满,再到放空,循环一次所经历的时间,称为调节周期。按调节周期的长度,可分为日调节、周调节、年调节和多年调节。

1.1 水库兴利调节的含义与分类

日调节和周调节均是短期调节,一般用于发电水库。河川径流在一天或一周内的变化是不大的,而用电负荷,白天和夜晚,工作日和休息日之间却差异较大。有了水库就可以把夜间或休息日负荷小时的多余水量,蓄存起来增加白天和工作日高负荷时的发电量。这种在一天、一周内将径流进行重新分配的调节称为日调节、周调节。

1.2 年调节

年调节是将一年内洪、枯季节的径流进行重新分配,即在年内洪水期将多余水量蓄存起来,等枯水期缺水时放出,调节周期为一年。

1.3 多年调节

多年调节是将丰水年多余的水量蓄存起来,用以补充枯水年或枯水年组的用水不足。

水库往往需要若干丰水年才能蓄满,再经过若干枯水年后才能将蓄水用掉,并非年年蓄满或放空,即调节周期为多年。

水库用于兴利调节的库容相对于河流的多年平均年径流量越大,径流调节的性能就越好,调节周期也越长。此外,调节周期的长度还取决于来水与用水之间的矛盾。目前,在水资源供需矛盾十分突出的北方地区,水库基本上都需要进行多年调节。实际上,长调节周期的水库往往可以兼有短调节周期水库的作用,例如多年调节水库可以同时进行年调节、周调节或日调节。

若按径流调节程度来分,其又可以分为完全调节和不完全调节,前者指水库在调节周期中没有弃水,后者则有弃水。

2 水库特性曲线及特征水位

2.1 水库特性曲线

用来反映水库地形特征的曲线称为水库特性曲线。它包括水库水位—面积关系曲线和水库水位—容积关系曲线,简称为水库面积曲线和水库容积曲线,是最主要的水库特性资料,也是水库规划设计的重要依据。

2.1.1 水库面积曲线

水库面积曲线是指水库蓄水位与相应水面面积的关系曲线。水库的水面面积随水位的变化而变化。库区形状与河道坡度不同,水库水位与水面面积的关系也不尽相同。水库面积曲线反映了水库地形的特性。

绘制水库面积曲线时,一般可根据1/10 000～1/5 000比例尺的库区地形图,用求积仪(或按比例尺数方格)计算不同等高线与坝轴线所围成的水库的面积(高程的间隔可用1 m、2 m或5 m),然后以水位为纵坐标,以水库面积为横坐标,点绘出水位—面积关系曲线。

2.1.2 水库容积曲线

水库容积曲线也称为水库库容曲线,是水库面积曲线的积分曲线,即库水位与累积容积的关系曲线。其绘制方法是:首先将水库面积曲线中的水位分层,其次自河底向上逐层计算各相邻高程之间的容积。

水库面积关系曲线和容积关系曲线的一般形状如图5-1所示。

2.2 水库特征水位与特征库容

表示水库工程规模及运用要求的各种库水位,称为水库特征水位。它们是根据河流的水文条件、坝址的地形地质条件和各用水部门的需水要求,通过调节计算,并从政治、技术、经济等因素进行全面综合分析论证来确定的。这些特征水位和库容各有其特定的任务和作用,体现着水库运用和正常工作的各种特定要求。它们也是规划设计阶段,确定主要水工建筑物尺寸(如坝高和溢洪道大小),估算工程投资、效益的基本依据。这些特征水位和相应的库容,通常有下列几种,分别标在图5-2中。

2.2.1 死水位和死库容

水库在正常运用情况下,允许消落的最低水位,称为死水位$Z_{死}$。死水位以下的水库容积称为死库容$V_{死}$。水库正常运行时,蓄水位一般不能低于死水位。除非特殊干旱年

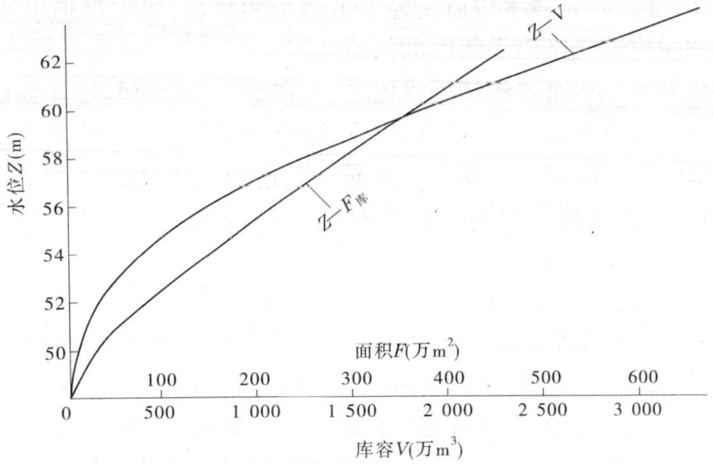

图 5-1　水库特性曲线

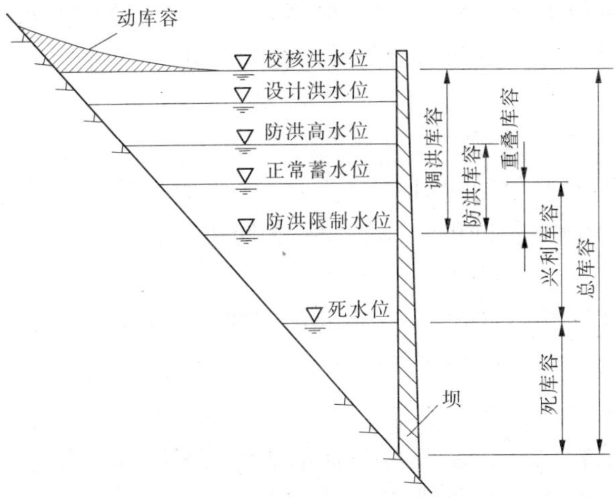

图 5-2　水库特征水位与特征库容示意图

份，为保证紧要用水或其他特殊情况，如战备、地震等要求，经慎重研究，才允许临时泄放或动用死库容中的部分存水。

确定死水位应考虑的主要因素如下：

(1)保证水库有足够的能发挥正常效用的使用年限(俗称水库寿命)，特别应考虑部分库容供泥沙淤积。

(2)保证水电站所需要的最低水头和自流灌溉必要的引水高程。

(3)库区航运和渔业的要求。

2.2.2　正常蓄水位和兴利库容

在正常运用条件下，水库为了满足设计的兴利要求，在开始供水时应蓄到的水位，称为正常蓄水位 $Z_{蓄}$，又称正常高水位。正常蓄水位到死水位之间的库容，是水库可用于兴利径流调节的库容，称为兴利库容，又称调节库容或有效库容。正常蓄水位与死水位之间的深度，称为消落深度或工作深度。

溢洪道无闸门时,正常蓄水位就是溢洪道堰顶的高程;当溢洪道有操作闸门时,多数情况下正常蓄水位也就是闸门关闭时的门顶高程。

正常蓄水位是水库最重要的特征水位之一,它是一个重要的设计数据,因为它直接关系到一些主要水工建筑物的尺寸、投资、淹没、综合利用效益及其他工作指标;大坝的结构设计、强度和稳定性计算,也主要以它为依据。因此,大中型水库正常蓄水位的选择是一个重要问题,往往牵涉到技术、经济、政治、社会、环境等方面的影响,需要全面考虑,综合分析确定。

2.2.3 防洪限制水位和结合库容

水库在汛期为兴利蓄水允许达到的上限水位称为防洪限制水位,又称为汛期限制水位。它是在设计条件下,水库防洪的起调水位。该水位以上的库容可作为滞蓄洪水的容积。当出现洪水时,才允许水库水位超过该水位。一旦洪水消退,应尽快使水库水位回落到防洪限制水位。兴建水库后,为了汛期安全泄洪和减少泄洪设备,常要求有一部分库容作为拦蓄洪水和削减洪峰之用。防洪限制水位或是低于正常蓄水位,或是与正常蓄水位齐平。若防洪限制水位低于正常蓄水位,则将这两个水位之间的水库容积称为结合库容,也称共用库容或重叠库容。汛期它是防洪库容的一部分,汛后又可用来兴利蓄水,成为兴利库容的组成部分。

2.2.4 防洪高水位和防洪库容

水库遇到下游防护对象的设计标准洪水时,坝前达到的最高水位称为防洪高水位 $Z_{防}$。该水位至防洪限制水位间的水库容积称为防洪库容 $V_{防}$。

2.2.5 设计洪水位和拦洪库容

当遇到大坝设计标准洪水时,水库坝前达到的最高水位,称为设计洪水位 $Z_{设}$。它至防洪限制水位间的水库容积称为拦洪库容 $V_{拦}$ 或设计调洪库容 $V_{设}$。

设计洪水位是水库的重要参数之一,它决定了设计洪水情况下的上游洪水淹没范围,它同时又与泄洪建筑物尺寸、类型有关;而泄洪设备类型(包括溢流堰、泄洪孔、泄洪隧洞)则应根据地形、地质条件和坝型、枢纽布置等特点拟定。

2.2.6 校核洪水位和调洪库容

当遇到大坝校核标准洪水时,水库坝前达到的最高水位,称为校核洪水位 $Z_{校}$。它至防洪限制水位间的水库容积称为调洪库容 $V_{调}$ 或校核调洪库容 $V_{校}$。

校核洪水位以下的全部水库容积就是水库的总库容。设计洪水位或校核洪水位加上一定数量的风浪超高值和安全超高值,就得到坝顶高程。

3 设计保证率

由于河川径流具有多变性,如果在稀遇的特殊枯水年份也要保证各兴利部门的正常用水需要,势必要加大水库的调节库容和其他水利设施。这样做在经济上是不合理的,在技术上也不一定行得通。为了避免不合理的工程投资,一般不要求在将来水库使用期间能绝对保证正常供水,而允许水库适当减少供水量。因此,必须研究各用水部门允许减少供水的可能性和合理范围,定出多年工作期间用水部门正常工作得到保证的程度,即正常供水保证率,或简称设计保证率。由此可见,设计保证率是指工程投入运用后的多年期间用水部门的正常用水得到保证的程度,常以百分数表示。

设计保证率通常有年保证率和历时保证率两种形式。

年保证率 $P_{设}$ 指多年期间正常工作年数(即运行年数与允许破坏年数之差)占总运行年数的百分比,即

$$P_{设} = \frac{正常工作年数}{运行总年数} \times 100\% \tag{5-1}$$

所谓破坏年数,包括不能维持正常工作的任何年份,不论该年内缺水时间的长短和缺水数量的多少。

历时保证率 $P'_{设}$ 是指多年期间正常工作的历时(日、旬或月)占总运行历时的百分比,即

$$P'_{设} = \frac{正常工作时间(日、旬或月)}{运行总时间(日、旬或月)} \times 100\% \tag{5-2}$$

采用什么形式的保证率,可视用水特性、水库调节性能及设计要求等因素而定。例如,灌溉水库的供水保证率常采用年保证率;航运和径流式水电站,由于它们的正常工作是以日数表示的,故一般采用历时保证率。

设计保证率是水利水电工程设计的重要依据,其选择是一个复杂的技术经济问题。若选得过低,则正常工作遭破坏的概率将会增加,破坏所引起的国民经济损失及其不良影响也就会加重;相反,若选得过高,用水部门的破坏损失虽可减轻,但工程的效能指标就会减小(如库容一定时,保证流量就减小),或工程投资和其他费用就要增加(如用水要求一定时,库容要加大)。所以,应通过技术经济比较分析,并考虑其他影响,合理选定设计保证率。由于破坏损失及其他后果涉及许多因素,情况复杂,难以确定,目前在设计中主要根据生产实践积累的经验,并参照规范选用设计保证率。

4 水库的水量损失

水库建成蓄水后,因改变河流天然状况及库内外水力条件而引起额外的水量损失,主要包括蒸发损失和渗透损失,在寒冷地区还有可能有结冰损失。

4.1 水库的蒸发损失

水库蓄水后,使库区形成广阔水面,原有的陆面蒸发变为水面蒸发。由于流入水库的径流资料是根据建库前坝址附近观测资料整编得出,其中已计入陆面蒸发部分。因此,计算时段 Δt(年、月)水库的蒸发损失是指由陆面面积变为水面面积所增加的额外蒸发量 ΔW(以 m^3 计),即

$$\Delta W = 1\ 000(E_{水} - E_{陆})F_{库} \tag{5-3}$$

式中 $E_{水}$——库区水面蒸发水层深度,mm;

$E_{陆}$——库区陆面蒸发水层深度,mm;

$F_{库}$——水库平均水面面积,km^2。

4.2 水库的渗漏损失

建库之后,由于水库蓄水,水位抬高,水压力的增大改变了库区周围地下水的流动状态,因而产生了水库的渗漏损失。水库的渗漏损失主要包括下面几个方面:

(1)通过能透水的坝身(如土坝、堆石坝等)的渗漏,以及闸门、水轮机等的漏水。

(2)通过坝基及绕坝两翼的渗漏。

(3)通过库底、库周流向较低的透水层的渗漏。

一般可按渗漏理论的达西公式估算渗漏的损失量。计算时所需的数据(如渗漏系数、渗径长度等)必须根据库区及坝址的水文地质、地形、水工建筑物的型式等条件来决定,而这些地质条件及渗流运动均较复杂,往往难以用理论计算的方法获得较好的成果。因此,在生产实际中,常根据水文地质情况,定出一些经验性的数据,作为初步估算渗漏损失的依据。

当以一年或一月的渗漏损失相当于水库蓄水容积的一定百分数来估算时,则采用如下数值:

(1)水文地质条件优良(指库床为不渗水层,地下水面与库面接近),(0~10%)/年或(0~1%)/月。

(2)透水性条件中等,(10%~20%)/年或(1%~1.5%)/月。

(3)水文地质条件较差,(20%~40%)/年或(1.5%~3%)/月。

在水库运行的最初几年,渗漏损失往往较大(大于上述经验数据),因为初蓄时,湿润土壤及抬高地下水位需要额外损失水量。水库运行多年之后,因为库床泥沙颗粒间的空隙逐渐被水内细泥或黏土淤塞,渗漏系数变小,同时库岸四周地下水位逐渐抬高,渗漏量减少。

4.3 水库的结冰损失

结冰损失是指严寒地区冬季水库水面形成冰盖,随着供水期水库水位的消落,一部分库周的冰层将暂时滞留于库周边岸,而引起水库蓄水量的临时损失。这项损失一般不大,可根据结冰期库水位变动范围的面积及冰层厚度估算。

5 年调节计算

一般来说,兴利调节计算的任务是:在已知设计保证率的天然来水量的条件下,根据用水部门要求的调节流量决定所需的水库兴利库容;或者根据已定水库兴利库容来决定可提供的调节流量。

在已知来水条件下,一般采用时历列表法、差积曲线图解法。时历列表法又可分为典型年法(设计代表年法)和长系列法。

时历列表法,是用列表计算的方式,将多年天然来水资料与相应年的用水过程按水量平衡方程,推求出各年所需的兴利库容,将此兴利库容系列按由小到大排列,计算每个库容的频率,然后绘制库容频率曲线。根据设计保证率,即可在库容频率曲线上定出欲求的兴利库容,这种方法称为长系列法或时历年法。中小型水库一般仅对设计枯水年进行列表调节计算,求出该年满足兴利用水的兴利库容,这种方法称为典型年法。

5.1 年调节水库运用情况

水库在调节年度内进行蓄、泄放的过程叫水库运用。蓄泄一次称为水库的一次运用,蓄泄多次称为多次运用。根据来水和用水过程的不同,一年中水库的运用情况有以下几种。

5.1.1 一次运用

水库在调节周期内只有一次连续蓄水、供水的情况，叫作水库一次运用，当余水量 W_1 大于亏水量 W_2 时，W_2 是唯一的亏水量（即供水量），此时只要水库能充蓄 W_2 的水量，就能保证这一年的用水需要，所以水库兴利库容 $V_{兴}=W_2$。

5.1.2 二次运用

当水库在一个调节周期内连续供水、蓄水有二次时，叫作水库二次运用。

5.1.3 多次运用

水库在一个调节年度内，充蓄、泄放多于二次时，即为多次运用。此时，确定兴利库容可从空库时刻起计算（$V_{兴}=0$）。现分为逆时序和顺时序两种方法计算，简述如下：

（1）逆时序计算。从 $V_{兴}=0$ 开始，遇亏水量相加，余水量相减，减后若小于零即取0，这样可求出各时刻所需的蓄水量，取其大者为兴利库容 $V_{兴}$。

（2）顺时序计算。从 $V_{兴}=0$ 开始，由零顺时序累加 $W_{来}-W_{用}$ 值，经过一个调节年度又回到计算的起点，当 $\sum(W_{来}-W_{用})$ 不为零时，则有余水量 C，兴利库容用下式计算：

$$V_{兴}=\sum(W_{来}-W_{用})_{max}-C \tag{5-4}$$

5.2 根据用水要求确定兴利库容

根据兴利用水要求确定水库必需的兴利库容是水库规划设计的重要内容之一。当用水量（调节流量）已知时，根据设计枯水年天然来水资料定出水库补充放水的起止时间，然后按水库的运用情况，即可求出所需的兴利库容。

年调节水库的调节周期为一年，调节计算时，首先确定水库兴利蓄水为零的时刻作为计算的起点。显然，兴利蓄水量为零即库空之时，为供水期末。从库空之后水库转为蓄水期。从水库开始蓄水到翌年放空的周期，称为调节年或水利年，时间仍为12个月。

5.2.1 典型年法

首先求出相应于设计保证率的设计年径流量和年内分配，作为水库代表年的来水过程，再列出相应的用水过程，根据兴利计算原理，列表逐时段计算，即可求出兴利库容。列表计算可以顺时序向前推算，也可逆时序向后推算，其计算公式如下。

顺时序向前推算：

$$V_{月(旬)末}=V_{月(旬)初}+(W_{来}-W_{用}) \tag{5-5}$$

逆时序向后推算：

$$V_{月(旬)初}=V_{月(旬)末}-(W_{来}-W_{用}) \tag{5-6}$$

式中 $V_{月(旬)初}$——时段 Δt（月或旬）初的水库容积，m^3；

$V_{月(旬)末}$——时段 Δt（月或旬）末的水库容积，m^3。

（1）不计入损失的列表计算。

由于不计入损失，出库水量只包括各部门用水量，于是可以直接计算来水量与用水量的差值（$W_{来}-W_{用}$），正者为余水量，负者为亏水量。兴利库容的大小就取决于多余水量与不足水量的组合情况。

（2）计入损失的列表计算。

当水库蒸发、渗漏损失较大时，按不计损失计算求得的兴利库容偏小。计入损失的列表计算法是在不计损失列表的基础上进行的。此方法的要点是：先不考虑损失近似求得各时段的蓄水库容，进而求出水库时段损失水量，将水库时段损失水量作为增加的用水量，重新进行调节计算，求得计入损失所需的兴利库容。当然，按照水量损失的本意，也可从来水量中扣除损失水量求出净水量，再作调节计算求得。

在水库规划设计中主要采取早蓄方案的顺时序计算法，而迟蓄方案的逆时序计算法多用于水库兴利调度图的编制工作。

5.2.2 长系列法

根据实测的多年径流系列和用水系列，按前述年调节典型年列表计算法逐年进行调节计算，求出每年所需兴利库容，再将所求的库容按由大到小的次序排列，计算经验频率，绘年调节兴利库容频率曲线，根据设计保证率$P(\%)$在兴利库容频率曲线上即可查出相应的年调节兴利库容$V_{兴P}$。

5.2.3 根据兴利库容确定调节流量

在规划设计阶段，由于某些制约因素的限制，先要确定一定大小的兴利库容，进而研究能将天然枯水径流调节到何等程度。为此，针对所拟定的诸方案分别推算出供水期的调节流量值，从而分析每个方案的效益，为选定较优方案提供依据。

解决这类问题时，由于调节流量是未知数，难于确定蓄水期和供水期。此时可先假设若干个供水期调节流量方案，对于每个方案采用本节前述方法求出所需兴利库容，然后点绘成调节流量与兴利库容关系曲线，在该曲线上根据给定的兴利库容$V_{兴}$，即可查出所求的供水期调节流量$Q_{调}$。

对于年调节水库，可以应用简化水量平衡方程的方法进行调节计算，比较方便，下面介绍此法。

径流调节计算的基本原理是把整个调节周期分成若干时段，然后逐时段进行水量平衡，求得水量蓄供过程。如果把整个调节周期划分成两个计算时段，即供水期和蓄水期，进行水量平衡计算就是简化水量平衡方程调节计算的关键所在。

由列表计算法可知，水库兴利库容$V_{兴}$取决于亏水期最大累积缺水量，即

$$V_{兴} = W_{月调}T_{供} - \sum W_{供来} \tag{5-7}$$

式中 $W_{月调}$——供水期月调节水量，m^3/月；

$T_{供}$——供水期时段数，月；

$W_{供来}$——设计枯水年供水期来水总量，m^3。

当月调节水量$W_{月调}$已知时，用式(5-7)可确定兴利库容。反之，当已知兴利库容$V_{兴}$时，也可用该式来计算月调节水量，即

$$W_{月调} = (\sum W_{供来} + V_{兴})/T_{供} \tag{5-8}$$

计入水量损失时，可用整个供水期平均蓄水量分别来估算供水期水量损失$\sum \Delta W_{供损}$及蓄水期水量损失$\sum \Delta W_{蓄损}$，则式(5-7)和式(5-8)可写为

$$V_{兴} = W_{月调}T_{供} + \sum \Delta W_{供损} - \sum W_{供来} \tag{5-9}$$

$$W_{月调} = (\sum W_{供来} - \sum \Delta W_{供损} + V_{兴})/T_{供} \tag{5-10}$$

用上式求已知兴利库容的调节流量(或调节水量)较为简单,但必须注意以下两个问题:

(1)水库调节性能问题。先应判明水库是否为年调节,因只有年调节水库的$V_{兴}$才是当年蓄满且全部蓄水用在该调节年度的供水期内。所以,只有当蓄水期来水总量$\sum W_{蓄来}$与蓄水期的调节水量(用水量)的差值大于兴利库容才能成立,即应使下面不等式成立:

$$\sum W_{蓄来} - W_{月调}T_{蓄} \geqslant V_{兴} \tag{5-11}$$

或者考虑损失水量:

$$\sum W_{蓄来} - W_{月调}T_{蓄} - \sum \Delta W_{蓄损} \geqslant V_{兴} \tag{5-12}$$

如果不能满足上式的要求,应属多年调节。

在供水期和蓄水期未定的情况下,也可用经验性库容系数$\beta = V_{兴}/\overline{W}_{年} = 8\% \sim 30\%$作为年调节水库的判定系数。

(2)划定蓄、供水期问题。供水期$T_{供}$的确定与调节水量$W_{月调}$有关,径流调节供水期是指天然来水小于用水,需要水库放水补充的时期。假定水库是一次运用,在调节年度内一次充蓄、一次供水的情况下,供水期开始时刻应是天然流量开始小于调节流量之时,而终止时刻则是天然流量开始大于调节流量之时。因此,供水期长短是相对的,时段调节水量越大,则供水期越长。由于调节水量是未知数,故不能直接定出供水期,通常供水期要由试算确定,即先假定供水期,待求出调节水量后进行核算,如不正确则重新假定后再试算。

【例5-1】 南方某拟建以发电为主的水库,集水面积$F = 102\ km^2$,坝址处多年平均年来水量13 400万m^3,$\overline{Q} = 4.25\ m^3/s$,设计保证率$P = 90\%$,设计枯水年来水量$W_{设年} = 9\ 000$万$m^3$,其年内分配见表5-1,由于受淹没损失控制,初定兴利库容$V_{兴} = 3\ 000$万m^3,按月均分$\sum \Delta W_{月损} = 30$万m^3,试计算调节水量和调节系数。

表5-1 某水库设计枯水年来水过程($P = 90\%$)

月份	5	6	7	8	9	10	11	12	1	2	3	4	合计
来水量(万m^3)	990	2 800	1 030	890	1 390	231	468	63	88	286	254	510	9 000

解:(1)初步判断水库调节性能。

水库库容系数$\beta = V_{兴}/\overline{W}_{年} = 3\ 000/13\ 400 = 0.22$,初步定为年调节水库。

(2)按已知兴利库容确定调节水量。

表5-1初步判断设计枯水年供水期,假定设计枯水年供水期为10月至翌年4月,设$T_{供} = 7$个月,10月至翌年4月来水总量$\sum \Delta W_{供来} = 1\ 900$万$m^3$,损失水量$\sum \Delta W_{供损} = 7 \times 30 = 210$(万$m^3$),供水期的月调节水量由式(5-10)得

$$W_{月调} = (\sum \Delta W_{供来} - \sum \Delta W_{供损} + V_{兴})/T_{供} = (1\ 900 - 210 + 3\ 000)/7 = 670(万\ m^3)$$

以 $W_{月调}=670$ 万 m^3 与表5-1中7个月来水量对比可以看出,假定供水期为7个月是正确的,若以流量表示,取1个月秒数≈2.63×10^6 s,则

$$Q_{调} = 670\times10^4\div(2.62\times10^6) = 2.55(m^3/s)$$

(3)检验。

用式(5-12)检验,$V_{兴}=3\ 000$ 万 m^3,5~9月蓄水期来水总量 $\sum W_{蓄来}=7\ 100$ 万 m^3。

$$7\ 100-670\times5-30\times5 = 3\ 600(万\ m^3) > V_{兴}$$

该水库当 $V_{兴}=3\ 000$ 万 m^3 时,设计枯水年所能获得的月调节水量为670万 m^3(或 $Q_{调}=2.55\ m^3/s$),调节系数 $\alpha=0.60$。

6 多年调节计算

在多年调节中,由于调节周期可长达几年至几十年,即使有较长的水文资料,多年调节循环的数目也不多,因此用时历法根据不太长的实测系列计算的结果往往带有一定的偶然性,不能正确反映水库未来工作的一切可能情况。特别是当用水保证率和调节程度较高时,用时历法考虑稀遇的径流变化和组合情况就更为困难。

由于径流的年际变化服从随机事件的统计规律,可以用包含几个统计参数 $\overline{Q}$、C_v、C_s 的频率曲线来描述其变化特性,其统计规律可移用于今后,根据水量平衡和频率组合的原理可推求水库多年的工作情况。

目前,国内外常用的多年调节水库调节法的计算方法可分成两大类:一类是把总库容划成多年库容 $V_{多年}$ 和年库容 $V_{年}$ 两部分,分别计算这两部分库容后再相加得总库容,一般称这类方法为合成总库容法;另一种是同时考虑径流的年际和年内变化,一次求出总的兴利库容,称为直接总库容法。

任务2 水库防洪调节计算

【学习目标】 (1)掌握泄洪建筑物的类型和计算公式。
(2)掌握水库防洪调节计算基本公式。
(3)了解水库调洪计算试算法。

【学习要点】 (1)泄洪建筑物的类型和计算公式。
(2)水库防洪调节计算基本公式。

水库通常有兴利、防洪两种调节作用。为了保证水库的防洪安全,防止或减轻下游洪水灾害的调节,称为防洪调节。本任务主要研究在设计条件下的水库防洪调节,求解与防洪调节有关系的特征库容及相应的特征水位。

1 水库防洪调节计算的任务

入库洪水流经水库时,水库容积对洪水的拦蓄、滞留作用,以及泄水建筑物对出库流量的制约或控制作用,将使出库洪水过程产生变形。与入库洪水过程相比,出库洪水的洪

峰流量显著减小,洪水过程历时大大延长。这种入库洪水流经水库产生的上述洪水变形,称为水库洪水调节。水库防洪调节计算的目的是在已拟定泄洪建筑物及已确定防洪限制水位(或其他的起调水位)的条件下,用给出的入库洪水过程、泄洪建筑物的泄洪能力曲线及库容曲线等基本资料,按规定的防洪调度规则,推求水库的泄流过程、水库水位过程及相应的最高调洪水位和最大下泄流量。

若水库不承担下游防洪任务,那么水库调洪计算的任务是研究和选择能确保水工建筑物安全的调洪方式,并配合泄洪建筑物的形式、尺寸和高程的选择,最终确定水库的设计洪水位、校核洪水位、调洪库容及两种情况下相应的最大泄流量。若水库担负下游防洪任务,首先应根据下游防洪保护对象的防洪标准、下游河道安全泄量、坝址至防洪点控制断面之间的区间入流情况,配合泄洪建筑物形式和规模,合理拟定水库的泄流方式,确定水库的防洪库容及其相应的防洪高水位;其次,根据下游防洪对泄洪方式的要求,进一步拟定为保证水工建筑物安全的泄洪方式,经调洪计算,确定水库的设计洪水位与校核洪水位及相应的调洪库容。

2 泄洪建筑物的类型和计算公式

2.1 溢洪道

溢洪道所通过的流量,主要取决于溢流堰的堰顶水头、宽度和堰型。当溢流堰顶水平长度大于堰顶水头 h 的 10 倍时,按明渠水流计算;若在 2.5h ~ 10h,按宽顶堰计算;而在 0.67h ~ 2.5h,且具有光滑的曲线外形时,则按实用堰计算。一般中小型水库的溢洪道,常设计为宽顶堰或实用堰,其泄流量 q 按下式计算:

$$q = MBh_0^{3/2} \tag{5-13}$$

式中 B——溢流堰的堰顶净宽,m;

h_0——计入行近流速 v_0 的堰上水头,$h_0 = h + \frac{\alpha v_0^2}{2g}$,$v_0$ 忽略不计,故 $h_0 = h$,m;

M——第二流量系数,$M = m\sqrt{2g}$,宽顶堰取 1.42 ~ 1.70,实用堰取大于 1.77,而大中型工程的 M 值需通过模型试验确定。

2.2 泄洪洞

深水式泄洪洞(或泄流底孔)一般设闸门控制,而且位置较低,它的下泄流量 q 按有压流(孔流)计算,即

$$q = M\omega\sqrt{h_0} \tag{5-14}$$

式中 h_0——计入行近流速 v_0 的堰上水头,$h_0 = h + \frac{\alpha v_0^2}{2g}$,非淹没出流时,$h$ 取上游水位与泄洪洞出口中心处高程之差,淹没出流时,则取上下游水位差,m;

ω——泄洪洞出口横断面的过水面积,m^2;

M——流量系数,可根据淹没出流或非淹没出流查水力学手册或做试验确定。

3 水库防洪调节计算基本公式

3.1 水量平衡方程

洪水进入水库后形成的洪水波运动，其水力学性质属于明渠渐变不恒定流。常用的调洪计算方法，往往忽略库区回水水面比降对蓄水容积的影响，只按水平面的近似情况考虑水库的蓄水容积（即静库容）。水库调洪计算的基本公式是水量平衡方程式：

$$\frac{Q_1+Q_2}{2}\Delta t-\frac{q_1+q_2}{2}\Delta t=V_2-V_1=\Delta V \tag{5-15}$$

式中 Δt——计算时段长度，s；

Q_1、Q_2——Δt 时段初、末的入库流量，m^3/s；

q_1、q_2——Δt 时段初、末的出库流量，m^3/s；

V_1、V_2——Δt 时段初、末水库蓄水量，m^3。

水量平衡方程式(5-15)的求解：在规划设计时，Q_1、Q_2 由设计（或校核）洪水过程线查出；当管理调度水库时，Q_1、Q_2 由预报或实际入库洪水过程求出。q_1、V_1 根据水库调洪计算的起始条件确定。Δt 按上述情况选取。而 q_2 和 V_2 是两个未知数，故方程(5-15)不能独立求解，还须建立第二个方程。

3.2 蓄泄方程

水库通过泄洪建筑物泄洪，该泄洪量就是出库流量。在泄洪建筑物型式、尺寸一定的情况下，下泄流量 q 取决于水头 h，即 $q=f(h)$。当水库内水面坡降较小，可视为静水面时，h 只是水库蓄水量 V 的函数，即 $h=f(V)$，故下泄流量 q 又可写成蓄水量 V 的函数式，此式称为蓄泄方程，即

$$q=f(V) \tag{5-16}$$

于是，列出以下联立方程组

$$\begin{cases}\frac{Q_1+Q_2}{2}\Delta t-\frac{q_1+q_2}{2}\Delta t=V_2-V_1=\Delta V\\ q=f(V)\end{cases}$$

该方程组概括了水库防洪调节计算的基本原理。进行调洪计算，实质上就是求解这个方程组。当已知 Q_1、Q_2 和时段 Δt 初的 q_1、V_1，利用上述方程组，便可求出时段末的 q_2 和 V_2。

由于水库形状极不规则，很难列出 $q=f(V)$ 的具体函数式。进行调洪计算时，只能借助于库容曲线 $Z—V$，以库中水位反映出泄流水头 h，以库容 V 反映出蓄水量 W，将函数式(5-16)用列表或图示的方法表示出来。

常用的水库调洪计算方法有列表试算法、半图解法和图解法三种。本章主要介绍列表试算法。

4 水库调洪计算试算法

水库调洪计算就是联解式(5-15)和式(5-16)。通过列表试算，可逐时段求得水库的蓄水量和下泄流量，这种通过试算求解方程组公共解的方法称为列表试算法。其主要步

骤如下：

(1)引用水库的设计洪水过程线。

(2)根据水库容积曲线 $Z=f(V)$ 和泄洪建筑物的泄洪能力，应用式(5-15)或式(5-16)求出下泄流量与库容的关系曲线 $q=f(V)$。

(3)选取合适的计算时段 Δt(以 s 为计算单位)，由设计洪水过程线摘录 Q_1、Q_2、Q_3…

(4)调洪计算。决定起始计算时刻的 q_1、V_1 值，然后列表计算，计算过程中对每一时段的 q_2、V_2 值都要进行试算。

试算方法：由起始条件已知时段初的 V_1、q_1 和入库流量 Q_1、Q_2，假设时段末的下泄流量 q_2，就能根据式(5-15)求出时段末水库的蓄水变化量 ΔV。而 $V_1+\Delta V=V_2$，由 V_2 查 $q=f(V)$ 曲线得 q_2。将其与假定的 q_2 相比较，若两者相等，即为所求；若两者不等，则说明原假设的 q_2 与实际不符，故需重设 q_2，直至两者相符。

(5)将上一时段末的 V_2、q_2 当成下一时段初的 V_1、q_1，重复上述试算，可求出下一时段的 V_2、q_2。这样逐时段试算，就可求得水库下泄流量过程线和相应的水库蓄水量(水位)过程线。

【例 5-2】 南方某年调节水库，百年一遇设计洪水过程线资料列入表 5-3 中(1)、(2)栏，水位库容曲线如图 5-1 所示。设计溢洪道方案之一为无闸门控制的实用堰，堰宽 70 m，堰顶高程与正常蓄水位 59.98 m 相平齐。用列表试算法求下泄流量过程、水库蓄水过程、水库设计洪水位、最大下泄流量 q_m 和相应的设计调洪库容。

解：(1)计算并绘制水库的 q—V 关系曲线。$q=MBh^{3/2}$，$B=70$ m，采用 $M=1.77$。根据不同库水位计算 h 与 q，再由图 5-1 查得相应的 V，将计算结果列于表 5-2 中，并绘制 q—V 关系曲线，如图 5-3 所示。

表 5-2 某水库 $q=f(V)$ 关系曲线计算

库水位 Z(m)	59.98	60.5	61.0	61.5	62.0	62.5	63.0	63.5	64.0	64.5
总库容 V(万 m^3)	1 296	1 460	1 621	1 800	1 980	2 180	2 378	2 598	2 817	3 000
堰上水头 h(m)	0	0.52	1.02	1.52	2.02	2.52	3.02	3.52	4.02	4.52
下泄流量 q(m^3/s)	0	46.5	127.6	232.2	356	496	650	818	999	1 191

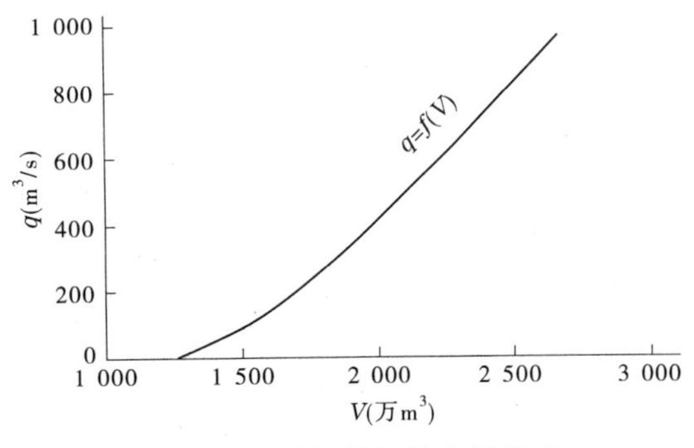

图 5-3 下泄流量与蓄水量关系

(2)计算时段平均流量和时段入库水量。先将表5-3中 $P=1\%$ 洪水过程线划分计算时段为 $\Delta t=1$ h(3 600 s,当后期泄流量减少时,Δt 可改为2 h以上),填入第(3)栏。计算出时段平均流量和入库水量,分别填入第(4)、(5)栏。例如第1时段平均流量为

$$\frac{Q_1+Q_2}{2}=\frac{0+390}{2}=195(\mathrm{m^3/s})$$

入库水量为

$$\frac{Q_1+Q_2}{2}\Delta t=195\times 3\ 600=70.2(\text{万 m}^3)$$

表5-3 某水库调洪计算(试算法,$P=1\%$)

时间 t (h)	流量 Q ($\mathrm{m^3/s}$)	时段 Δt (1 h)	$\frac{Q_1+Q_2}{2}$ ($\mathrm{m^3/s}$)	$\frac{Q_1+Q_2}{2}\Delta t$ (万 $\mathrm{m^3}$)	时段末出库流量 q ($\mathrm{m^3/s}$)	$\frac{q_1+q_2}{2}$ ($\mathrm{m^3/s}$)	$\frac{q_1+q_2}{2}\Delta t$ (万 $\mathrm{m^3}$)	ΔV (万 $\mathrm{m^3}$)	V (万 $\mathrm{m^3}$)	Z (m)
(1)	(2)	(3)	(4)	(5)	(6)	(7)	(8)	(9)	(10)	(11)
0	0	0	0		0			0	1 296	59.98
1	390	0~1	195	70.2	18		3.2	+67.0	1 363	60.20
2	770	1~2	580	208.8	88	53	19.1	+189.7	1 553	60.77
3	1 150	2~3	960	345.6	256	172	61.9	+283.7	1 836	61.60
4	986	3~4	1 068	384.5	436	346	124.6	+259.9	2 096	62.30
5	820	4~5	903	325.1	544	490	176.4	+148.7	2 245	62.65
6	656	5~6	738	265.7	596	570	205.2	+60.5	2 306	62.83
7	492	6~7	574	206.6	588	592	213.1	−6.5	2 299	62.80
8	326	7~8	409	147.2	540	564	203.0	−55.8	2 243	62.68
9	162	8~9	244	87.8	476	508	182.9	−95.1	2 148	62.40
10	0	9~10	81	29.2	384	430	154.8	−125.6	2 023	62.10
11		10~11	0		298	341	122.8	−122.8	1 900	61.80
12		11~12			233	266	95.8	−95.8	1 804	61.52
13		12~13			186	210	75.6	−75.6	1 728	61.31
14		13~14			154	170	61.2	−61.2	1 667	61.13
15		14~15			130	142	51.1	−51.1	1 616	60.98
		15~16			106	118	42.5	−42.5	1 574	60.85
		16~17			84	95	34.2	−34.2	1 539	60.75
		17~18			72	78	28.1	−28.1	1 511	60.66
		18~20			52	62	44.6	−44.6	1 467	60.50
		20~22			36	44	31.7	−31.7	1 435	60.42

续表 5-3

时间 t (h)	流量 Q (m^3/s)	时段 Δt (1 h)	$\frac{Q_1+Q_2}{2}$ (m^3/s)	$\frac{Q_1+Q_2}{2}\Delta t$ (万 m^3)	时段末出库流量 q (m^3/s)	$\frac{q_1+q_2}{2}$ (m^3/s)	$\frac{q_1+q_2}{2}\Delta t$ (万 m^3)	ΔV (万 m^3)	V (万 m^3)	Z (m)
(1)	(2)	(3)	(4)	(5)	(6)	(7)	(8)	(9)	(10)	(11)
		22 ~ 26			22	29	41.8	−41.8	1 393	60.30
		26 ~ 30			16	19	27.4	−27.4	1 366	60.20
		30 ~ 36			10	13	28.1	−28.1	1 338	60.11
		36 ~ 42			6	8	17.3	−17.3	1 320	60.08
		42 ~ 48			4	5	10.8	−10.8	1 310	60.02
		48 ~ 58			2	3	10.8	−10.8	1 299	59.99
		58 ~ 62			1	1.5	2.2	−2.2	1 297	
		62 ~ 66			0	0.5	0.7	−0.7	1 296	59.98

(3)试算时段末的出库流量 q_2。因时段末出库流量 q_2 与该时段水库内蓄水量变化有关，而蓄水量的变化程度又决定了 q_2 的大小，故需试算确定 q_2。

例如，第 1 时段开始(时刻为 0)，水库水位 $Z_1=59.98$ m，$h_1=0$，$q_1=0$，$V_1=1\ 296$ 万 m^3。假设 $q_2=40\ m^3/s$，则

$$\frac{q_1+q_2}{2}\Delta t=\frac{0+40}{2}\times 3\ 600=7.2(\text{万 m}^3)$$

第 1 时段蓄水量变化值：

$$\Delta V=\frac{Q_1+Q_2}{2}\Delta t-\frac{q_1+q_2}{2}\Delta t=70.2-7.2=63(\text{万 m}^3)$$

时段末水库蓄水量：

$$V_2=V_1+\Delta V=1\ 296+63=1\ 359(\text{万 m}^3)$$

查图 5-3 所示 $q=f(V)$ 曲线关系，得 $q_2=15\ m^3/s$，与原假设不符。

再设 $q_2=18\ m^3/s$，则

$$\frac{q_1+q_2}{2}\Delta t=9\times 3\ 600=3.2(\text{万 m}^3)$$

$$\Delta V=70.2-3.2=67(\text{万 m}^3)$$

$$V_2=V_1+\Delta V=1\ 296+67=1\ 363(\text{万 m}^3)$$

查 $q=f(V)$ 曲线得 $q_2=18\ m^3/s$，与原假设相符，q_2 就是式(5-15)和式(5-16)的公共解。

由 V_2 查 Z—V 曲线，得 $Z_2=60.20$ m。分别将试算的正确结果填入表 5-3 中第(6)、(7)、(8)、(9)、(10)、(11)栏内。

(4)用上一时段的 V_2、q_2 作为下一时段的 V_1、q_1。再假设 q_2，重复上述试算过程，即

可求得各时段的出库流量 V_2、q_2 和 Z_2，将计算结果填入表5-3。

(5)从表5-3中第(1)、(6)栏可绘制下泄流量过程线；第(1)、(10)栏可绘制水库蓄水过程线；第(1)、(11)栏可绘制水库调洪后的水位过程线。由(6)、(10)、(11)栏可看出，最大下泄流量 $q_m = 596\ m^3/s$，相应的设计调洪库容 $V_{设洪} = 2\ 306 - 1\ 296 = 1\ 010$(万 m^3)，设计洪水位 $Z_{设洪} = 62.83\ m$。

任务3 水能计算

【学习目标】 (1)掌握水能利用原理及开发方式。
(2)掌握无调节、日调节水电站的水能计算方法。
(3)掌握年调节水电站的水能计算方法。
(4)了解电力系统的负荷及其容量组成。

【学习要点】 (1)水能利用原理及开发方式。
(2)无调节、日调节水电站的水能计算方法。
(3)年调节水电站的水能计算方法。

水能计算主要是确定水电站的动能指标——保证出力和多年平均年发电量，及其相应的主要参数——装机容量和水库的正常蓄水位。水电站的保证出力和发电量计算，是水能计算的重要环节，故通常又将保证出力和发电量计算称为水能计算。

水电站在长期工作中，在一定供水时段内所能发出的，相应于设计保证率的时段平均出力，称为水电站的保证出力。在供水时段内，按保证出力连续发电所产生的电能，称为保证电能。

1 水能利用原理及开发方式

1.1 水能利用的原理

根据伯努利方程，对于一个较短的河段，其上、下两个断面间的压能差和动能差可忽略不计，则单位重量水体的水能可近似地用落差 $H = Z_{上} - Z_{下}$ 表示。经单位换算得河段水流的功率，即水流的出力计算公式为

$$N = 9.81QH \tag{5-17}$$

该式为计算水流出力的理论公式，是计算河川水能资源蕴藏量的依据。河川水能的理论蕴藏量，只是表明水能的天然蕴藏情况。由于受地形、地质、技术、经济以及社会因素等客观条件的限制，实际开发时不得不放弃一些河段的水能，因而可能开发量只是理论蕴藏量的一部分。

实际上水流通过水工建筑物时有水头损失 ΔH，故作用在水轮机上的净水头为 $H_{净} = H - \Delta H$。水能由机械能转化为电能也有能量损失，这种损失可以通过水轮机的效率 $\eta_{水}$ 和发电机的效率 $\eta_{电}$ 来反映，则

$$N = 9.81\eta_{水}\eta_{电}QH_{净} = 9.81\eta QH_{净} = AQH_{净} \quad (kW) \tag{5-18}$$

$$E = 9.81\eta QH_{净}T = AQH_{净}T \quad (kWh) \tag{5-19}$$

式中 A——出力系数，在初步规划设计时，大中型水电站可取 $A=7.5\sim8.5$，小型水电站可取 $A=6.5\sim7.5$；

η——效率，$\eta=\eta_{水}\eta_{电}$。

1.2 水能开发方式

要开发利用河川水能资源，就要将分散的天然河川水能集中起来。由于水电站的出力和电能主要取决于流量 Q 和落差 H。而天然河道的落差，除瀑布外一般比较分散，流量也不均匀。因此，需要修建水利水电工程，一方面将分散的落差集中起来，另一方面可形成水库以调节天然径流。所谓水能开发方式，就是指集中落差和引取流量的方式。根据开发河段自然条件的差异，水能的开发方式主要有坝式水电站、引水式水电站和混合式水电站。除这三种基本方式外，还有跨流域引水开发、抽水蓄能等方式。

2 无调节、日调节水电站的水能计算方法

因库容较小不能调节天然径流的水电站，称为无调节水电站。如果库容能够按发电要求调节一日内的天然径流，称为日调节水电站。无调节、日调节水电站的出力计算，都以“日”为计算时段，故其保证出力 $N_{保}$ 为相应于设计保证率的日平均出力。

无调节与日调节水电站的保证出力计算方法基本相同，其差别在于：日调节水电站的上下游水位 $Z_{上}$、$Z_{下}$，随一日之内的用水量不同而发生变化，故下面仅叙述无调节水电站 $H_{保}$ 的计算方法。

无调节水电站由于水库库容很小，发电主要靠天然流量，不必考虑水库调节的影响，所以各时段的出库计算比较简单，根据长系列或丰、平、枯三个代表年的日平均流量资料，以及水电站的净水头 $H_{净}$，按公式 $N=AQH_{净}$，逐日进行计算。

【例5-3】 某河床式水电站为无调节水电站，具有18年径流资料，其系列的代表性较好，有关资料列入表5-4中，设计保证率 $P=80\%$。试推求水电站的保证出力和日保证电能。

表5-4 无调节水电站保证出力计算($N=8QH$)

日平均流量分组 (m^3/s)	各组日平均流量中值 (m^3/s)	引用及损失流量 (m^3/s)	发电流量 $Q_{电}$ (m^3/s)	上游水位 $Z_{上}$ (m)	下游水位 $Z_{下}$ (m)	水头损失 ΔH (m)	净水头 $H_{净}$ (m)	出力 N (kW)	各组出现次数 (日)	累积出现次数 (日)	累积频率 P (%)	保证时间(按年计) $t=8\,760P$ (h)
(1)	(2)	(3)	(4)	(5)	(6)	(7)	(8)	(9)	(10)	(11)	(12)	(13)
>220	>220	4	>216	295.85	276.38	1.1	18.37	31 740	598	598	9.1	797
220~180	200	4	196	295.85	276.32	1.1	18.43	28 900	125	723	11.0	964
180~140	160	4	156	295.85	276.23	1.1	18.52	23 110	361	1 084	16.5	1 445
140~120	130	5	125	295.85	276.10	1.1	18.65	18 650	598	1 682	25.6	2 243
120~100	110	5	105	295.85	276.02	1.1	18.73	15 730	690	2 372	36.1	3 162
100~80	90	5	85	295.85	275.90	1.1	18.85	12 820	2 260	4 632	70.5	6 176
80~60	70	6	64	295.85	275.80	1.1	18.95	9 700	1 373	6 005	91.4	8 007
60~40	50	6	44	295.85	275.65	1.1	19.10	6 720	315	6 320	96.2	8 427
40~20	30	6	24	295.85	275.45	1.1	19.30	3 710	171	6 491	98.8	8 655
<20	<20	6	<14	295.85	274.30	1.1	19.45	2 180	79	6 570	100	8 760

解:(1)分组。将实测日平均流量资料系列分组,从大到小排列填于表 5-4 中第(1)栏,并统计日平均流量在各组出现的次数列入第(10)栏。

(2)求可能引用的发电流量。由各组流量的中值减去灌溉引水及损失的流量,列入第(4)栏。

(3)上游水位 $Z_上$。河床式无调节水电站,当溢洪道不泄洪时,采用上游正常蓄水位,如表 5-4 中第(5)栏 $Z_上=295.85$ m;当泄洪时应考虑溢流的超高水位。

(4)下游水位 $Z_下$。河床式水电站按尾水管出口处的水位流量关系曲线得出,除发电流量外还应考虑溢洪道泄流以及支流汇入的流量等影响。

(5)水头损失 ΔH。可按水力学方法得出,本例采用平均值 1.1 m。

(6)净水头。$H_净=Z_上-Z_下-\Delta H$,得第(8)栏。

(7)出力。由 $N=8Q_电 H_净$(kW)得第(9)栏,为平均出力。

(8)累积出现次数。第(11)栏为大于等于某日平均流量出现的总次数(日)。

(9)累积频率 P。第(12)栏,按公式 $P=$(累积出现次数/总次数 6 570)×100% 计算。

(10)保证时间。按年计算 $t=8\ 760P$,即水电站长期运行总时间,平均一年内对应某一组流量(或某一出力 N),能够得到的保证时间。

(11)求保证出力 $N_保$。由第(9)栏和第(12)栏绘制日平均出力保证率曲线,如图 5-4 所示。再由设计保证率 $P=80\%$,查该曲线得保证出力 $N_保=11\ 600$ kW。

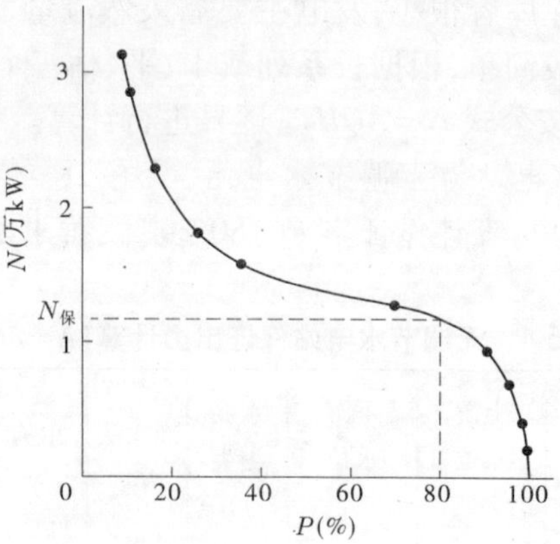

图 5-4 某河床式水电站日平均出力保证率曲线

该水电站在长期运行中,平均每年有 8 760×80%≈7 000(h)(80% 的时间)出力能够大于或等于 11 600 kW,换句话说,出力 11 600 kW 有 80% 的保证程度。

(12)求日保证电能。$E_保=24N_保=24\times11\ 600=27.8$ 万(kWh)

3 年调节水电站的水能计算方法

水库的兴利库容能对一年内的天然径流进行重新分配,将丰水期的余水量蓄起来提高枯水期的发电流量,这类水电站称为年调节水电站。

在水库正常蓄水位和死水位已知的条件下,年调节水电站 $N_保$ 的计算可分为设计枯水年法和长系列法两类。而这两类方法的具体计算都可采用等流量法和等出力法。本节仅介绍等流量法。

3.1 用等流量法进行设计枯水年的水能计算

设计枯水年法仅对设计枯水年进行水能计算。设计枯水年指的是相应于水电站设计标准 $P(\%)$ 的枯水年。水电站经过水库年调节，在设计枯水年供水期发出的平均出力，称为年调节水电站的保证出力。

由于年调节水库要将丰水期多余的水量蓄满兴利库容 $V_{兴}$，以增加枯水期的调节流量，如图 5-5 所示，故设计枯水期的调节流量 $Q_{P供}$ 为

$$Q_{P供} = (W_{供} + V_{兴})/T_{供} \tag{5-20}$$

设计枯水年的蓄水期的调节流量 $Q_{P蓄}$ 为

$$Q_{P蓄} = (W_{蓄} - V_{兴})/T_{蓄} \tag{5-21}$$

式中 $W_{供}$、$W_{蓄}$——供水期、蓄水期天然来水量，m^3 或 (m^3/s) · 月；

$V_{兴}$——水库兴利库容，m^3 或 (m^3/s) · 月；

$T_{供}$、$T_{蓄}$——供水期、蓄水期历时，s 或月。

为了计算方便，时间 $T_{供}$、$T_{蓄}$ 常以月为单位；$W_{供}$、$W_{蓄}$、$V_{兴}$ 常以 (m^3/s) · 月为单位。

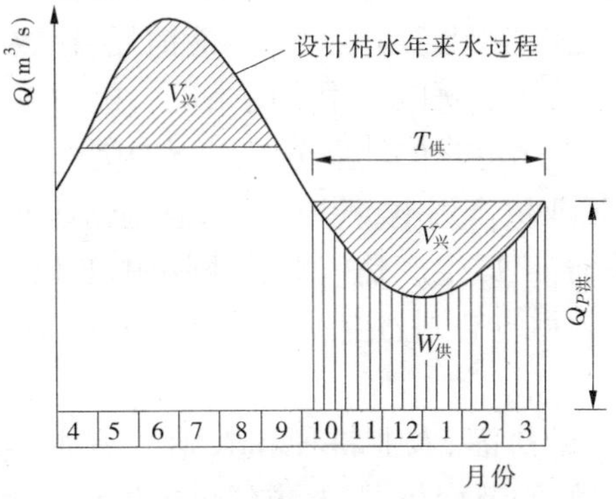

图 5-5 设计枯水年调节流量计算示意图

3.2 长系列法

为了比较精确地推求年调节水电站的保证出力和保证电能，由全部径流系列或具有代表性的径流系列，以月为计算单位，用前面所述的等流量法和等出力法，推求每年供水期的平均出力。然后将这些出力由大到小排列，计算出各出力值相应的频率，绘制供水期平均出力保证率曲线，如图 5-6 所示。最后由水电站的设计保证率 $P_{设}$ 线上查得相应的供水期平均出力 N_P，即为所求的年调节水电站保证出力 $N_{保}$。

从年径流系列中选出供水期平均出力与 $N_{保}$ 相近的年份，将该年供水期当成 $N_{保}$ 的供水期，则年调节水电站的保证电能为

$$E_{保} = N_{保}\, n \times 730 \quad (kWh) \tag{5-22}$$

式中 n——供水期的月数；

730——每月平均小时数。

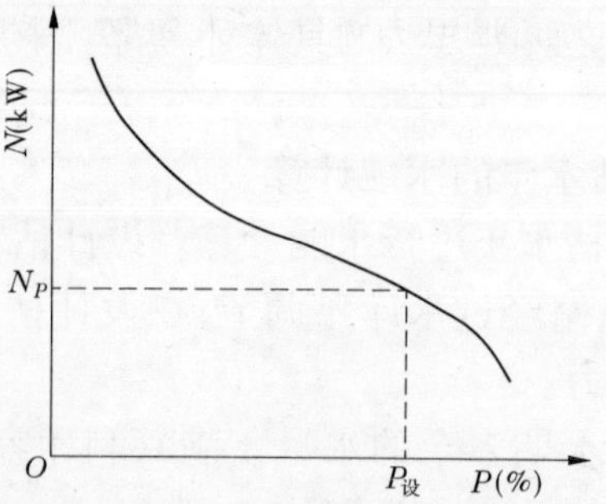

图 5-6 供水期平均出力保证率曲线

4 电力系统的负荷及其容量组成

4.1 电力系统

将一个地区内的若干座电站(包括水电站、火电厂等),用高压输电线路连接成一个整体,统一向各用电户供电,这个统一的电力生产与输配系统称为电力系统。电力系统的作用为:能使各种不同性能的电站互相取长补短,改善电能生产和供电质量,合理利用能源,提高供电的可靠性。所以,大中型水电站、火电站都是参加电力系统运行的。

电力系统中各电站的电能生产与用电户的电能消耗,在数量和时间上都要互相适应。为了合理地规划设计水电站,应了解电力用户的情况。电力系统中用电户的种类很多,对供电的要求各不相同,但可按用电户的性质分为以下四类:

(1)工业用电。主要工业生产用电,耗电量大,且地区也比较集中。在一天内用电的变化过程与生产制度有关,若工厂生产是一班制,则用电变化大;若是三班连续性生产,则用电平稳。轧钢在短时间内用电有剧烈变动。若供电中断,对工业生产的影响大,故要求供电的保证程度高。

(2)农业用电。包括农业排灌、农业耕种和农副产品加工用电,以及农村生活、照明用电。农业用电的地区分散,季节变化大,要求的供电保证程度不高。

(3)市政用电。包括城市电车及给水排水和生活用电。在一日或一年内用电变化都比较大。上下班时电车用电、夜间照明用电、周末节假日用电都比较多。

(4)交通运输用电。主要是电气化铁路运输。在一日或一年内用电变化都比较均匀,仅在电气火车启动时才出现瞬时的高峰负荷。

在分析电力系统总负荷时,不仅要考虑各类用户的现状,还应根据生产技术的发展、用电定额的修改、市政设施的变化以及电厂的厂用电和输电线路的损失等资料,统计归纳,综合考虑。

4.2 电力系统的容量组成

为了适应国民经济各方面的用电需要,电力系统的供电应该有可靠的质量保证,既要满足用电户对出力和电量的要求,又要使电力系统的周波和电压比较稳定,符合国家规定的变动范围。为了达到这些要求,在电力系统中各电站必须设置一定的发电容量。一台发电机组所标示的铭牌出力为额定容量,即容量;一座电站所有发电机组的铭牌出力之和,即电站的装机容量。按电力系统中各类容量担负的任务,可分为以下几种:

(1)最大工作容量$N''_{工}$。为满足电力系统最大负荷的要求而设置的容量,称为最大工作容量。因为这部分容量是维持电力系统正常工作、按最大负荷而设置的,故用最大工作容量这个名称。

(2)备用容量$N_{备}$。为保障电力系统的正常工作,应付负荷的突然变化和其他要求所预备的容量,称为备用容量。

为维持电力系统标准频率(周波)及承担计划外负荷所需要的容量,为负荷备用容量$N_{负备}$,约为最大负荷的5%;当系统内机组发生事故停机而预备顶替的容量,为事故备用容量$N_{故备}$,约为最大负荷的10%,且不得小于系统内最大一台机组的容量;为替代被检修机组的工作而设置的容量,为检修备用容量$N_{检备}$。每台机组的平均计划检修时间火电为30~45 d,水电为15~30 d。

最大工作容量和备用容量,都是保证电力系统正常供电的必需容量,所以$N''_{工}$和$N_{备}$之和,称为系统的必需容量$N_{必}$。

(3)重复容量$N_{重}$。为了利用水库汛期的弃水量多发电,节省火电厂的煤耗,而在水电站增设的一部分容量,称为重复容量$N_{重}$。因为重复容量在枯水季节不能替代火电厂工作,也就不能减少火电厂的装机,故称为重复容量。

电力系统总装机容量可表示为

$$N_{装}=N_{必}+N_{重}=N''_{工}+N_{负备}+N_{故备}+N_{检备}+N_{重} \tag{5-23}$$

4.3 水电站、火电厂的工作特点

目前,我国多数地区的电力系统是水电站、火电厂混合系统。为了发挥不同电站的优势,取长补短,提高供电的可靠性和质量,应合理分配各类电站在电力系统的负荷。以下介绍水电站、火电厂的一些主要特点:

(1)水电站的出力和发电量受天然径流的影响变化较大,丰水年(或丰水期)电能有余,枯水年(或枯水期)电能不足,影响甚至破坏正常工作。火电厂如果燃料备足,供电就比较稳定可靠。

(2)水电站的能源是每年可以恢复和更新的天然水能,运行费用低。火电厂消耗燃料多,运行费用高。

(3)水电站土建工程量大,建设工期较长,要解决水库淹没损失及移民安置问题,并受地形、地质及水文资料等条件的限制。火电厂土建工程量较小,工期也短,能较快地投入运行,发挥效益。但新火电厂的投入意味着要扩大煤矿生产规模和增加煤炭运输量。为减轻煤炭的运输压力,应提倡兴建煤矿附件的坑口电厂。

(4)水电站的水轮发电机组运行灵活、启动与停机迅速,一般从开机到满负荷运转仅需几分钟,能适应负荷的急剧变化,宜担任电力系统的峰荷、负荷备用与事故备用。火电厂由启动到满负荷运行需2 h以上,不宜担任变动的峰荷。

(5)水电站一般能综合利用水力资源,发挥工程的综合效益,且不污染环境。火电厂对环境的污染较严重。

任务4 案例分析：双磨坊电站水利和动能计算

1 工程开发任务

电站开发河段河床比降大，水流湍急，河谷狭窄，两岸为陡岸，无通航之利，两岸无灌溉及居民引用水要求，上游森林已停止砍伐，也无漂木要求，因此本河段内无其他综合利用要求，工程开发任务主要是发电，并兼顾河流生态用水要求。

2 水利和动能

2.1 径流调节与水能计算

2.1.1 基本资料

2.1.1.1 径流资料及设计代表年选择

双磨坊电站坝址断面无水文资料，选择临近的木坡水文站为水文分析计算的依据站，采用面积比拟法得到坝址径流系列及设计代表年逐日平均流量。

根据移用的坝址处46年的天然径流资料，其多年平均流量4.96 m^3/s，年径流深654.4 mm。丰水期(5～11月)多年平均流量为7.58 m^3/s，占全年径流量的89.1%，枯水期(12月至翌年4月)多年平均流量为1.30 m^3/s，占全年径流量的10.9%，径流年内分配极不均匀。最丰年的年平均流量为6.69 m^3/s，最枯年的年平均流量为3.43 m^3/s，两者之比为1.95，分别为多年平均流量的1.35倍和0.69倍，故径流的年际变化比较小。

经对年和枯期等不同时段径流及频率分析计算，采用水量选年法，选定1965～1966年(水文年，5月至翌年4月，本案例同)为丰水年($P=10\%$)，1963～1964年为平水年($P=50\%$)，1967～1968年为枯水年($P=90\%$)。电站闸址多年平均流量为4.96 m^3/s，枯水期(12月至翌年4月)平均流量为1.30 m^3/s，所选三个设计代表年的年平均流量为4.96 m^3/s，枯水期(12月至翌年4月)平均流量为1.30 m^3/s，同长系列均值基本一致，说明代表年选择较为合理。各代表年分期流量与长系列多年均值对照见表5-5。

表5-5 电站闸址各代表年分期流量与长系列均值对照

时段	全年		枯水期(11月至翌年4月)	
	流量(m^3/s)	频率(%)	流量(m^3/s)	频率(%)
丰水年(1965年5月至1960年4月)	5.93	10.6	1.58	8.51
中水年(1963年5月至1964年4月)	4.92	48.9	1.27	51.1
枯水年(1967年5月至1968年4月)	4.03	87.2	1.02	89.4
三年平均	4.96		1.29	
系列平均	4.96		1.30	

2.1.1.2 电站尾水断面水位流量关系

双磨坊电站尾水直接注入美诺沟，电站尾水断面水位流量关系见图1-24。电站采用冲击式水轮发电机组，故电站尾水不受天然河道水位变化影响，电站水能计算下游水位采用机组转轮中心高程2 718.00 m。

2.1.1.3 水头损失

双磨坊电站为引水式电站，根据水工专业提供的资料，本电站总水头损失公式采用$\Delta h = KQ^2$，其最大水头损失为33 m。引用流量与水头损失关系曲线见图5-7。

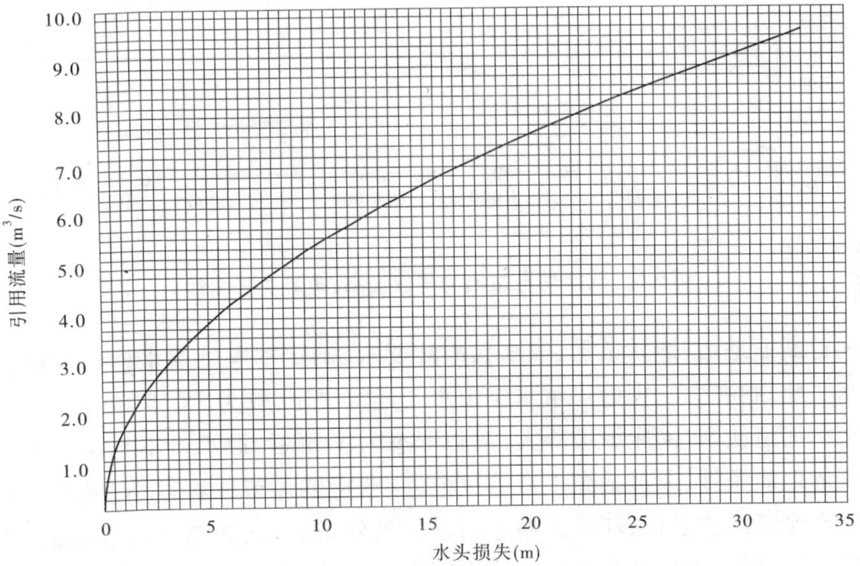

图5-7 双磨坊电站引用流量与水头损失关系曲线

2.1.1.4 综合用水要求

本工程除发电及下游生态环境用水外，无其他用水要求，下游河道需电站坝址下泄0.50 m³/s生态流量（按多年平均流量的10%考虑），并从天然来水中扣除。

2.1.2 水能计算

2.1.2.1 电站运行方式

本电站为无调节水电站，在满足生态用水要求的前提下，全部来水都用于发电。当水量大于发电设计流量时，电站的用水为设计引用流量，多余的径流产生弃水。

2.1.2.2 径流调节计算

根据上述电站运行方式，以丰、平、枯三个代表年的逐日平均流量扣除生态用水，进行径流调节计算。

电站出力与保证率、电量关系曲线见图5-8。

2.2 正常蓄水位的选择

根据河道断面地形、地质条件、引用流量、利用水头等基本条件，决定本电站采用引水式开发，开发河段的天然落差约为299 m，属高水头引水式水电站。

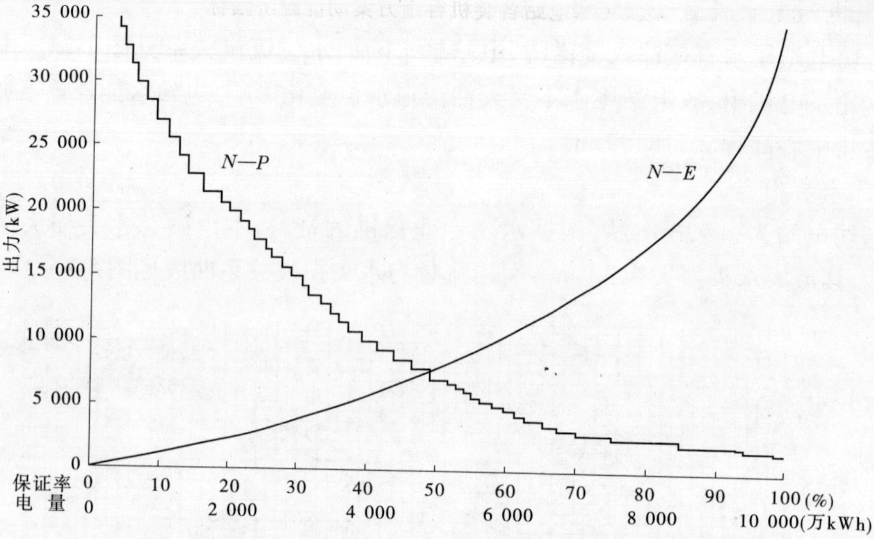

图5-8 双磨坊电站出力与保证率、电量关系曲线

根据河道断面地形、地质条件、取水和冲沙要求，确定本电站取水枢纽采用低闸坝方案。布置水工建筑物之后，坝前正常水位由水工建筑决定，取为3 015.00 m。

坝址上游河道狭窄，河床纵坡降大，河谷形态为V形谷，取水口不具备成库的地形条件和建高坝的地质条件，通过抬高正常蓄水位，所获得的调节库容很小，反而带来坝址渗漏、坝基稳定、库区泥沙淤积、环境影响等问题。另外，该电站为高水头水电站，抬高正常蓄水位所增加的水头，在总水头中所占的比例很小，对工程经济不会产生多大影响，反而使工程投资显著增加。通过上述两个方面的说明，可见抬高正常蓄水位在技术、经济等方面都不可取。

2.3 装机规模

2.3.1 装机方案的拟订

根据电网的电源组成和负荷特性结合前面水能利用分析，本电站装机容量初步拟订三种方案：19 MW，21 MW，23 MW。

2.3.2 装机方案的动能经济比较

按电站坝址处三个代表年的日径流系列，根据电站运行方式进行调节计算，各装机容量方案的动能经济指标见表5-6。

2.3.3 装机容量选择意见

(1)从表5-6各装机容量方案动能指标看，随着装机容量的增加，多年平均发电量也随之增加，增幅逐渐减少，增加的电量主要集中在丰水期，说明各方案平、枯期水量利用得很充分，从资源合理开发利用考虑，装机不宜过大。

表5-6 电站各装机容量方案动能经济指标

项目		单位	方案一	方案二	方案三
取水口正常水位		m	3 015.00	3 015.00	3 015.00
死水位		m	3 015.00	3 015.00	3 015.00
调节库容		万 m^3	0	0	0
调节性能			无调节	无调节	无调节
机组安装高程		m	2 718.00	2 718.00	2 718.00
最大水头		m	297	297	297
最小水头		m	264	264	264
全年加权平均水头		m	277	277	277
汛期加权平均水头		m	272	272	272
额定水头		m	264	264	264
最大引用流量		m^3/s	8.6	9.6	10.6
装机容量		MW	19	21	23
保证出力		kW	2 432	2 432	2 432
水量利用率		%	79.8	83.7	87.6
多年平均发电量		万 kWh	8 324.23	8 695.81	9 004.35
丰水期(6~10月)电量		万 kWh	5 768.10	6 112.67	6 400.61
平水期(5月、11月)电量		万 kWh	1 419.46	1 445.73	1 465.80
枯水期(12月至翌年4月)电量		万 kWh	1 136.67	1 137.40	1 137.94
年利用小时数		h	4 381	4 141	3 915
静态投资		万元	14 664.22	15 142.58	15 687.79
单位千瓦投资		元/kW	7 718	7 211	6 821
单位电能投资		元/kWh	1.762	1.741	1.742
差值	装机容量差值	kW	2 000		2 000
	发电量差值	万 kWh	371.58		308.54
	投资差值	万元	478.36		545.21
补充	补充单位千瓦投资	元/kW	2 392		2 726
	补充单位电能投资	元/kWh	1.287		1.767
	补充千瓦年利用小时数	h	1 858		1 543

(2)从单位千瓦和单位电能投资来看,21 MW 方案相对较低。从 19 MW 增加到 21 MW,补充单位千瓦投资、单位电能投资分别为 2 392 元/kW、1.287 元/kWh,补充单位电

量投资低于方案本身,说明装机从19 MW增加到21 MW在经济上是合理的,从21 kW增加到23 MW,补充单位千瓦投资、单位电能投资分别为2 726元/kW、1.767元/kWh。补充单位电量投资高于方案本身,说明从21 MW增加到23 MW在经济上不合理。

(3)从重复容量的经济利用小时数分析,从19 MW到21 MW补充千瓦年利用小时数为1 858 h,即补充装机的运行时间为2.55个月,从21 MW到23 MW补充千瓦年利用小时数为1 543 h,即补充装机的运行时间为2.11个月。因此,仅就方案间电量增值及补充利用小时数而言,装机23 MW稍偏大。

(4)从电网电力电量平衡来看,该电网完全由水电站组成,丰水季节电能相对过剩,随着电网对外开放,情况有所转好,但不可能完全解决,因而丰水期增加的电能不可能全部被电网所吸收。

综合上述动能经济分析,根据本地区动力资源的情况,设计水电站本身的运行特性、电网容量、河川径流特性及电力系统负荷情况,推荐本电站装机容量为21 MW。

项目6 水功能区划与水资源保护

项目任务书

项目名称		项目综述	参考课时 5
学习型工作任务		任务1 掌握水资源保护、水功能区的基本概念以及水资源保护的步骤	1
		任务2 水功能区一、二级分类及划分指标	1
		任务3 熟悉各类型水功能区的水质管理标准和断面设置原则	2
		任务4 熟悉水资源保护的工程措施及非工程措施	1
项目任务		让学生熟悉水资源保护和水功能区划的基本概念及方法措施	
教学内容		(1)水资源保护、水功能区的基本概念;(2)水资源保护的步骤;(3)水功能区一、二级分类及划分指标;(4)各类型水功能区的水质管理标准和断面设置原则;(5)水资源保护的工程措施及非工程措施	
教学目标	知识	(1)水资源保护、水功能区的基本概念;(2)水资源保护的步骤;(3)水功能区一、二级分类及划分指标;(4)各类型水功能区的水质管理标准和断面设置原则;(5)水资源保护的工程措施及非工程措施	
	技能	(1)了解水功能区划的意义;(2)掌握水功能区如何划分;(3)掌握水资源保护的措施	
	态度	(1)具有刻苦学习精神;(2)具有吃苦耐劳精神;(3)具有敬业精神;(4)具有团队协作精神;(5)诚实守信	
教学实施		结合图文资料 展示+理论教学	
项目成果		(1)能够进行水功能区的划分;(2)知道水资源保护的工程措施及非工程措施	
技术规范		《水利水电工程等级划分及洪水标准》(SL 252—2000),《水电枢纽工程等级划分及设计安全标准》(DL 5180—2003)	

任务1　概　述

【学习目标】 (1)掌握水资源保护、水功能区的基本概念以及水资源保护的步骤。
(2)了解城市水功能区划的目的、原则和要求。

【学习要点】 (1)水资源保护、水功能区的基本概念。
(2)水资源保护的步骤。

人类对环境的保护归根结底是基于保护地球上日益枯竭的资源,保护人类生存发展的最起码的条件,而保护水资源则首当其冲。水是地球生物赖以生存的物质基础,水资源是维系地球生态环境可持续发展的首要条件,因此保护水资源是人类最伟大的责任。

1　水资源保护的概念

水资源保护,从广义上讲包括水量保护与水质保护两方面。也就是通过行政的、法律的、技术的、经济的等手段合理开发、管理和利用水资源,保护水资源的质量和供应,防止水污染、水源枯竭、水流阻塞和水土流失,以满足经济社会持续发展对淡水资源的需求。

水资源保护包括地表水和地下水的水量与水质保护。在水量方面应全面规划、统筹兼顾、综合利用、讲求效益、发挥水资源的多种功能。注意避免水资源枯竭,过量开采。同时,也要顾及环境保护要求和改善生态环境的需要。在水质方面应防治污染和其他公害,维持水质良好状态。为此,要减少和消除有害物质进入水环境,加强对水污染防治的监督和管理。

总之,最终是为了保证资源的持续利用,促进人类和环境协调发展,以不断提高人类生存的环境质量和生活质量,造福人民,造福子孙后代。

2　水资源保护的涵义

为了避免在水资源开发、规划、利用过程中的盲目性和局限性,对水资源保护应从更高、更全面的层次来看待,即从生态学、环境学、经济学和卫生学等方面来全面理解水资源保护的含义。

(1)从生态学观点看,水资源保护问题也是生态问题,必须运用生态学的理论、方法和手段加以解决。当人类开发利用水资源时,必须遵循生态规律,要研究和解决开发过程中生态系统的结构及功能影响。

(2)从环境学角度看,水资源保护的目的是为人类创造一个美好的生存环境。人类在有目的、有计划地利用和改造环境,使之在向更利于自身生存和发展的过程中取得了很多成绩,但同时给环境带来了一些消极的破坏作用。这种人为的环境问题包括:不合理开发利用自然资源,使自然资源遭到破坏,例如过量开采地下水,造成地面沉降;经济高速发展引起的环境问题,例如工业污水和生活污水向水体滥排,造成水体污染,水质下降。所以,水资源保护一是要保护和改善水环境质量,保护人类健康;二是要合理开发和利用水资源,减少和消除有害物质进入环境,维护生物资源的生产能力。

(3)从经济学考虑,人类社会的发展离不开水,地区的水资源状况已成为地区经济社会发展的制约条件。水作为资源有其直接的经济效益,为社会创造财富。水一旦受到污染会降低甚至损失其经济价值,造成资源浪费和损失,为了治理,又需要投入。

(4)从卫生学方面考虑,水是人体的重要组成部分,成人体内含水量约占体重的65%,每日每人生理需水量2~3 L。水质不良或受到污染,会通过饮用水或食物链危害人类健康。许多地方病和公害病就是典型的公共卫生问题。因此,水资源保护最终是为了人类健康。

3 水资源保护的步骤

水资源保护工作主要包括以下几个步骤,如图6-1所示。

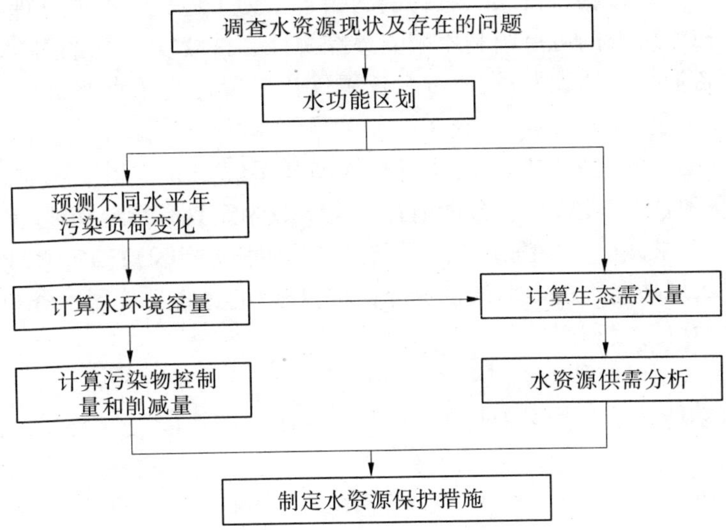

图6-1 水资源保护工作流程

所以,区域的水功能区划是水资源保护的重要先导工作,在一定程度上决定了水资源保护工作的成败。

4 水功能区划的目的

水功能区是根据流域或区域的水资源状况,并考虑水资源开发利用现状和经济社会发展对水量和水质的需求,在相应水域划定的具有特定功能,有利于水资源的合理开发利用和保护,能够发挥最佳效益的区域。水功能区的功能又有主导功能与次要功能之分。在某一区域多功能并存的情况下,按水资源的自然属性、开发利用现状及社会经济需求,既考虑各功能对水量的要求,又兼顾各功能对水质的要求,经功能重要性排序而拟定的首位功能即为该区的主导功能,其余是次要功能。

水域功能区划分(简称水功能区划)是一项水资源开发利用与保护的基础性工作。具体划分时要按各类水功能区的指标把某一区域划分为不同类型的水功能区单元。水功能区划是一项水资源保护规划的基础工作。

随着社会和国民经济的迅速发展、人口的增长、人民生活水平和城市化水平的提高，水资源短缺和水污染日益严重，为了促进国民经济可持续发展，全面贯彻《中华人民共和国水法》的实施，加强水资源保护，履行国家水利部“三定”方案的职责，开展水功能区划工作是十分必要和紧迫的任务。根据流域的水资源开发利用现状，结合社会需求，确定各水域的主导功能及功能顺序，科学合理地划分水功能区，也是实现水资源综合规划、综合利用、积极保护和科学管理的依据。

4.1 水功能区划的目的和意义

水是人类生存和发展不可缺少的重要自然资源，水功能是水资源对人类生存和经济社会发展所具有的价值与作用体现。随着我国经济的迅速发展、人民生活水平和城市化水平的提高以及人口的迅速增长，对水的需求愈来愈多，水资源短缺和水污染现象日益严重，水资源已成为经济社会可持续发展的制约因素。为了进一步加强管理与保护，合理开发利用水资源，以水资源的可持续利用来支撑经济社会持续发展，在注重水资源利用的同时，更要重视水资源的节约和保护，通过水资源优化配置提高用水的效率，实现水资源的可持续利用。

水功能区划的目的是依据国民经济发展规划和水资源综合利用规划，结合区域水资源开发利用现状和社会需求，科学合理地在相应水域划定具有特定功能、满足水资源合理开发利用和保护要求并能够发挥最佳效益的区域（即水功能区）；确定水域的主导功能及功能顺序，制定水域功能不遭破坏的水资源保护目标；通过各功能区水资源保护目标的实现，保障水资源的可持续利用。

进行水功能区划具有如下意义：

（1）确定水功能区划及其保护目标，为水资源保护按功能区划及其目标管理提供依据。在对流域水体进行调查研究和系统分析的基础上，确定水的主导功能，并据其划分水功能区，依据高功能水域高标准保护，低功能水域低标准保护，专业用水区按专业用水标准保护，补给地下水水源地的水域按地下水使用功能标准保护，使水资源保护可按功能区进行目标管理。

（2）进行水功能区划后，可按确定的水体保护目标计算纳污能力，从而对水体的纳污总量予以控制，使水资源保护由定性管理逐步转向定量管理，进而实现水环境标准的控制目标。

（3）按确定的水功能区划制定入河（湖、库）排污口、支流口污染物总量控制规划，对污染总量优化分配，对污染源布局、限期治理和综合整治提出意见，作为水污染防治的依据。

（4）按确定的水功能区划编制水资源保护规划和分期实施计划。科学的水资源保护规划和分期实施计划，是保证水功能区目标真正实现的依据。划分水功能区的整个过程与编制水资源保护规划、水污染防治规划及其分期实施计划相联系，最终确定的水功能区划及其保护目标是编制规划的基础。

4.2 水功能区划的指导思想

水功能区划的指导思想是：结合流域、区域和城市地区水资源开发利用规划及经济社会发展规划，根据水资源的可再生能力和自然环境的可承受能力，科学、合理地开发和保护水资源，既满足当代和本区域对水资源的需求，又不损坏后代和其他区域对水资源的需求，促进经济、社会和生态的协调发展，实现水资源可持续利用，保障经济社会的可持续发展。

5 城市水功能区划的原则和要求

5.1 水功能区划的原则

5.1.1 满足可持续发展，具有前瞻性原则

水功能区划应与区域水资源开发利用规划及经济社会发展规划相结合，并依据水资源的可再生能力和自然环境的可承受能力，以及国家有关保护环境资源的方针政策，使水功能区划能满足经济、社会可持续发展需求，促进经济、社会和生态的协调发展。

5.1.2 综合分析、统筹兼顾、突出重点的原则

水功能区划应将水系系统作为同一整体考虑，分析河流上下游、左右岸、省界间、市界间、县界间、湖泊水库的不同水域，近、远期社会发展需求对水域保护功能的要求，坚持水资源开发利用与保护并重的原则，统筹兼顾流域、区域水资源综合开发利用和国民经济发展的规划。上游水功能的划分，要考虑保障下游功能要求；支流功能的划分，要考虑保障干流水域的功能要求不同的水质标准，其中以城镇集中饮用水水源地、江河源头、自然保护区、珍贵鱼类保护区、鱼虾产卵场等为优先重点保护对象。水功能区划要优先考虑其达到功能水质保护标准，对于渔业用水、农业用水、工业用水等专业用水实行统筹安排，分别执行专业用水标准。

5.1.3 合理利用水环境容量原则

根据河流、湖泊和水库的水文特征，合理利用水环境容量，保证水功能区划中水质标准的合理性，既充分保护水资源质量，又有效利用环境容量，节省污水处理费用。

5.1.4 以水域规划主导使用功能为主，结合考虑现状使用功能和超前性原则

水功能区划要以水资源开发利用规划中确定的水资源主导功能为主，在人类活动和经济技术的发展对水域未提出新的功能要求之前，应保持现状使用功能。同时，水功能区划要体现社会发展的超前意识，结合未来社会发展需求，引入本领域和相关领域研究的最新成果，要为将来引进高新技术和社会发展需要留出余地。

5.1.5 相似性规划原则

应综合考虑江河、湖泊及水库自然条件、污染现状及使用目标的相似性，并按相似性原则进行功能区的划分。

（1）自然条件相似性。自然条件是制约水资源使用目标和使用方式的重要因素之一。水域自然条件不同，利用水资源的方向、方式和程度就有差异，对污染的净化能力也不同，改善环境的方向和措施也有区别，因此自然要素在水域中的数量和质量差异应成为划分水功能区的重要依据。

（2）污染现状相似性。由于人类活动方式和程度不同而形成不同的环境特征，造成不同程度的水污染。因此，污染现状不同，需要控制水污染的参数不同，水环境的改善途径也不同，所以水质污染现状相似性也是划分水功能区的重要原因之一。

（3）使用目标相似性。由于水资源的用途是多方面的，使用目标一致水质要求就相

同,水质标准也就一致,在水资源保护的管理方面也易于统一。因此,水域使用目标相似,也是水功能区划的重要原则之一。

(4)结合水域水资源综合利用规划,水质与水量统一考虑的原则。

水质与水量是水资源的两个主要属性。水功能区划的水质功能与水量密切相关,水功能区划时将水质和水量统一考虑,是水资源开发利用与保护辩证统一关系的体现。既要考虑水资源的开发利用对水量的需要,又要考虑对水质的要求。

(5)便于管理,切实可行的原则。

水功能区划的方案切实可行,其分配界限应尽可能地与行政区界限一致,以便于行政管理,使保护和改善水环境的措施得以贯彻和落实,也便于行政监督管理的实施。同时,必须将水功能区的划分与水域纳污、入河排污口的布局及其允许排放量结合起来,真正有利于强化水资源保护的目标管理。

(6)分级与分类相结合的原则。

通过水功能区划在宏观上对流域水资源的保护和利用进行总体控制,协调地区间的用水关系;在整体功能布局确定的前提下,再在重点开发利用水域内详细划分各种用途的功能类别和水域界限,协调行业间的用水关系,建立功能区之间横向的并列关系和纵向的层次关系。

5.2 水功能区划的要求

(1)注意总结以往水功能区划工作的经验和成果。

根据近几年水资源开发利用和保护工作中出现的新情况和新问题,采用新的基础资料、分析技术与手段,编制水功能区划报告。

(2)划分要紧密结合水系实际。

分析研究与水功能区划相关的重要问题,划分应突出流域和区域的重点并具有可操作性。

(3)功能区划要充分考虑管理工作。

尽量将控制断面置于行政交界处,并考虑管理信息系统建立要求。

(4)总体目标与分期、分阶段目标相统一。

应考虑实现水质目标的可行性及技术、经济制约因素,制定分阶段的水质和分期实施的计划。做到近期和长期相统一。

任务2 水功能区的划分

【学习目标】 掌握水功能区一、二级分类及划分指标。

【学习要点】 水功能区一、二级分类及划分指标。

水资源具有整体的特点,它是以流域为单位,由水量、地表水、地下水等几个相互依存的组分构成的统一体,每一组分的变化可影响其他组分,河流上下游、左右岸、干支流之间的开发利用亦会相互影响。有许多事情,在局部看来可行,但从整体看不可行;有的从本区看来是可行的,但从邻区看是不可行的。另外,水资源还具有多种功能的特点,在国民经济各部门中用途广泛，可用来灌溉、发电、航运、供水、养殖、娱乐及维持生态等。但在水资源的开发利用中，各用途间往往存在矛盾，例如有时除害和兴利会发生矛盾等。因此，必须统一规划、统筹兼顾，实行综合利用，才能做到最合理地满足国民经济各部门的需要，并且把所有用户的利益进行最佳组合，以实现水资源的高效利用。

通过水功能区划在宏观上从流域角度对水资源的利用状况进行总体控制，合理解决地区间的用水矛盾。在整体功能布局的前提下，再在重点开发利用水域内详细划分多种用途的水功能区，以便为科学合理地开发利用和保护水资源提供依据。为此，全国范围内的水功能区划采用二级体系，即一级区划（流域级）、二级区划（省级、市级）。一级区划是宏观上解决开发利用与保护的问题，主要协调地区间用水关系，从长远上考虑可持续发展的需求；二级区划主要协调各省、市、自治区及其内部用水部门之间的关系。

水功能一级区划分为四类，即保护区、缓冲区、开发利用区、保留区；水功能二级区划在一级区划的开发利用区内进行，共分为七类，包括饮用水源区、工业用水区、农业用水区、渔业用水区、景观娱乐用水区、过渡区、排污控制区。一级区划宏观上解决水资源开发利用与保护的问题，主要协调地区间关系，并考虑发展的需求；二级区划主要协调用水部门之间的关系。

水功能区划技术路线如图6-2所示。水功能区划分级分类体系如图6-3所示。

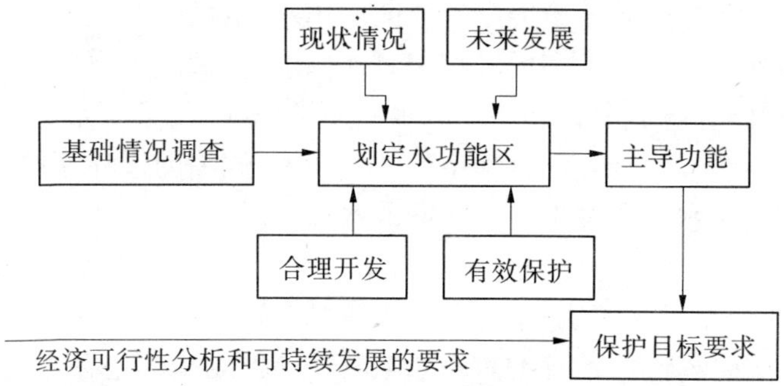

图6-2　水功能区划技术路线

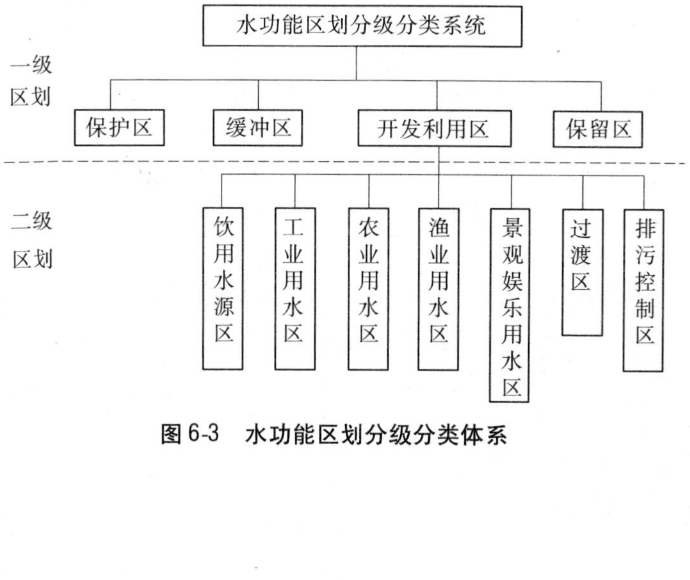

图6-3　水功能区划分级分类体系

1　水功能区一级分类及划分指标

1.1　保护区

保护区是指对水资源保护、饮用水保护、生态环境及珍稀濒危物种的保护具有重要意义的水域。保护区划分指标包括集水面积、保护级别、可供水量等。划区条件如下：

(1)源头保护区，是指以保护水资源为目的，在重要河流的源头河段划出专门涵养、保护水源的区域。

(2)国家级和省级自然保护区范围内的水域。

以上两种情况的功能区和水质标准：执行《地表水环境质量标准》(GB 3838—2002)Ⅰ、Ⅱ类水质标准(因自然、地质原因，不满足Ⅰ、Ⅱ类水质标准的，应维持水质现状)。

(3)已建和规划水平年内建成的跨流域、跨省区的大型调水工程水源地及其调水线路；省内重要的饮用水源地。功能区水质标准：执行《地表水环境质量标准》(GB 3838—2002)Ⅰ、Ⅱ类水质标准或用水区用水功能相应的水质标准。

(4)对典型生态、自然环境保护具有重要意义的水域。执行对该类保护区协定的水量、水质指标。

1.2　缓冲区

缓冲区是指协调省际间、矛盾突出的地区的用水关系，协调内河功能区划与海洋功能区划关系，以及在保护区与开发利用区相接时，为满足保护区水质要求需划定的水域。功能区划分指标包括跨界区域及相邻功能区水质差异程度。

划区的条件为：跨省、自治区、直辖市行政区河流、湖泊的边界流域；省际边界河流、湖泊的边界附近水域；用水矛盾突出地区之间的水域。

1.3　开发利用区

开发利用区主要指满足工农业生产、城镇生活、渔业、娱乐和净化水体污染等多种需水要求的水域和水污染控制、治理的重点水域。功能区划指标包括水资源开发利用程度、产值、人口、水质及排污情况等。

区划的条件为：取(排)水口较集中，取(排)水量较大的区域(如流域内重要城市江段、具有一定灌溉用水量和渔业用水要求的水域等)。

功能区水质标准：按二级区划分类分别执行相应的水质标准。

1.4　保留区

保留区是指目前开发利用程度不高，为今后开发利用和保护水资源而预留的水域。该区内水资源应维持现状不遭破坏。功能区划指标包括水资源开发利用程度、产值、人口、水量、水质等。

划区的条件为：受到人类活动影响较少，水资源开发利用程度较低的水域；目前不具备开发条件的水域；考虑到可持续发展的需要，为今后的发展预留的水域。

功能区水质标准：按现在水质类别控制。

2 水功能二级区分类划分

2.1 饮用水源区

饮用水源区是指城市生活用水的水域。功能区划指标包括人口、取水口分布等。

划区的条件为：已有的城市生活用水取水口分布较集中的水域，或在规划水平年内城市发展设置的供水水源区；每个用水户取水量须符合水行政主管部门实施取水许可制度的细则规定。

2.2 工业用水区

工业用水区指城镇工业用水需要的水域。功能区划分指标包括工业产值、取水总量、取水口分布等。

划区的条件为：现有的或规划水平年内需设置的工矿企业生产用水取水点集中的水域；每个用水户取水量须符合水行政主管部门实施取水许可制度的细则规定。

2.3 农业用水区

农业用水区指灌溉用水需要的水域。功能区划指标包括灌区的面积、取水总量、取水口分布等。

划区的条件为：已有的或规划水平年内需要设置的农业灌溉用水取水点集中的水域；每个用水户取水量须符合水行政主管部门实施取水许可制度的细则规定。

2.4 渔业用水区

渔业用水区指具有鱼、虾、蟹、贝类产卵场、索饵场、越冬场及洄游通道功能的水域，养殖鱼、虾、蟹、贝、藻类等水生动植物的水域。功能区划分指标：渔业生产条件及生产状况。

划区的条件为：具有一定规模的主要经济鱼类的产卵场、索饵场、洄游通道，历史悠久或新开辟放养和保护的渔业水域；水文条件良好，水交换畅通，有合适的地形、地质。

2.5 景观娱乐用水区

景观娱乐用水区指以景观、疗养、度假和娱乐需要为目的的水域。功能区划分指标：景观娱乐类型及规模。

2.6 过渡区

过渡区指为使水质要求有差异的相邻功能区顺利衔接而划定的区域。功能区划分指标：水质与水量。

划区的条件为：下游用水要求高于上游水质状况；有双向水流的水域，且位于水质要求不同的相邻功能区之间。

2.7 排污控制区

排污控制区指接纳生活、生产污废水比较集中，所接纳的污废水对水环境无重大不利影响的区域。功能区划分指标：排污量、排污口分布。

划区的条件为：接纳废水中污染物可稀释降解，水域的稀释自净能力较强，其水文、生态特性适宜于作为排污区。

任务3　水功能区的水质管理

【学习目标】 熟悉各类型水功能区的水质管理标准和断面设置原则。
【学习要点】 各类型水功能区的水质管理标准和断面设置原则。

根据水域不同的使用功能对水质要求各异的特点，制定相应的水质管理标准，并给出断面设置原则。

1　饮用水源区

饮用水源区的意见保护范围按Ⅱ类水质标准、二级保护范围按Ⅲ类水质标准进行管理。Ⅱ类水质标准的功能区应设置在已有和规划的生活饮用水一级保护区内，该区范围为：集中取水的第一个取水口上游1 000 m，至最末取水口下游100 m以内；潮汐水域上、下游均为1 000 m；湖泊、水库的范围为取水口周围1 000 m以内。Ⅲ类水质标准的功能区应设置在现有和规划的生活饮用水二级保护区内。生活饮用水二级保护区的下游功能区界应设置在生活饮用水一级保护区、珍贵鱼类保护区、鱼虾产卵场水域下游功能区界上，其功能区范围为根据水域下游功能区界处的水质标准，采用水质模型反推至上游水质达到Ⅲ类功能区水质标准中Ⅲ类标准最高浓度限值时的范围，也可以根据水质常年监测资料，综合分析评价后确定Ⅲ类水质标准功能区的范围。

2　工业用水区

工业用水区按Ⅳ类水质标准进行管理。Ⅳ类水质标准的功能区应设置在工业用水区的已有或规划的工业取水口上游，保证取水口能达到Ⅳ类水质标准处至取水口下游100 m。

3　农业用水区

农业用水区按Ⅴ类水质标准进行管理。Ⅴ类水质标准的功能区设置在已有或规划的农业用水区，其范围应根据农业用水第一个取水口上游50 m至最末一个取水口下游100 m处。考虑农业用水区下游功能区水质要求和河流水资源保护要求，河流的农业用水水质以执行《地表水环境质量标准》（GB 3838—2002）中的Ⅴ类水质标准为主，参照《农田灌溉水质标准》（GB 5084—92）执行。

4　渔业用水区

鱼类保护区范围内及鱼虾产卵范围的水域按Ⅱ类水质标准进行管理。一般鱼类保护区按Ⅲ类水质标准进行管理。断面设置应与Ⅰ类和Ⅱ类水质标准的水域相协调。

5　景观娱乐用水区

景观用水区和人体非直接接触的娱乐用水区按Ⅳ类水质标准进行管理。人体非直接接触的娱乐用水区设置在已有或规划的市级以上政府批准的娱乐用水区范围内。

6 过渡区

过渡区应设置在下游水质要求较上游水质要求高的功能区之间，例如排污控制区下游至其他功能区的上游段，该区的长短取决于排污控制区和其他功能区的浓度梯度，由数学模拟计算确定，如果计算出来的结果太长，那么就要对排污控制区的水质进行重新限制。

7 排污控制区

排污控制区应设置在河流干、支流的入河排污口或支流汇入口所在区域，城市排污明渠，利用污水灌溉的干渠。入河排污口所在的排污控制区范围为该河流上游第一个排污口上游100 m至最末一个排污口下游200 m。该区内污染物浓度可以超Ⅴ类水质标准，但必须小于地面水排放标准的限制，并保证通过过渡区后达到下游的功能区水质要求。

任务4 水资源保护的主要措施

【学习目标】 熟悉水资源保护的工程措施及非工程措施。
【学习要点】 水资源保护的工程措施及非工程措施。

一般来讲，水资源保护措施主要分为工程措施和非工程措施两大类。

1 工程措施

水资源保护可采取的工程措施包括水利工程、农林工程、市政工程、生物工程等措施。

1.1 水利工程措施

通过水利工程的调蓄水、进水、江河湖底的疏浚、引水、排水等各种工程措施，可以改善或破坏水资源状况。

1.1.1 调蓄水工程措施

通过在江河湖泊上修建一系列的水利工程（如水库和闸坝），改变天然水系的丰、枯水期水量不平衡状况，控制河川径流量，使河流在枯水期具有一定的生态用水量来稀释净化污水物质，改善水质状况。

1.1.2 进水工程措施

从汇水区流出的水一般要经过若干沟、渠、支河而后流入湖泊、水库，在其进入湖库之前可设置渗滤沟、渗滤池、小型水库等工程措施来沉淀、过滤掉有害物质，确保水质达标后，再进入到湖库中。

1.1.3 江河湖库的底泥疏浚工程措施

通过对江河湖库的底泥疏浚，可以将底泥中的营养元素、重金属等有害物质直接去除，这是解决河道底泥污染物释放的有效措施。

1.2 农林工程措施

1.2.1 减少面源污染

在汇流区域内，应科学管理农田，控制施肥量，加强水土保持，减少化肥流失。在有条件的地方，宜建立缓冲带，改变耕种方式，以减少肥料的施用量与流失量。

1.2.2 植树造林，涵养水源

通过森林的综合作用，发挥其涵养水源和调节径流的效能。

1.2.3 发展生态农业

建立养殖业、种植业、林果业相结合的生态工程，将畜禽养殖业排放的粪便有效利用到种植业和林果业，形成一个封闭系统，使生态系统中产生的营养物质在系统中循环利用，而不排入水体，减少对水环境的污染和破坏。

1.3 市政工程措施

1.3.1 加强污染源的综合治理

对于工业污染源，对环境危害严重的应优先安排资金、技术力量给予治理，确保污染物的排放满足总量控制要求。

此外，在水环境综合整治中，还要坚持走集中与分散相结合的道路，在广大农村设置小型的垃圾回收和处理设施，减少面源污染带来的危害。

在工业污染源治理的同时，还要重视对城市生活污水、粪便以及垃圾的治理，逐步兴建生活污水处理厂和城市垃圾处理站，将污染物统一集中处理。

1.3.2 建设城市污水和雨水截流工程

为了有效地控制水体污染，应对合流制下水道的溢流进行严格控制，采取改合流制为分流制（即污水、雨水分别由不同下水道系统收集输送），优化排水系统，积极利用雨水资源等措施与办法。

1.3.3 建设城市污水处理厂并提高其处理效率

考虑城市的自然、地理、经济及人文等实际情况，城市水污染防治的需要以及经济上的可行性等多方面因素的影响，对污水处理厂进行规划。

1.4 生物工程措施

生物工程措施主要考虑利用水生生物及其食物链系统达到去除水体中氮、磷和其他污染物质的目的。

2 非工程措施

（1）加强水质监测、监督、预测及水资源评价工作。

（2）做好地表饮用水源地和地下饮用水源地的保护工作。

（3）积极实施污染物排放总量控制，逐步推行排污许可证制度。

（4）工农业产业结构的合理调整。

（5）水资源保护法律法规的建设。

（6）加大水资源和环境保护的宣传力度，号召全民节约和保护水资源。

项目7 水污染与防治

项目任务书

项目名称		项目综述	参考课时 6
学习型工作任务		任务1 了解水质污染及其危害	2
		任务2 了解水质、水质指标和水质标准	4
		任务3 了解水体污染的自净	
		任务4 了解水污染的防治	
项目任务		让学生了解水污染的相关知识及防治措施	
教学内容		(1)水质污染、水质危害;(2)水质、水质指标和水质标准;(3)水体污染及污染源;(4)主要废水的成分和性质;(5)水体的自净作用与水环境容量,水体污染防治的目标和任务;(6)废水和污泥处理技术;(7)了解废水处理流程	
教学目标	知识	(1)水质污染、水质危害;(2)水质、水质指标和水质标准;(3)水体污染及污染源;(4)主要废水的成分和性质;(5)水体的自净作用与水环境容量,水体污染防治的目标和任务;(6)废水和污泥处理技术;(7)了解废水处理流程	
	技能	能够进行水污染防治的相关工作	
	态度	(1)具有刻苦学习精神;(2)具有吃苦耐劳精神;(3)具有敬业精神;(4)具有团队协作精神;(5)诚实守信	
教学实施		参观仪器室,实地检测,结合图文资料 展示+理论教学	
项目成果		知道水污染及防治的内容及方法	
技术规范		《水利水电工程等级划分及洪水标准》(SL 252—2000),《水电枢纽工程等级划分及设计安全标准》(DL 5180—2003)	

任务1 概 述

【学习目标】 了解水质污染及其危害。
【学习要点】 水质污染、水质危害。

1 水质污染

水质污染是指水体因某种物质的介入,而导致其化学、物理、生物或者放射性等方面特性的改变，从而影响水的有效利用，危害人体健康或者破坏生态环境，造成水质恶化的现象。水污染主要是由于人类排放的各种外源性物质（包括自然界中原先没有的），进入水体后，超出了水体本身自净作用（就是江河湖海可以通过各种物理、化学、生物方法来消除外源性物质）所能承受的范围的一种现象。

水是地球上一切生命赖以生存，也是人类生活和生产中不可缺少的基本物质之一。水资源是人类生存必需的、不可替代的资源。目前，在水方面存在的问题是人口激增、工农业迅速发展，用水量激增，水污染使水资源的供需矛盾加重。

多年来，中国水资源质量不断下降，水环境持续恶化，污染所导致的缺水和事故不断发生，不仅使工厂停产、农业减产甚至绝收，而且造成了不良的社会影响和较大的经济损失，严重地威胁了社会的可持续发展，威胁了人类的生存。中国七大水系的污染程度按大小进行排序，其结果为辽河、海河、淮河、黄河、松花江、珠江、长江，其中，辽河、海河、淮河污染最重。综合考虑中国地表水资源质量现状，符合《地面水环境质量标准》（GB 3838—2002）的Ⅰ、Ⅱ类标准只占32.2%（河段统计），符合Ⅲ类标准的占28.9%，属于Ⅳ、Ⅴ类标准的占38.9%，如果将Ⅲ类标准也作为污染统计，则中国河流长度有67.8%被污染，约占监测河流长度的2/3，可见中国地表水资源污染非常严重 。

2 水质危害

回顾历史，污染的水一直是人类致命疾病的主要起因之一。例如，伤寒和痢疾在不到100年前在欧美是相当普遍的，1900年美国伤寒死亡率为0.358‰，如果这一死亡率持续到今，则伤寒死亡人数将远远超过交通事故死亡的人数。在发展中国家，许多城市至今仍缺乏必要的供水设施，例如印度在8 000万城市居民中约有1/3没有必要的给水设施，结果加尔各答成了南亚的霍乱病流行中心。过去，人们往往错误地认为河流、湖泊、海湾等对容纳废物具有无限的容量，而不断加剧的水污染纠正了人们的这一错觉。正是19世纪中期霍乱、伤寒病蔓延伦敦及欧洲其他一些城市，才引起人们对水污染危害的重视。

当前污染水质的污染物可分为以下八类：

（1）生活污水和其他耗氧废物。

（2）传染病菌和病毒。

（3）植物营养剂，主要是氮和磷，见图7-1。

（4）有机化学合成剂，如杀虫剂、除草剂和合成洗涤剂。

（5）来自工业、矿业及农业操作的其他矿物质和化学物质，见图7-2。

（6）来自土地侵蚀的沉淀物，见图7-3。

（7）放射性物质。

（8）热污染。

2.1 水体污染对人体健康的危害

水是人体主要的组成部分，人体的一切生理活动，如输送营养、调节温度、排泄废物等都要靠水来完成。人喝了被污染的水体或吃了被水体污染的食物，就会给健康带来危害。

饮用水中氟含量过高，会引起牙齿珐斑及色素沉淀，严重时会引起牙齿脱落。相反，含氟量过低时，会发生龋齿病等。当人畜粪便等生物性污染物管理不当也会污染水体，严

图 7-1 洞庭湖绿藻蔓延

图 7-2 广西贺江重金属超标

图 7-3 华北平原地下水污染严重

重时会引起细菌性肠道传染病，如伤寒、霍乱、痢疾等，也会引起某些寄生虫病等。19世纪，欧洲一些城市由于饮水不清洁，时常发生霍乱，1882年德国汉堡市由于饮水不洁，导致霍乱流行，死亡7 500多人。水体中还含有一些可致癌的物质，农民常常施用一些除草剂或除虫剂，如苯胺、苯并(a)芘和其他多环芳烃等，它们都可进入水体。这些污染物可以在悬浮物、底泥和水生生物体内积累，若长期饮用这样的水，就可能诱发癌症。据统计，水污染引发的癌症死亡率在20世纪90年代比30年前高出1.45倍。

2.2 对工业生产的影响

水质受到污染会影响工业产品的产量和质量，造成严重的经济损失。水质污染同时会使工业用水的处理费用增加。

2.3 对农业、渔业生产的影响

农田水分对农作物发育及生长的影响，不仅表现在数量上，而且也表现在质量上。使用污染的天然水体或直接使用污染水来灌溉农田，会破坏土壤，影响农作物的生长，造成减产，严重时则颗粒无收。当土壤被污染的水体污染后，会在今后长时间内失去土壤的功能作用，造成土地资源严重浪费。据统计，由于水污染，已造成了160多万hm^2农田粮食减产，减产粮食达25亿~50亿kg。

水也是水生生物生存的介质。当水受到污染，就会危及水生生物生长和繁衍，并造成渔业大幅度减产。如黄河的兰州段原有18个鱼种，其中8个鱼种现已绝迹。自1987年以来，连续3次发生的死鱼事故，直接经济损失达1 000多万元。由于水体污染也会使鱼的质量下降，据统计，每年由于鱼的质量问题造成的经济损失多达300亿元。

3 水污染的治理难度大

水污染主要是由人类活动产生的污染物造成的，它包括工业污染源、农业污染源和生活污染源三大部分。

随着工业的进步和社会的发展，水污染亦日趋严重，成了世界性的头号环境治理难题。

早在18世纪，英国由于只注重工业发展，而忽视了水资源保护，大量的工业废水、废渣倾入江河，造成泰晤士河污染，基本丧失了利用价值，从而制约了经济的发展，同时影响到人们的健康、生存。之后经过百余年治理，投资5亿多英镑，直到20世纪70年代，泰晤士河的水质才得到改善。

19世纪初，德国莱茵河也发生严重污染，德国政府为此运用严格的法律和投入大量资金致力于水资源保护，经过数十年不懈努力，在莱茵河流经的国家及欧盟共同合作治理下，莱茵河才碧水畅流，达到饮用水标准。

近些年，水质恶化也困扰着美国人。长久以来，纽约市民以自来水质纯美而自豪，其他州的面包商甚至特地使用纽约市自来水以生产货真价实的纽约圈饼。而寄生虫侵入密尔沃基供水系统，造成100人死亡，40万人致病后，水质问题备受关注，纽约市民每天生活在饮水不净的威胁下。1998年，美国总统克林顿宣布了一项投资23亿美元的清洁水行动计划，治理美国已受污染40%的水域。

虽然人们已经尝到污染江河湖泊等天然水资源的恶果，并着手进行治理，但毕竟已经遭受了巨大的损失,虽已醒悟但为时较晚。总之,水污染容易,治理难。

任务2 了解水质、水质指标与水质标准

【学习目标】 了解水质、水质指标和水质标准。
【学习要点】 水质、水质指标和水质标准。

1 水质

水质即水的品质,是指水与其中所含杂质共同表现出来的物理学、化学和生物学的综合特性。水中所含有的杂质,按其存在状态可分为三类,即悬浮物质(是由大于分子尺寸的颗粒组成的,它们借浮力或黏滞力浮于水中)、溶解物质(由分子或离子组成,它们被水的分子结构所支撑)和胶体物质(介于悬浮物质和溶解物质之间)。

2 水质指标

水质指标一般可分为三类。

第一类:物理水质指标,包括感官物理性状指标(温度、色度、浑浊度、嗅和味等)和其他物理性状指标(总固体、溶解固体、悬浮固体、可沉固体、电导率)等。

第二类:化学性水质指标,包括一般的化学性水质指标(酸碱度、硬度、总含盐量、一般有机物质)、有毒的化学性水质指标(重金属、氰化物、农药)和有关氧平衡的水质指标(COD(化学需氧量)、DO(溶解氧)、BOD(生化需氧量)、TOD(总需氧量))等。

第三类:生物学水质指标,包括细菌总数、各种病原菌、病毒等。

以下是对水污染防治工作中最常用的一些指标的说明:

(1)pH值:饮用水的pH值一般适宜为6.5~8.5。生活污水一般呈弱碱性,而一些工业污水的pH值偏离中性范围较远。弱酸性的污废水对混凝土管道有腐蚀作用。

(2)悬浮固体:悬浮固体可利用重力或其他物理作用与水分离。悬浮固体的化学性质十分复杂,可能是无机物,也可能是有机物,还有可能是有毒物质。

(3)COD和BOD:这两项的水质指标都是用来表示水中有机物含量的。天然水中有机物的含量极少,污废水中的有机物含量就多了。它们将在微生物的作用下氧化分解,使水体中溶解氧被消耗或减少。水中的氧含量减少则影响到水中鱼类的生活。当水中的氧被耗尽后有机物会腐化发臭。有机物又是微生物生长的重要营养物质,有毒的有机物更将影响人的健康。因此,废水中有机物浓度是一项十分重要的水质指标。

在水污染的防治中,一般用COD和BOD这两项综合性的间接指标来衡量水中有机污染物的量。只有当某些有机物具有毒性时,才分别测定其含量。

①BOD:表示在有氧条件下,当温度为20 ℃时,由于微生物的活动使可分解的有机物氧化达到稳定状态时所需氧量。但测定生化需氧量所需要量的时间很长,而且生化需氧量也不能反映微生物降解不了的有机物的量。

②COD:是指在一定条件下,水中各种有机物与外加的强氧化剂作用时所消耗的氧化剂的量。化学需氧量可以近似地反映水中有机物的总量。但废水中无机性还原物质也会

消耗强氧化剂,使 COD 值增高。COD 的测定时间短,因此得到了广泛的应用。

3 水质标准

水的用途十分广泛。不同用途的水,对水质有不同的要求,也就是水质标准。水质标准是环境标准的一种。

地面水环境质量标准:依据地面水水域使用目的和保护目标将其划为五类:

Ⅰ类:主要适用于源头水、国家自然保护区。

Ⅱ类:主要适用于集中式生活饮用水源地一级保护区、珍贵鱼类保护区、鱼虾产卵场等。

Ⅲ类:主要适用于集中式生活饮用水源地二级保护区、一般鱼类保护区及游泳区。

Ⅳ类:主要适用于一般工业用水区及人体非直接接触的娱乐用水区。

Ⅴ类:主要适用于农业用水区及一般景观要求水域。同一水域兼有多类用途的,依最高功能划分类别。

3.1 污水综合排放标准

1988 年,国家环保局颁布了《污水综合排放标准》(GB 8978—1988)。该标准根据污染物的毒性储藏对人体、动植物和水环境的影响,将工矿企业和事业单位排放的污染物分为两类:

(1)Ⅰ类污染物指能在环境或动物体内蓄积,对人体健康产生长远不良影响者。对此类污染物,不分其排放的方式和方向,也不分受纳水体的功能级别,一律执行严格的标准值,并规定此类污染物的废水一律在车间或车间处理的排放口取样检验,其最高允许排放标准值见表 7-1。

表 7-1 Ⅰ类污染物最高允许排放浓度

序号	污染物	最高允许排放浓度
1	总汞	0.05 mg/L
2	烷基汞	不得检出
3	总镉	0.1 mg/L
4	总铬	1.5 mg/L
5	六价铬	0.5 mg/L
6	总砷	0.5 mg/L
7	总铅	1.0 mg/L
8	总镍	1.0 mg/L
9	苯并(a)芘	0.000 03 mg/L
10	总铍	0.005 mg/L
11	总银	0.5 mg/L
12	总 α 放射性	1 Bq/L
13	总 β 放射性	10 Bq/L

(2)Ⅱ类污染物指其长远影响小于上类污染物质,其允许排放浓度可略宽。同一水域兼有多类用途的,依最高功能划分类别。

3.2 生活饮用水水质标准

饮用水直接关系到人们的日常生活和身体健康,保证供给人们安全卫生的饮用水,是水环境保护的根本目的。我国在1985年颁布了《生活饮用水卫生标准》(GB 5749—85)。

制定生活饮用水水质标准的主要原则是:

(1)卫生上安全可靠,不含有各种病原微生物和寄生虫卵。

(2)化学成分上对人体健康无害,不应对人体健康产生不良影响或对人体感官产生不良刺激。

(3)使用时不致造成其他不良影响,例如过高的硬度导致水垢的形成等。

3.3 其他水质标准

其他水质标准应与《生活饮用水卫生标准》(GB 5749—2006)的条款不冲突。

《地表水环境质量标准》(GB 3838);

《生活饮用水标准检验方法》(GB/T 5750);

《地下水质量标准》(GB/T 14848);

《二次供水设施卫生规范》(GB 17051);

《饮用水化学处理剂卫生安全性评价》(GB/T 17218);

《生活饮用水输配水设备及防护材料的安全性评价标准》(GB/T 17219);

《城市供水水质标准》(CJ/T 206);

《村镇供水单位资质标准》(SL 308);

卫生部《生活饮用水集中式供水单位卫生规范》。

任务3 水体污染的自净

【学习目标】 (1)了解水体污染及污染源。
(2)了解主要废水的成分和性质。
(3)了解水体的自净作用与水环境容量。

【学习要点】 (1)水体污染及污染源。
(2)主要废水的成分和性质。
(3)水体的自净作用与水环境容量。

1 水体污染及污染源

水体因接受过多的杂质而导致其物理、化学及生物学特性的改变和水质的恶化,从而影响水的有效利用,危害人体健康的现象,就是人们常说的水污染。根据污染物质及其形成污染的性质,可以将水污染分成如下几种。

1.1 化学性污染

常见的化学性污染有以下几种:

(1)酸碱污染。使水体的pH值发生变化,抑制细菌和其他微生物的生长,影响水体的生物自净作用,还会腐蚀船舶和水下建筑,影响渔业,破坏生态平衡,并使水体不适于作饮用水源或其他工农业用水。

(2)重金属污染。对人体健康和生态环境危害极大,如汞、镉、铅、砷、铬等。

(3)需氧性有机物污染。也称耗氧性有机物污染。如碳水化合物、蛋白质、脂肪和酚、醇等有机物,可在微生物的作用下进行分解,分解过程中需要耗氧,因此统称为需(耗)氧性物质。大量需氧性物质排入水体,会引起微生物的繁殖和溶解氧的消耗。水中氧过少时,影响鱼类及水生生物的生长。水中氧耗尽后,有机物将由于厌氧微生物的作用而发酵,会产生带有恶臭的气体,使水质变黑发臭,造成水环境严重恶化。

(4)营养物质污染。又称富营养污染。生活污水和某些工业废水常含有一定数量的氮、磷等营养物质,农田中也会有一些氮肥、磷肥等流入水体,造成藻类大量繁殖,这种现象称为"富营养化"。大量藻类的生长,覆盖了大片水面,减少鱼类的生活空间,藻类死亡后会消耗水中的溶解氧,并释放出更多的营养物质。如此周而复始,恶性循环,最终将导致水质恶化,鱼类死亡,水草丛生,水体衰亡。

(5)有机毒物污染。如农药、有机染料、多环芳烃等,具有毒性,有的能引起急性中毒,有的可引起慢性中毒,有的还有致癌、致畸、致突变作用。

1.2 物理性污染

常见的物理性污染有以下几种:

(1)悬浮物污染。影响水体外观,增加水体的浑浊度,妨碍水中植物的光合作用等。

(2)热污染。主要是由工厂等排放的冷却水。会使水温升高,使水中的溶解氧下降,微生物活动加强,使有些有毒物质的毒性加大等。

(3)放射性污染。主要由原子能工业及应用放射性同位素的单位引起的。

1.3 生物性污染

生物性污染主要指病菌及病毒的污染,如生活污水和医院的污水。

2 主要废水的成分和性质

2.1 生活污水

生活污水是人们日常生活中产生的污水,主要含有人的排泄物和生活废料,如厕所排水、浴室排水等。

生活污水的特征是水质比较稳定、浑浊、深色,具有恶臭和微碱性,一般不含有毒物质,但含有大量的营养物质,且含有大量病毒、细菌和寄生虫卵。

2.2 工业废水

随着工业类型的不同,工业废水的性质不同,总体是比较复杂。

按工业废水中所含主要污染物的化学性质分类,分为含无机污染物为主的无机废水、含有机污染物为主的有机废水、兼含有机物和无机物的混合废水、重金属废水、含放射性物质的废水和仅受热污染的冷却水。例如电镀废水和矿物加工过程产生的废水是无机废水,食品或石油加工过程产生的废水是有机废水,印染行业生产过程产生的是混合废水。不同的行业排除的废水含有的成分不一样。

按工业企业的产品和加工对象可分为造纸废水、纺织废水、制革废水、农药废水、冶金废水、炼油废水等。

按废水中所含污染物的主要成分可分为酸性废水、碱性废水、含酚废水、含铬废水、含有机磷废水和放射性废水等。

2.3 畜禽养殖业废水

畜禽养殖业废水主要是指规模养殖场排放的废水。其特点是耗氧性物质较多。

3 水体的自净作用与水环境容量

3.1 水体自净作用

水体具有消纳一定量的污染物质,使自身的质量保持洁净的能力,人们常常称其为水体的自净。水体的自净过程比较复杂,包括以下几个方面。

3.1.1 废水在水体中的稀释

其实质是污染物在水体中因扩散而降低了浓度,稀释既不改变,也不能去除污染物。

3.1.2 水体的生化净化

有机污染物在进入水体后,在微生物的作用下氧化分解为无机物的过程,可以使有机污染物的浓度大大降低,这就是水体的生化自净作用。生化自净作用需要耗氧,所消耗的氧若得不到及时的补充,生化自净过程就要停止,水体水质就要恶化。因此,生化自净过程实际上包括了氧的消耗和氧的补充两方面的作用。氧的补充和恢复有以下两种途径:

(1)大气中的氧向浓度低的水体扩散,使水体中的溶解氧得到增加。

(2)水中植物的光合作用放出氧气。

3.1.3 水体中细菌的衰亡

水体中细菌的衰亡也是一个很重要的自净作用,促使水中细菌数量减少的主要原因有:

(1)水体的自净作用使水中的有机物的数量日渐减少,细菌因缺少营养而逐渐减少。

(2)水中生长的纤毛类原生动物、浮游动物等不断吞食细菌,使其数量逐渐减少。

(3)日光杀菌。

3.2 水环境容量

水体所具有的自净能力就是水环境接纳一定量污染物的能力。一定水体所能容纳污染物的最大负荷称为水环境容量。

任务4 水污染的防治

【学习目标】 (1)了解水体污染防治的目标和任务。
(2)了解废水和污泥处理技术。
(3)了解废水处理流程。

【学习要点】 (1)水体污染防治的目标和任务。
(2)废水和污泥处理技术。
(3)了解废水处理流程。

水污染是当今世界很多国家面临的一大环境问题,它严重威胁着人类的生命和健康,阻碍了经济的发展,是可持续发展的制约因素。因此,世界各国必须积极进行水污染防治工作。

1 水体污染防治的目标与任务

1.1 水污染防治的目标

(1)确保饮用水源的水质。

(2)恢复各类水体的使用功能。

(3)恢复地面水体的水质,增强可观性,增加人类居住区的悦人景色。

1.2 水污染防治的任务

(1)进行水污染防治规划,制订应采取的防治措施。

(2)加强污染源控制,采取有效措施,减少污染源污染物的排放量。

(3)对各类废水进行处理,达标排放。

(4)通过法律、行政、技术等一系列措施,加强对水资源的保护。

1.3 水污染防治的原则——防、治、管三结合

(1)防:通过有关措施,使污染物的排放量降低到最少;对水污染的防治,必须从防做起。

(2)治:是水污染防治中不可缺少的一环。对污染源要实现零排放是很困难的,而且有时是不可能的,例如生活污水的排放就不可能避免。

(3)管:是指对污染源、水体及处理设施的管理。

2 废水处理技术

2.1 物理法

物理法废水处理技术主要是使悬浮状态的污染物质与废水分离。

(1)截流:以栅格或筛网作为污水处理厂的第一个处理工序。

(2)沉淀:工作原理是重力沉降。

(3)过滤:利用粒状介质层截留水中细小悬浮物的方法。过滤常用于废水的深度处理和饮用水的处理过程。

(4)气浮:是利用高度分散的微小气泡作为载体去黏附废水。

(5)离心分离:使水高速旋转,利用离心力分离水中悬浮颗粒的方法。

(6)膜分离:利用过滤性膜选择透性对水中杂质进行浓缩、分离的方法,统称为膜分离。

2.2 化学法

化学法是利用某种化学反应,使废水中污染物质的性质或形态发生改变,而从水中除去的方法。

(1)混凝:投放化学药剂以破坏胶体和悬浮颗粒在水中形成的稳定分散系,使其聚集为具有沉降性能的絮状体,即为混凝。混凝所形成的絮状体可通过沉淀法去除。

(2)中和:主要是对酸性或碱性废水。

(3)氧化还原:通过化学药剂与污染物质之间的氧化还原反应,将废水中的有毒、有害物质转化为无毒或微毒物质的方法,称为氧化还原法。

(4)化学沉淀:向水中投加某种化学药剂,使其与水中的溶解性污染物质发生互换反应,生成难溶于水的盐类,即可从水中沉淀而去除。

(5)磁力分离:是利用磁场力截留和分离废水中污染物质的方法,主要应用于去除废水中磁性及非磁性悬浮物和重金属离子,对废水中有机物和营养物质的去除也有帮助。

(6)溶剂萃取:萃取过程指将与水不相互溶解且密度小于水的特定有机溶剂(称为萃取剂)与被处理水接触,在物理(溶解)或化学(络合等)作用下,使原来溶解于水中的某种组分由水相转移至有机相的过程。

(7)吸附:为一种物质附着在另一种物质表面上的过程,它可发生在气—液、气—固、液—固两相之间,用于废水处理的吸附是液—固两相之间的物质转移过程。活性炭、焦炭、煤渣、木屑等都可用作吸附剂。

(8)离子交换:水中离子态污染物与不溶于水的离子化合物发生离子交换的反应,称为离子交换。

(9)电解:电解质溶液在直流电作用下发生的化学反应被称为电解,电解是电能转变为化学能的过程。

2.3 生物法

利用生物的作用,使废水中溶解状及颗粒状有机物质得到氧化分解的方法,即为生物处理法(即生物法)。生物法具有投资少、效益高、运行费用低等优点,在城市污水和工业污水处理中得到了最广泛的应用。下面介绍几种常用的生物污水处理法。

(1)活性污泥法:活性污泥是由大量繁殖的悬浮状的微生物絮凝体组成的。向活性污泥与污水的混合液中不断充氧,微生物即能将污水中的有机物氧化分解,同时不断生长繁殖。停止曝气后,活性污泥在重力作用下沉降,从而与水体分离。

(2)生物膜法:微生物附着生长于某种载体的表面,形成一定厚度的生物膜并利用生物膜处理废水的方法,即为生物膜法。

(3)厌氧生物处理技术:厌氧生物处理技术是在无氧条件下,利用兼性菌和厌氧菌分解稳定有机物的生物处理方法。厌氧生物处理与好氧生物处理的显著不同在于:①它不需要供氧;②其最终产物是热值很高的甲烷,可被利用作能源。

2.4 天然的生物净化系统

存在于天然条件下的大量微生物生命活动,对废水具有极好的净化作用。利用天然条件下微生物活动处理废水的系统,统称为天然的生物净化系统。

3 污泥处理技术概述

废水处理过程中产生的大量污泥,因其中含有大量污染物,必须对其进行妥善处理,以防止其对环境的危害。污染的处理主要包括如下:

(1)稳定处理:目的是稳定其中的污染物。最常用的方法是厌氧消化法,可以将其中大部分的病原菌及寄生虫卵杀死,还可产生沼气,用作燃料。

(2)脱水处理:使污泥的体积进一步变小。

(3)最终处理:有的可做肥料,不能做肥料的可直接填埋、投海或将其焚烧掉。

4　废水处理流程

一般来说，废水处理分为以下3步（见图7-4）：

（1）预处理（一级处理，物理处理）：主要是指去除大粒径的物质，也去除部分的有机物质，比如树叶、水中的塑料袋、沙粒等，一般使用格栅间（粗的和细的）、沉砂池、沉淀池。

（2）二级处理（主体工艺）：去除有机物的主体工艺，使用的工艺多，比如传统活性污泥法、氧化沟法、生物滤池、生物转盘、生物流化床法等。后面要接上二沉池，这个当然要根据主体工艺来确定。

（3）三级处理（深度处理）：有些主体工艺去除氮磷效果不是太好，需要再串联工艺，使氮、磷达标排放，最后排放之前要进行消毒，这一步是必须的，选用的方法根据经济条件而定，包括加氯消毒、臭氧消毒、紫外线消毒。

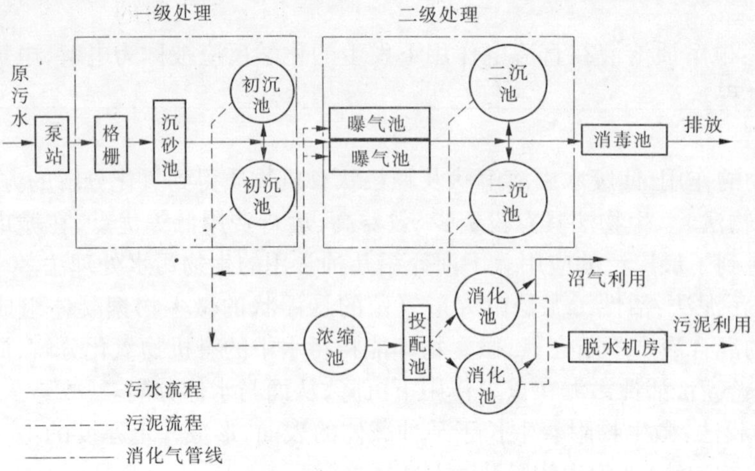

图7-4　城市废水处理流程

项目8　水　法

项目任务书

<table>
<tr><td colspan="2">项目名称</td><td>项目综述</td><td>参考课时　4</td></tr>
<tr><td colspan="2" rowspan="2">学习型工作任务</td><td>任务1　了解《水法》的基本框架和主要内容</td><td>2</td></tr>
<tr><td>任务2　熟悉《水法》的释义</td><td>2</td></tr>
<tr><td colspan="2">项目任务</td><td colspan="2">让学生熟悉《水法》的基本框架、主要内容和释义</td></tr>
<tr><td colspan="2">教学内容</td><td colspan="2">(1)《水法》的基本框架和主要内容;(2)水资源开发利用的有关规定;(3)建立饮用水水源保护区制度的有关规定;(4)设置、新建、改建或者扩大排污口的有关规定;(5)河道管理范围内禁止行为的有关规定</td></tr>
<tr><td rowspan="3">教学目标</td><td>知识</td><td colspan="2">(1)《水法》的基本框架和主要内容;(2)水资源开发利用的有关规定;(3)建立饮用水水源保护区制度的有关规定;(4)设置、新建、改建或者扩大排污口的有关规定;(5)河道管理范围内禁止行为的有关规定</td></tr>
<tr><td>技能</td><td colspan="2">(1)了解《水法》内容;(2)掌握《水法》在水行政执法中的重要规定</td></tr>
<tr><td>态度</td><td colspan="2">(1)具有刻苦学习精神;(2)具有吃苦耐劳精神;(3)具有敬业精神;(4)具有团队协作精神;(5)诚实守信</td></tr>
<tr><td colspan="2">教学实施</td><td colspan="2">展示+理论教学</td></tr>
<tr><td colspan="2">项目成果</td><td colspan="2">知道《水法》及其重要规定</td></tr>
<tr><td colspan="2">技术规范</td><td colspan="2">《中华人民共和国水法》</td></tr>
</table>

《中华人民共和国水法》(简称《水法》)是为了合理开发、利用、节约和保护水资源,防治水害,实现水资源的可持续利用,适应国民经济和社会发展的需要而制定的法规。第九届全国人民代表大会常务委员会第二十九次会议于2002年8月29日修订通过,自2002年10月1日起施行。

第一章　总　则

本章共计13条,主要对本法立法宗旨、调整对象、基本原则和适用范围等重要原则问题做出规定,是统领全篇的总规则,对其他章节的规定具有概括和指导作用。

本章主要有以下规定:水资源权属的法律制度,开发、利用、节约、保护水资源应当遵循的基本原则,县级以上人民政府应当加强水利基础设施建设,国家对水资源实行取水许可和有偿使用制度，厉行节约用水，建立节水型社会以及水资源管理制度的规定。

第一条 为了合理开发、利用、节约和保护水资源，防治水害，实现水资源的可持续利用，适应国民经济和社会发展的需要，制定本法。

第二条 在中华人民共和国领域内开发、利用、节约、保护、管理水资源，防治水害，适用本法。

本法所称水资源，包括地表水和地下水。

第三条 水资源属于国家所有。水资源的所有权由国务院代表国家行使。农村集体经济组织的水塘和由农村集体经济组织修建管理的水库中的水，归该农村集体经济组织使用。

第四条 开发、利用、节约、保护水资源和防治水害，应当全面规划、统筹兼顾、标本兼治、综合利用、讲求效益，发挥水资源的多种功能，协调好生活、生产经营和生态环境用水。

第五条 县级以上人民政府应当加强水利基础设施建设，并将其纳入本级国民经济和社会发展计划。

第六条 国家鼓励单位和个人依法开发、利用水资源，并保护其合法权益。开发、利用水资源的单位和个人有依法保护水资源的义务。

第七条 国家对水资源依法实行取水许可制度和有偿使用制度。但是，农村集体经济组织及其成员使用本集体经济组织的水塘、水库中的水的除外。国务院水行政主管部门负责全国取水许可制度和水资源有偿使用制度的组织实施。

第八条 国家厉行节约用水，大力推行节约用水措施，推广节约用水新技术、新工艺，发展节水型工业、农业和服务业，建立节水型社会。

各级人民政府应当采取措施，加强对节约用水的管理，建立节约用水技术开发推广体系，培育和发展节约用水产业。

单位和个人有节约用水的义务。

第九条 国家保护水资源，采取有效措施，保护植被，植树种草，涵养水源，防治水土流失和水体污染，改善生态环境。

第十条 国家鼓励和支持开发、利用、节约、保护、管理水资源和防治水害的先进科学技术的研究、推广和应用。

第十一条 在开发、利用、节约、保护、管理水资源和防治水害等方面成绩显著的单位和个人，由人民政府给予奖励。

第十二条 国家对水资源实行流域管理与行政区域管理相结合的管理体制。

国务院水行政主管部门负责全国水资源的统一管理和监督工作。

国务院水行政主管部门在国家确定的重要江河、湖泊设立的流域管理机构（以下简称流域管理机构），在所管辖的范围内行使法律、行政法规规定的和国务院水行政主管部门授予的水资源管理和监督职责。

县级以上地方人民政府水行政主管部门按照规定的权限，负责本行政区域内水资源的统一管理和监督工作。

第十三条 国务院有关部门按照职责分工，负责水资源开发、利用、节约和保护的有关工作。

县级以上地方人民政府有关部门按照职责分工，负责本行政区域内水资源开发、利用、节约和保护的有关工作。

第二章 水资源规划

第十四条 国家制定全国水资源战略规划。

开发、利用、节约、保护水资源和防治水害，应当按照流域、区域统一制定规划。规划分为流域规划和区域规划。流域规划包括流域综合规划和流域专业规划；区域规划包括区域综合规划和区域专业规划。

前款所称综合规划，是指根据经济社会发展需要和水资源开发利用现状编制的开发、利用、节约、保护水资源和防治水害的总体部署。前款所称专业规划，是指防洪、治涝、灌溉、航运、供水、水力发电、竹木流放、渔业、水资源保护、水土保持、防沙治沙、节约用水等规划。

第十五条 流域范围内的区域规划应当服从流域规划，专业规划应当服从综合规划。

流域综合规划和区域综合规划以及与土地利用关系密切的专业规划，应当与国民经济和社会发展规划以及土地利用总体规划、城市总体规划和环境保护规划相协调，兼顾各地区、各行业的需要。

第十六条 制定规划，必须进行水资源综合科学考察和调查评价。水资源综合科学考察和调查评价，由县级以上人民政府水行政主管部门会同同级有关部门组织进行。

县级以上人民政府应当加强水文、水资源信息系统建设。县级以上人民政府水行政主管部门和流域管理机构应当加强对水资源的动态监测。

基本水文资料应当按照国家有关规定予以公开。

第十七条 国家确定的重要江河、湖泊的流域综合规划，由国务院水行政主管部门会同国务院有关部门和有关省、自治区、直辖市人民政府编制，报国务院批准。跨省、自治区、直辖市的其他江河、湖泊的流域综合规划和区域综合规划，由有关流域管理机构会同江河、湖泊所在地的省、自治区、直辖市人民政府水行政主管部门和有关部门编制，分别经有关省、自治区、直辖市人民政府审查提出意见后，报国务院水行政主管部门审核；国务院水行政主管部门征求国务院有关部门意见后，报国务院或者其授权的部门批准。

前款规定以外的其他江河、湖泊的流域综合规划和区域综合规划，由县级以上地方人民政府水行政主管部门会同同级有关部门和有关地方人民政府编制，报本级人民政府或者其授权的部门批准，并报上一级水行政主管部门备案。

专业规划由县级以上人民政府有关部门编制，征求同级其他有关部门意见后，报本级人民政府批准。其中，防洪规划、水土保持规划的编制、批准，依照防洪法、水土保持法的有关规定执行。

第十八条 规划一经批准，必须严格执行。

经批准的规划需要修改时，必须按照规划编制程序经原批准机关批准。

第十九条 建设水工程，必须符合流域综合规划。在国家确定的重要江河、湖泊和跨省、自治区、直辖市的江河、湖泊上建设水工程，其工程可行性研究报告报请批准前，有关流域管理机构应当对水工程的建设是否符合流域综合规划进行审查并签署意见；在其他江河、湖泊上建设水工程，其工程可行性研究报告报请批准前，县级以上地方人民政府水行政主管部门应当按照管理权限对水工程的建设是否符合流域综合规划进行审查并签署意见。水工程建设涉及防洪的，依照防洪法的有关规定执行；涉及其他地区和行业的，建设单位应当事先征求有关地区和部门的意见。

第三章　水资源开发利用

第二十条　开发、利用水资源，应当坚持兴利与除害相结合，兼顾上下游、左右岸和有关地区之间的利益，充分发挥水资源的综合效益，并服从防洪的总体安排。

第二十一条　开发、利用水资源，应当首先满足城乡居民生活用水，并兼顾农业、工业、生态环境用水以及航运等需要。

在干旱和半干旱地区开发、利用水资源，应当充分考虑生态环境用水需要。

第二十二条　跨流域调水，应当进行全面规划和科学论证，统筹兼顾调出和调入流域的用水需要，防止对生态环境造成破坏。

第二十三条　地方各级人民政府应当结合本地区水资源的实际情况，按照地表水与地下水统一调度开发、开源与节流相结合、节流优先和污水处理再利用的原则，合理组织开发、综合利用水资源。

国民经济和社会发展规划以及城市总体规划的编制、重大建设项目的布局，应当与当地水资源条件和防洪要求相适应，并进行科学论证；在水资源不足的地区，应当对城市规模和建设耗水量大的工业、农业和服务业项目加以限制。

第二十四条　在水资源短缺的地区，国家鼓励对雨水和微咸水的收集、开发、利用和对海水的利用、淡化。

第二十五条　地方各级人民政府应当加强对灌溉、排涝、水土保持工作的领导，促进农业生产发展；在容易发生盐碱化和渍害的地区，应当采取措施，控制和降低地下水的水位。

农村集体经济组织或者其成员依法在本集体经济组织所有的集体土地或者承包土地上投资兴建水工程设施的，按照谁投资建设谁管理和谁受益的原则，对水工程设施及其蓄水进行管理和合理使用。

农村集体经济组织修建水库应当经县级以上地方人民政府水行政主管部门批准。

第二十六条　国家鼓励开发、利用水能资源。在水能丰富的河流，应当有计划地进行多目标梯级开发。

建设水力发电站，应当保护生态环境，兼顾防洪、供水、灌溉、航运、竹木流放和渔业等方面的需要。

第二十七条　国家鼓励开发、利用水运资源。在水生生物洄游通道、通航或者竹木流放的河流上修建永久性拦河闸坝，建设单位应当同时修建过鱼、过船、过木设施，或者经国务院授权的部门批准采取其他补救措施，并妥善安排施工和蓄水期间的水生生物保护、航运和竹木流放，所需费用由建设单位承担。

在不通航的河流或者人工水道上修建闸坝后可以通航的，闸坝建设单位应当同时修建过船设施或者预留过船设施位置。

第二十八条 任何单位和个人引水、截(蓄)水、排水,不得损害公共利益和他人的合法权益。

第二十九条 国家对水工程建设移民实行开发性移民的方针,按照前期补偿、补助与后期扶持相结合的原则,妥善安排移民的生产和生活,保护移民的合法权益。

移民安置应当与工程建设同步进行。建设单位应当根据安置地区的环境容量和可持续发展的原则,因地制宜,编制移民安置规划,经依法批准后,由有关地方人民政府组织实施。所需移民经费列入工程建设投资计划。

第四章 水资源、水域和水工程的保护

第三十条 县级以上人民政府水行政主管部门、流域管理机构以及其他有关部门在制定水资源开发、利用规划和调度水资源时,应当注意维持江河的合理流量和湖泊、水库以及地下水的合理水位,维护水体的自然净化能力。

第三十一条 从事水资源开发、利用、节约、保护和防治水害等水事活动,应当遵守经批准的规划;因违反规划造成江河和湖泊水域使用功能降低、地下水超采、地面沉降、水体污染的,应当承担治理责任。

开采矿藏或者建设地下工程,因疏干排水导致地下水水位下降、水源枯竭或者地面塌陷,采矿单位或者建设单位应当采取补救措施;对他人生活和生产造成损失的,依法给予补偿。

第三十二条 国务院水行政主管部门会同国务院环境保护行政主管部门、有关部门和有关省、自治区、直辖市人民政府,按照流域综合规划、水资源保护规划和经济社会发展要求,拟定国家确定的重要江河、湖泊的水功能区划,报国务院批准。跨省、自治区、直辖市的其他江河、湖泊的水功能区划,由有关流域管理机构会同江河、湖泊所在地的省、自治区、直辖市人民政府水行政主管部门、环境保护行政主管部门和其他有关部门拟定,分别经有关省、自治区、直辖市人民政府审查提出意见后,由国务院水行政主管部门会同国务院环境保护行政主管部门审核,报国务院或者其授权的部门批准。

前款规定以外的其他江河、湖泊的水功能区划,由县级以上地方人民政府水行政主管部门会同同级人民政府环境保护行政主管部门和有关部门拟定,报同级人民政府或者其授权的部门批准,并报上一级水行政主管部门和环境保护行政主管部门备案。

县级以上人民政府水行政主管部门或者流域管理机构应当按照水功能区对水质的要求和水体的自然净化能力,核定该水域的纳污能力,向环境保护行政主管部门提出该水域的限制排污总量意见。

县级以上地方人民政府水行政主管部门和流域管理机构应当对水功能区的水质状况进行监测,发现重点污染物排放总量超过控制指标的,或者水功能区的水质未达到水域使用功能对水质的要求的,应当及时报告有关人民政府采取治理措施,并向环境保护行政主管部门通报。

第三十三条 国家建立饮用水水源保护区制度。省、自治区、直辖市人民政府应当划定饮用水水源保护区,并采取措施,防止水源枯竭和水体污染,保证城乡居民饮用水安全。

第三十四条 禁止在饮用水水源保护区内设置排污口。

在江河、湖泊新建、改建或者扩大排污口，应当经过有管辖权的水行政主管部门或者流域管理机构同意，由环境保护行政主管部门负责对该建设项目的环境影响报告书进行审批。

第三十五条 从事工程建设，占用农业灌溉水源、灌排工程设施，或者对原有灌溉用水、供水水源有不利影响的，建设单位应当采取相应的补救措施；造成损失的，依法给予补偿。

第三十六条 在地下水超采地区，县级以上地方人民政府应当采取措施，严格控制开采地下水。在地下水严重超采地区，经省、自治区、直辖市人民政府批准，可以划定地下水禁止开采或者限制开采区。在沿海地区开采地下水，应当经过科学论证，并采取措施，防止地面沉降和海水入侵。

第三十七条 禁止在江河、湖泊、水库、运河、渠道内弃置、堆放阻碍行洪的物体和种植阻碍行洪的林木及高秆作物。

禁止在河道管理范围内建设妨碍行洪的建筑物、构筑物以及从事影响河势稳定、危害河岸堤防安全和其他妨碍河道行洪的活动。

第三十八条 在河道管理范围内建设桥梁、码头和其他拦河、跨河、临河建筑物、构筑物，铺设跨河管道、电缆，应当符合国家规定的防洪标准和其他有关的技术要求，工程建设方案应当依照防洪法的有关规定报经有关水行政主管部门审查同意。

因建设前款工程设施，需要扩建、改建、拆除或者损坏原有水工程设施的，建设单位应当负担扩建、改建的费用和损失补偿。但是，原有工程设施属于违法工程的除外。

第三十九条 国家实行河道采砂许可制度。河道采砂许可制度实施办法，由国务院规定。

在河道管理范围内采砂，影响河势稳定或者危及堤防安全的，有关县级以上人民政府水行政主管部门应当划定禁采区和规定禁采期，并予以公告。

第四十条 禁止围湖造地。已经围垦的，应当按照国家规定的防洪标准有计划地退地还湖。

禁止围垦河道。确需围垦的，应当经过科学论证，经省、自治区、直辖市人民政府水行政主管部门或者国务院水行政主管部门同意后，报本级人民政府批准。

第四十一条 单位和个人有保护水工程的义务，不得侵占、毁坏堤防、护岸、防汛、水文监测、水文地质监测等工程设施。

第四十二条 县级以上地方人民政府应当采取措施，保障本行政区域内水工程，特别是水坝和堤防的安全，限期消除险情。水行政主管部门应当加强对水工程安全的监督管理。

第四十三条 国家对水工程实施保护。国家所有的水工程应当按照国务院的规定划定工程管理和保护范围。

国务院水行政主管部门或者流域管理机构管理的水工程，由主管部门或者流域管理机构商有关省、自治区、直辖市人民政府划定工程管理和保护范围。

前款规定以外的其他水工程，应当按照省、自治区、直辖市人民政府的规定，划定工程保护范围和保护职责。

在水工程保护范围内，禁止从事影响水工程运行和危害水工程安全的爆破、打井、采石、取土等活动。

第五章　水资源配置和节约使用

第四十四条　国务院发展计划主管部门和国务院水行政主管部门负责全国水资源的宏观调配。全国的和跨省、自治区、直辖市的水中长期供求规划，由国务院水行政主管部门会同有关部门制订，经国务院发展计划主管部门审查批准后执行。地方的水中长期供求规划，由县级以上地方人民政府水行政主管部门会同同级有关部门依据上一级水中长期供求规划和本地区的实际情况制订，经本级人民政府发展计划主管部门审查批准后执行。

水中长期供求规划应当依据水的供求现状、国民经济和社会发展规划、流域规划、区域规划，按照水资源供需协调、综合平衡、保护生态、厉行节约、合理开源的原则制定。

第四十五条　调蓄径流和分配水量，应当依据流域规划和水中长期供求规划，以流域为单元制定水量分配方案。

跨省、自治区、直辖市的水量分配方案和旱情紧急情况下的水量调度预案，由流域管理机构商有关省、自治区、直辖市人民政府制订，报国务院或者其授权的部门批准后执行。其他跨行政区域的水量分配方案和旱情紧急情况下的水量调度预案，由共同的上一级人民政府水行政主管部门商有关地方人民政府制订，报本级人民政府批准后执行。

水量分配方案和旱情紧急情况下的水量调度预案经批准后，有关地方人民政府必须执行。

在不同行政区域之间的边界河流上建设水资源开发、利用项目，应当符合该流域经批准的水量分配方案，由有关县级以上地方人民政府报共同的上一级人民政府水行政主管部门或者有关流域管理机构批准。

第四十六条　县级以上地方人民政府水行政主管部门或者流域管理机构应当根据批准的水量分配方案和年度预测来水量，制定年度水量分配方案和调度计划，实施水量统一调度；有关地方人民政府必须服从。

国家确定的重要江河、湖泊的年度水量分配方案，应当纳入国家的国民经济和社会发展年度计划。

第四十七条　国家对用水实行总量控制和定额管理相结合的制度。

省、自治区、直辖市人民政府有关行业主管部门应当制订本行政区域内行业用水定额，报同级水行政主管部门和质量监督检验行政主管部门审核同意后，由省、自治区、直辖市人民政府公布，并报国务院水行政主管部门和国务院质量监督检验行政主管部门备案。

县级以上地方人民政府发展计划主管部门会同同级水行政主管部门，根据用水定额、经济技术条件以及水量分配方案确定的可供本行政区域使用的水量，制定年度用水计划，对本行政区域内的年度用水实行总量控制。

第四十八条　直接从江河、湖泊或者地下取用水资源的单位和个人，应当按照国家取水许可制度和水资源有偿使用制度的规定，向水行政主管部门或者流域管理机构申请领取取水许可证，并缴纳水资源费，取得取水权。但是，家庭生活和零星散养、圈养畜禽饮用等少量取水的除外。

实施取水许可制度和征收管理水资源费的具体办法，由国务院规定。

第四十九条 用水应当计量，并按照批准的用水计划用水。

用水实行计量收费和超定额累进加价制度。

第五十条 各级人民政府应当推行节水灌溉方式和节水技术，对农业蓄水、输水工程采取必要的防渗漏措施，提高农业用水效率。

第五十一条 工业用水应当采用先进技术、工艺和设备，增加循环用水次数，提高水的重复利用率。

国家逐步淘汰落后的、耗水量高的工艺、设备和产品，具体名录由国务院经济综合主管部门会同国务院水行政主管部门和有关部门制定并公布。生产者、销售者或者生产经营中的使用者应当在规定的时间内停止生产、销售或者使用列入名录的工艺、设备和产品。

第五十二条 城市人民政府应当因地制宜采取有效措施，推广节水型生活用水器具，降低城市供水管网漏失率，提高生活用水效率；加强城市污水集中处理，鼓励使用再生水，提高污水再生利用率。

第五十三条 新建、扩建、改建建设项目，应当制订节水措施方案，配套建设节水设施。节水设施应当与主体工程同时设计、同时施工、同时投产。

供水企业和自建供水设施的单位应当加强供水设施的维护管理，减少水的漏失。

第五十四条 各级人民政府应当积极采取措施，改善城乡居民的饮用水条件。

第五十五条 使用水工程供应的水，应当按照国家规定向供水单位缴纳水费。供水价格应当按照补偿成本、合理收益、优质优价、公平负担的原则确定。具体办法由省级以上人民政府价格主管部门会同同级水行政主管部门或者其他供水行政主管部门依据职权制定。

第六章　水事纠纷处理与执法监督检查

第五十六条 不同行政区域之间发生水事纠纷的，应当协商处理；协商不成的，由上一级人民政府裁决，有关各方必须遵照执行。在水事纠纷解决前，未经各方达成协议或者共同的上一级人民政府批准，在行政区域交界线两侧一定范围内，任何一方不得修建排水、阻水、取水和截（蓄）水工程，不得单方面改变水的现状。

第五十七条 单位之间、个人之间、单位与个人之间发生的水事纠纷，应当协商解决；当事人不愿协商或者协商不成的，可以申请县级以上地方人民政府或者其授权的部门调解，也可以直接向人民法院提起民事诉讼。县级以上地方人民政府或者其授权的部门调解不成的，当事人可以向人民法院提起民事诉讼。

在水事纠纷解决前，当事人不得单方面改变现状。

第五十八条 县级以上人民政府或者其授权的部门在处理水事纠纷时，有权采取临时处置措施，有关各方或者当事人必须服从。

第五十九条 县级以上人民政府水行政主管部门和流域管理机构应当对违反本法的行为加强监督检查并依法进行查处。

水政监督检查人员应当忠于职守，秉公执法。

第六十条 县级以上人民政府水行政主管部门、流域管理机构及其水政监督检查人员履行本法规定的监督检查职责时，有权采取下列措施：

（一）要求被检查单位提供有关文件、证照、资料；

（二）要求被检查单位就执行本法的有关问题作出说明；

（三）进入被检查单位的生产场所进行调查；

（四）责令被检查单位停止违反本法的行为，履行法定义务。

第六十一条 有关单位或者个人对水政监督检查人员的监督检查工作应当给予配合，不得拒绝或者阻碍水政监督检查人员依法执行职务。

第六十二条 水政监督检查人员在履行监督检查职责时，应当向被检查单位或者个人出示执法证件。

第六十三条 县级以上人民政府或者上级水行政主管部门发现本级或者下级水行政主管部门在监督检查工作中有违法或者失职行为的，应当责令其限期改正。

第七章 法律责任

第六十四条 水行政主管部门或者其他有关部门以及水工程管理单位及其工作人员，利用职务上的便利收取他人财物、其他好处或者玩忽职守，对不符合法定条件的单位或者个人核发许可证、签署审查同意意见，不按照水量分配方案分配水量，不按照国家有关规定收取水资源费，不履行监督职责，或者发现违法行为不予查处，造成严重后果，构成犯罪的，对负有责任的主管人员和其他直接责任人员依照刑法的有关规定追究刑事责任；尚不够刑事处罚的，依法给予行政处分。

第六十五条 在河道管理范围内建设妨碍行洪的建筑物、构筑物，或者从事影响河势稳定、危害河岸堤防安全和其他妨碍河道行洪的活动的，由县级以上人民政府水行政主管部门或者流域管理机构依据职权，责令停止违法行为，限期拆除违法建筑物、构筑物，恢复原状；逾期不拆除、不恢复原状的，强行拆除，所需费用由违法单位或者个人负担，并处一万元以上十万元以下的罚款。

未经水行政主管部门或者流域管理机构同意，擅自修建水工程，或者建设桥梁、码头和其他拦河、跨河、临河建筑物、构筑物，铺设跨河管道、电缆，且防洪法未作规定的，由县级以上人民政府水行政主管部门或者流域管理机构依据职权，责令停止违法行为，限期补办有关手续；逾期不补办或者补办未被批准的，责令限期拆除违法建筑物、构筑物；逾期不拆除的，强行拆除，所需费用由违法单位或者个人负担，并处一万元以上十万元以下的罚款。

虽经水行政主管部门或者流域管理机构同意，但未按照要求修建前款所列工程设施的，由县级以上人民政府水行政主管部门或者流域管理机构依据职权，责令限期改正，按照情节轻重，处一万元以上十万元以下的罚款。

第六十六条 有下列行为之一，且防洪法未作规定的，由县级以上人民政府水行政主管部门或者流域管理机构依据职权，责令停止违法行为，限期清除障碍或者采取其他补救措施，处一万元以上五万元以下的罚款：

（一）在江河、湖泊、水库、运河、渠道内弃置、堆放阻碍行洪的物体和种植阻碍行洪的林木及高秆作物的；

（二）围湖造地或者未经批准围垦河道的。

第六十七条 在饮用水水源保护区内设置排污口的，由县级以上地方人民政府责令限期拆除、恢复原状；逾期不拆除、不恢复原状的，强行拆除、恢复原状，并处五万元以上十万元以下的罚款。

未经水行政主管部门或者流域管理机构审查同意，擅自在江河、湖泊新建、改建或者扩大排污口的，由县级以上人民政府水行政主管部门或者流域管理机构依据职权，责令停止违法行为，限期恢复原状，处五万元以上十万元以下的罚款。

第六十八条 生产、销售或者在生产经营中使用国家明令淘汰的落后的、耗水量高的工艺、设备和产品的，由县级以上地方人民政府经济综合主管部门责令停止生产、销售或者使用，处二万元以上十万元以下的罚款。

第六十九条 有下列行为之一的，由县级以上人民政府水行政主管部门或者流域管理机构依据职权，责令停止违法行为，限期采取补救措施，处二万元以上十万元以下的罚款；情节严重的，吊销其取水许可证：

（一）未经批准擅自取水的；

（二）未依照批准的取水许可规定条件取水的。

第七十条 拒不缴纳、拖延缴纳或者拖欠水资源费的，由县级以上人民政府水行政主管部门或者流域管理机构依据职权，责令限期缴纳；逾期不缴纳的，从滞纳之日起按日加收滞纳部分千分之二的滞纳金，并处应缴或者补缴水资源费一倍以上五倍以下的罚款。

第七十一条 建设项目的节水设施没有建成或者没有达到国家规定的要求，擅自投入使用的，由县级以上人民政府有关部门或者流域管理机构依据职权，责令停止使用，限期改正，处五万元以上十万元以下的罚款。

第七十二条 有下列行为之一，构成犯罪的，依照刑法的有关规定追究刑事责任；尚不够刑事处罚，且防洪法未作规定的，由县级以上地方人民政府水行政主管部门或者流域管理机构依据职权，责令停止违法行为，采取补救措施，处一万元以上五万元以下的罚款；违反《中华人民共和国治安管理处罚法》的，由公安机关依法给予治安管理处罚；给他人造成损失的，依法承担赔偿责任：

（一）侵占、毁坏水工程及堤防、护岸等有关设施，毁坏防汛、水文监测、水文地质监测设施的；

（二）在水工程保护范围内，从事影响水工程运行和危害水工程安全的爆破、打井、采石、取土等活动的。

第七十三条 侵占、盗窃或者抢夺防汛物资，防洪排涝、农田水利、水文监测和测量以及其他水工程设备和器材，贪污或者挪用国家救灾、抢险、防汛、移民安置和补偿及其他水利建设款物，构成犯罪的，依照刑法的有关规定追究刑事责任。

第七十四条 在水事纠纷发生及其处理过程中煽动闹事、结伙斗殴、抢夺或者损坏公私财物、非法限制他人人身自由，构成犯罪的，依照刑法的有关规定追究刑事责任；尚不够刑事处罚的，由公安机关依法给予治安管理处罚。

第七十五条 不同行政区域之间发生水事纠纷，有下列行为之一的，对负有责任的主管人员和其他直接责任人员依法给予行政处分：

（一）拒不执行水量分配方案和水量调度预案的；

（二）拒不服从水量统一调度的；

（三）拒不执行上一级人民政府的裁决的；

（四）在水事纠纷解决前，未经各方达成协议或者上一级人民政府批准，单方面违反本法规定改变水的现状的。

第七十六条 引水、截（蓄）水、排水，损害公共利益或者他人合法权益的，依法承担民事责任。

第七十七条 对违反本法第三十九条有关河道采砂许可制度规定的行政处罚，由国务院规定。

第八章 附 则

第七十八条 中华人民共和国缔结或者参加的与国际或者国境边界河流、湖泊有关的国际条约、协定与中华人民共和国法律有不同规定的，适用国际条约、协定的规定。但是，中华人民共和国声明保留的条款除外。

第七十九条 本法所称水工程，是指在江河、湖泊和地下水源上开发、利用、控制、调配和保护水资源的各类工程。

第八十条 海水的开发、利用、保护和管理，依照有关法律的规定执行。

第八十一条 从事防洪活动，依照防洪法的规定执行。

水污染防治，依照水污染防治法的规定执行。

第八十二条 本法自2002年10月1日起施行。

附　录

附表1　P-Ⅲ型曲线离均系数 Φ_P 值

C_s \ P(%)	0.01	0.10	0.20	0.33	0.50	1	2	5	10	20	50	75	90	95	99
0	3.72	3.09	2.88	2.71	2.58	2.33	2.05	1.64	1.28	0.84	0	-0.67	-1.280	-1.640	-2.330
0.1	3.94	3.23	3.00	2.82	2.67	2.40	2.11	1.67	1.29	0.84	-0.02	-0.68	-1.270	-1.620	-2.250
0.2	4.16	3.38	3.12	2.92	2.76	2.47	2.16	1.70	1.30	0.83	-0.03	-0.69	-1.260	-1.590	-2.180
0.3	4.38	3.52	3.24	3.03	2.86	2.54	2.21	1.73	1.31	0.82	-0.05	-0.70	-1.240	-1.550	-2.100
0.4	4.61	3.67	3.36	3.14	2.95	2.62	2.26	1.75	1.32	0.82	-0.07	-0.71	-1.230	-1.520	-2.030
0.5	4.83	3.81	3.48	3.25	3.04	2.68	2.31	1.77	1.32	0.81	-0.08	-0.71	-1.220	-1.490	-1.960
0.6	5.10	3.96	3.60	3.35	3.13	2.75	2.35	1.80	1.33	0.80	-0.10	-0.72	-1.200	-1.450	-1.880
0.7	5.28	4.10	3.72	3.45	3.22	2.82	2.40	1.82	1.33	0.79	-0.12	-0.72	-1.180	-1.420	-1.810
0.8	5.50	4.24	3.85	3.55	3.31	2.89	2.45	1.84	1.34	0.78	-0.13	-0.73	-1.170	-1.380	-1.740
0.9	5.73	4.39	3.97	3.65	3.40	2.96	2.50	1.86	1.34	0.77	-0.15	-0.73	-1.150	-1.350	-1.660
1.0	5.96	4.53	4.09	3.76	3.49	3.02	2.54	1.88	1.34	0.76	-0.16	-0.73	-1.130	-1.320	-1.590
1.1	6.18	4.67	4.20	3.86	3.58	3.09	2.58	1.89	1.34	0.74	-0.18	-0.74	-1.100	-1.280	-1.520
1.2	6.41	4.81	4.32	3.95	3.66	3.15	2.62	1.91	1.34	0.73	-0.19	-0.74	-1.080	-1.240	-1.450
1.3	6.64	4.95	4.44	4.05	3.74	3.21	2.67	1.92	1.34	0.72	-0.21	-0.74	-1.060	-1.200	-1.380
1.4	6.87	5.09	4.56	4.15	3.83	3.27	2.71	1.94	1.33	0.71	-0.22	-0.73	-1.040	-1.170	-1.320
1.5	7.09	5.23	4.68	4.24	3.91	3.33	2.74	1.95	1.33	0.69	-0.24	-0.73	-1.020	-1.130	-1.260
1.6	7.31	5.37	4.80	4.34	3.99	3.39	2.78	1.96	1.33	0.68	-0.25	-0.73	-0.990	-1.100	-1.200
1.7	7.54	5.50	4.91	4.43	4.07	3.44	2.82	1.97	1.32	0.66	-0.27	-0.72	-0.970	-1.060	-1.140
1.8	7.76	5.64	5.01	4.52	4.15	3.50	2.85	1.98	1.32	0.64	-0.28	-0.72	-0.940	-1.020	-1.090

续附表1

C_s \ $P(\%)$	0.01	0.10	0.20	0.33	0.50	1	2	5	10	20	50	75	90	95	99
1.9	7.98	5.77	5.12	4.61	4.23	3.55	2.88	1.99	1.31	0.63	-0.29	-0.72	-0.920	-0.980	-1.040
2.0	8.21	5.91	5.22	4.70	4.30	3.61	2.91	2.00	1.30	0.61	-0.31	-0.71	-0.895	-0.949	-0.989
2.1	8.43	6.04	5.33	4.79	4.37	3.66	2.93	2.00	1.29	0.59	-0.32	-0.71	-0.689	-0.914	-0.945
2.2	8.65	6.17	5.43	4.88	4.44	3.71	2.96	2.00	1.28	0.57	-0.33	-0.70	-0.844	-0.879	-0.905
2.3	8.87	6.30	5.53	4.97	4.51	3.76	2.99	2.00	1.27	0.55	-0.34	-0.69	-0.820	-0.849	-0.867
2.4	9.08	6.42	5.63	5.05	4.58	3.81	3.02	2.01	1.26	0.54	-0.35	-0.68	-0.795	-0.820	-0.831
2.5	9.30	6.55	5.73	5.13	4.65	3.85	3.04	2.01	1.25	0.52	-0.36	-0.67	-0.772	-0.791	-0.800
2.6	9.51	6.67	5.82	5.20	4.72	3.89	3.06	2.01	1.23	0.50	-0.37	-0.66	-0.748	-0.764	-0.769
2.7	9.72	6.79	5.92	5.28	4.78	3.93	3.09	2.01	1.22	0.48	-0.37	-0.65	-0.726	-0.736	-0.740
2.8	9.93	6.91	6.01	5.36	4.84	3.97	3.11	2.01	1.21	0.46	-0.38	-0.64	-0.702	-0.710	-0.714
2.9	10.14	7.03	6.10	5.44	4.90	4.01	3.13	2.01	1.20	0.44	-0.39	-0.63	-0.680	-0.637	-0.690
3.0	10.35	7.15	6.20	5.51	4.96	4.05	3.15	2.00	1.18	0.42	-0.39	-0.62	-0.658	-0.665	-0.667
3.1	10.56	7.26	6.30	5.59	5.02	4.08	3.17	2.00	1.16	0.40	-0.40	-0.60	-0.639	-0.644	-0.645
3.2	10.77	7.38	6.39	5.66	5.08	4.12	3.19	2.00	1.14	0.38	-0.40	-0.59	-0.621	-0.624	-0.625
3.3	10.97	7.49	6.48	5.74	5.14	4.15	3.21	1.99	1.12	0.36	-0.40	-0.58	-0.604	-0.606	-0.606
3.4	11.17	7.60	6.56	5.80	5.20	4.18	3.22	1.98	1.11	0.34	-0.41	-0.57	-0.587	-0.588	-0.588
3.5	11.37	7.72	6.65	5.86	5.25	4.22	3.23	1.97	1.09	0.32	-0.41	-0.55	-0.570	-0.571	-0.571
3.6	11.57	7.83	6.73	5.93	5.30	4.25	3.24	1.96	1.08	0.30	-0.41	-0.54	-0.555	-0.556	-0.556
3.7	11.77	7.94	6.81	5.99	5.35	4.28	3.25	1.95	1.06	0.28	-0.41	-0.53	-0.540	-0.541	-0.541
3.8	11.97	8.05	6.89	6.05	5.40	4.31	3.26	1.94	1.04	0.26	-0.41	-0.52	-0.526	-0.526	-0.526
3.9	12.16	8.15	6.97	6.11	5.45	4.34	3.27	1.93	1.02	0.24	-0.40	-0.506	-0.513	-0.513	-0.513

续附表1

C_s \ P(%)	0.01	0.10	0.20	0.33	0.50	1	2	5	10	20	50	75	90	95	99
4.0	12.36	8.25	7.05	6.18	5.50	4.37	3.27	1.92	1.00	0.23	-0.41	-0.495	-0.500	-0.500	-0.500
4.1	12.55	8.35	7.13	6.24	5.54	4.39	3.28	1.91	0.98	0.21	-0.41	-0.484	-0.488	-0.488	-0.488
4.2	12.74	8.45	7.21	6.30	5.59	4.41	3.29	1.90	0.96	0.19	-0.41	-0.473	-0.476	-0.476	-0.476
4.3	12.93	8.55	7.29	6.36	5.63	4.44	3.29	1.88	0.94	0.17	-0.41	-0.462	-0.465	-0.465	-0.465
4.4	13.12	8.65	7.36	6.41	5.68	4.46	3.30	1.87	0.92	0.16	-0.40	-0.453	-0.455	-0.455	-0.455
4.5	13.30	8.75	7.43	6.46	5.72	4.48	3.30	1.85	0.90	0.14	-0.40	-0.444	-0.444	-0.444	-0.444
4.6	13.49	8.85	7.50	6.52	5.76	4.50	3.30	1.84	0.88	0.13	-0.40	-0.435	-0.435	-0.435	-0.435
4.7	13.67	8.95	7.57	6.57	5.80	4.52	3.30	1.82	0.86	0.11	-0.39	-0.426	-0.426	-0.426	-0.426
4.8	13.85	9.04	7.64	6.63	5.84	4.54	3.30	1.80	0.84	0.09	-0.39	-0.417	-0.417	-0.417	-0.417
4.9	14.04	9.13	7.70	6.68	5.88	4.55	3.30	1.78	0.82	0.08	-0.38	-0.408	-0.408	-0.408	-0.408
5.0	14.22	9.22	7.77	6.73	5.92	4.47	3.30	1.77	0.80	0.06	-0.379	-0.400	-0.400	-0.400	-0.400
5.1	14.40	9.31	7.84	6.78	5.95	4.58	3.30	1.75	0.78	0.05	-0.374	-0.392	-0.392	-0.392	-0.392
5.2	14.57	9.40	790	6.83	5.99	4.59	3.30	1.73	0.76	0.03	-0.369	-0.385	-0.385	-0.385	-0.385
5.3	14.75	9.49	7.96	6.87	6.02	4.60	3.30	1.72	0.74	0.02	-0.363	-0.377	-0.377	-0.377	-0.377
5.4	14.92	9.57	8.02	6.91	6.05	4.62	3.29	1.70	0.72	0.00	-0.358	-0.370	-0.370	-0.370	-0.370
5.5	15.10	9.66	8.08	6.96	6.08	4.63	3.28	1.68	0.70	-0.01	-0.353	-0.364	-0.364	-0.364	-0.364
5.6	15.27	9.71	8.14	7.00	6.11	4.64	3.28	1.66	0.67	-0.03	-0.349	-0.357	-0.357	-0.357	-0.357
5.7	15.45	9.82	8.21	7.04	6.14	4.65	3.27	1.65	0.65	-0.04	-0.344	-0.351	-0.351	-0.351	-0.351
5.8	15.62	9.91	8.27	7.08	6.17	4.67	3.27	1.63	0.63	-0.05	-0.339	-0.345	-0.345	-0.345	-0.345
5.9	15.78	9.99	8.32	7.12	6.20	4.68	3.36	1.61	0.61	-0.06	-0.334	-0.339	-0.339	-0.339	-0.339

附表2　P-Ⅲ型曲线模比系数 K_P 值

(1) $C_s = C_v$

$P(\%)$ / C_v	0.01	0.1	0.5	1	2	5	10	20	50	75	90	95	99
0.05	1.19	1.16	1.13	1.12	1.11	1.09	1.07	1.04	1.00	0.97	0.94	0.92	0.89
0.10	1.39	1.32	1.27	1.24	1.21	1.17	1.13	1.08	1.00	0.93	0.87	0.84	0.78
0.15	1.61	1.50	1.41	1.37	1.32	1.26	1.20	1.13	1.00	0.90	0.81	0.77	0.67
0.20	1.83	1.68	1.55	1.49	1.43	1.34	1.26	1.17	0.99	0.86	0.75	0.68	0.56
0.25	2.07	1.86	1.70	1.63	1.55	1.43	1.33	1.21	0.99	0.83	0.69	0.61	0.47
0.30	2.31	2.06	1.86	1.76	1.66	1.52	1.39	1.25	0.98	0.79	0.63	0.54	0.37
0.35	2.57	2.26	2.02	1.91	1.78	1.61	1.46	1.29	0.98	0.76	0.57	0.47	0.28
0.40	2.84	2.47	2.18	2.05	1.90	1.70	1.53	1.33	0.97	0.72	0.51	0.39	0.19
0.45	3.13	2.69	2.35	2.19	2.03	1.79	1.60	1.37	0.97	0.69	0.45	0.33	0.10
0.50	3.42	2.91	2.52	2.34	2.16	1.89	1.66	1.40	0.96	0.65	0.39	0.26	0.02
0.55	3.72	3.14	2.70	2.49	2.29	1.98	1.73	1.44	0.95	0.61	0.34	0.20	-0.06
0.60	4.03	3.38	2.88	2.65	2.41	2.08	1.80	1.48	0.94	0.57	0.28	0.13	-0.13
0.65	4.36	3.62	3.07	2.81	2.55	2.18	1.87	1.52	0.93	0.53	0.23	0.07	-0.20
0.70	4.70	3.87	3.25	2.97	2.68	2.27	1.93	1.55	0.92	0.50	0.17	0.01	-0.27
0.75	5.05	4.13	3.45	3.15	2.82	2.37	2.00	1.59	0.91	0.46	0.12	-0.05	-0.33
0.80	5.40	4.39	3.65	3.31	2.96	2.47	2.07	1.62	0.90	0.42	0.06	-0.10	-0.39
0.85	5.78	4.67	3.86	3.49	3.11	2.57	2.14	1.66	0.88	0.37	0.01	-0.16	-0.44
0.90	6.16	4.95	4.06	3.66	3.25	2.67	1.21	1.69	0.86	0.34	-0.04	-0.22	-0.49
0.95	6.56	5.24	4.28	3.84	3.40	2.78	2.28	1.73	0.85	0.31	-0.09	-0.27	-0.55
1.00	6.96	5.53	4.49	4.02	3.54	2.88	2.34	1.76	0.84	0.27	-0.13	-0.32	-0.59

续附表 2

(2) $C_s = 2C_v$

C_v \ $P(\%)$	0.01	0.1	0.5	1	2	5	10	20	50	75	90	95	99
0.05	1.20	1.16	1.13	1.12	1.11	1.08	1.06	1.04	1.00	0.97	0.94	0.92	0.89
0.10	1.42	1.34	1.27	1.25	1.21	1.17	1.13	1.08	1.00	0.93	0.87	0.84	0.78
0.15	1.67	1.54	1.43	1.38	1.33	1.26	1.20	1.12	0.99	0.90	0.81	0.77	0.69
0.20	1.92	1.73	1.59	1.52	1.45	1.35	1.25	1.16	0.99	0.86	0.75	0.70	0.59
0.22	2.04	1.82	1.66	1.58	1.50	1.39	1.29	1.18	0.98	0.84	0.73	0.67	0.56
0.24	2.16	1.91	1.73	1.64	1.55	1.43	1.32	1.19	0.98	0.83	0.71	0.64	0.53
0.25	2.22	1.96	1.77	1.67	1.58	1.45	1.33	1.20	0.98	0.82	0.70	0.63	0.52
0.26	2.28	2.01	1.80	1.70	1.60	1.46	1.34	1.21	0.98	0.82	0.69	0.62	0.50
0.28	2.40	2.10	1.87	1.76	1.66	1.50	1.37	1.22	0.97	0.79	0.66	0.59	0.47
0.30	2.52	2.19	1.94	1.83	1.71	1.54	1.40	1.24	0.97	0.78	0.64	0.56	0.44
0.35	2.86	2.44	2.13	2.00	1.84	1.64	1.47	1.28	0.96	0.75	0.59	0.51	0.37
0.40	3.20	2.70	2.32	2.15	1.98	1.74	1.54	1.31	0.95	0.71	0.53	0.45	0.30
0.45	3.59	2.98	2.53	2.33	2.13	1.84	1.60	1.35	0.93	0.67	0.48	0.40	0.26
0.50	3.98	3.27	2.74	2.51	2.27	1.94	1.67	1.38	0.92	0.64	0.44	0.34	0.21
0.55	4.42	3.58	2.97	2.70	2.42	2.04	1.74	1.41	0.90	0.59	0.40	0.30	0.16
0.60	4.85	3.89	3.20	2.89	2.57	2.15	1.80	1.44	0.89	0.56	0.35	0.26	0.13
0.65	5.33	4.22	3.44	3.09	2.74	2.25	1.87	1.47	0.87	0.52	0.31	0.22	0.10
0.70	5.81	4.56	3.68	3.29	2.90	2.36	1.94	1.50	0.85	0.49	0.27	0.18	0.08
0.75	6.33	4.93	3.93	3.50	3.06	2.46	2.00	1.52	0.82	0.45	0.25	0.15	0.06
0.80	6.85	5.30	4.19	3.71	3.22	2.57	2.06	1.54	0.80	0.42	0.21	0.12	0.04
0.85	7.41	5.69	4.46	3.93	3.39	2.68	2.12	1.56	0.77	0.39	0.18	0.10	0.03
0.90	7.98	6.08	4.74	4.15	3.56	2.78	2.19	1.58	0.75	0.35	0.15	0.08	0.02
0.95	8.59	6.48	5.02	4.38	3.74	2.89	2.25	1.60	0.72	0.31	0.13	0.07	0.01
1.00	9.21	6.91	5.30	4.61	3.91	3.00	2.30	1.61	0.69	0.29	0.11	0.05	0.01

续附表2

(3) $C_s = 3C_v$

$P(\%)$ / C_v	0.01	0.1	0.5	1	2	5	10	20	50	75	90	95	99
0.05	1.20	1.17	1.14	1.12	1.11	1.08	1.07	1.04	1.00	0.97	0.94	0.92	0.89
0.10	1.44	1.35	1.29	1.25	1.22	1.17	1.13	1.08	0.99	0.93	0.88	0.85	0.79
0.15	1.71	1.56	1.45	1.40	1.35	1.26	1.20	1.12	0.99	0.89	0.82	0.78	0.70
0.20	2.02	1.79	1.63	1.55	1.47	1.33	1.27	1.16	0.98	0.86	0.76	0.71	0.62
0.25	2.35	2.05	1.82	1.72	1.61	1.46	1.34	1.20	0.97	0.82	0.71	0.65	0.56
0.30	2.72	2.32	2.02	1.89	1.75	1.56	1.40	1.23	0.96	0.78	0.66	0.60	0.50
0.35	3.12	2.61	2.24	2.07	1.90	1.66	1.47	1.26	0.94	0.74	0.61	0.55	0.46
0.40	3.56	2.92	2.46	2.26	2.05	1.76	1.54	1.29	0.92	0.70	0.57	0.50	0.42
0.42	3.75	3.06	2.56	2.34	2.11	1.81	1.56	1.31	0.91	0.69	0.55	0.49	0.41
0.45	4.04	3.26	2.70	2.46	2.21	1.87	1.60	1.32	0.80	0.67	0.53	0.47	0.39
0.48	4.34	3.47	2.85	2.58	2.31	1.93	1.65	1.34	0.89	0.65	0.51	0.45	0.38
0.50	4.56	3.62	2.93	2.67	2.37	1.98	1.67	1.35	0.88	0.64	0.49	0.44	0.37
0.52	4.76	3.76	3.06	2.75	2.44	2.02	1.69	1.35	0.87	0.62	0.48	0.42	0.36
0.55	5.09	3.99	3.21	2.88	2.54	2.08	1.73	1.36	0.86	0.60	0.46	0.41	0.36
0.58	5.43	4.23	3.33	3.01	2.64	2.14	1.77	1.38	0.84	0.58	0.45	0.40	0.35
0.60	5.66	4.38	3.49	3.10	2.71	2.19	1.79	1.38	0.83	0.57	0.44	0.39	0.35
0.65	6.26	4.81	3.77	3.33	2.88	2.29	1.85	1.40	0.80	0.53	0.41	0.37	0.34
0.70	6.90	5.23	4.06	3.56	3.05	2.40	1.90	1.41	0.78	0.50	0.39	0.36	0.34
0.75	7.57	5.68	4.36	3.80	3.24	2.50	1.95	1.42	0.76	0.48	0.38	0.35	0.34
0.80	8.26	6.14	4.65	4.05	3.42	2.61	2.01	1.43	0.72	0.46	0.36	0.34	0.34
0.85	9.00	6.62	4.98	4.29	3.59	2.71	2.06	1.43	0.69	0.44	0.35	0.34	0.34
0.90	9.75	7.11	5.30	4.54	3.78	2.81	2.10	1.43	0.67	0.42	0.35	0.34	0.33
0.95	10.54	7.62	5.62	4.80	3.96	2.91	2.14	1.43	0.64	0.39	0.34	0.34	0.33
1.00	11.35	8.15	5.98	5.05	4.15	3.00	2.18	1.42	0.61	0.38	0.34	0.34	0.33

续附表2

(4) $C_s = 3.5C_v$

P(%) / C_v	0.01	0.1	0.5	1	2	5	10	20	50	75	90	95	99
0.20	2.06	1.82	1.64	1.56	1.48	1.36	1.27	1.16	0.98	0.86	0.76	0.72	0.64
0.25	0.42	2.09	1.85	1.74	1.62	1.46	1.34	1.19	0.96	0.82	0.71	0.66	0.58
0.30	2.82	2.38	2.06	1.92	1.77	1.57	1.40	1.22	0.95	0.78	0.67	0.61	0.53
0.35	3.26	2.70	2.29	2.11	1.92	1.67	1.47	1.26	0.93	0.74	0.62	0.57	0.50
0.40	3.75	3.04	2.53	2.31	2.08	1.78	1.53	1.28	0.91	0.71	0.58	0.53	0.47
0.42	3.95	3.18	2.63	2.39	2.15	1.82	1.56	1.29	0.90	0.69	0.57	0.52	0.46
0.44	4.16	3.33	2.73	2.48	2.21	1.86	1.59	1.30	0.89	0.68	0.56	0.51	0.46
0.45	4.27	3.40	2.79	2.52	2.25	1.88	1.60	1.31	0.89	0.67	0.55	0.50	0.45
0.46	4.37	3.48	2.84	2.56	2.28	1.90	1.61	1.31	0.88	0.66	0.54	0.50	0.45
0.48	4.60	3.63	2.94	2.65	2.35	1.95	1.64	1.32	0.87	0.65	0.53	0.49	0.45
0.50	4.82	3.78	3.06	2.74	2.42	1.99	1.66	1.32	0.86	0.64	0.52	0.48	0.44
0.52	5.06	3.95	3.16	2.83	2.48	2.03	1.69	1.33	0.85	0.63	0.51	0.47	0.44
0.54	5.30	4.11	3.28	2.91	2.55	2.07	1.71	1.34	0.84	0.61	0.50	0.47	0.44
0.55	5.41	4.20	3.34	2.96	2.58	2.10	1.72	1.34	0.84	0.60	0.50	0.46	0.44
0.56	5.55	4.28	3.39	3.01	2.62	2.12	1.73	1.35	0.83	0.60	0.49	0.46	0.43
0.58	5.80	4.45	3.51	3.10	2.69	2.16	1.75	1.35	0.82	0.58	0.48	0.46	0.43
0.60	6.06	4.62	3.62	3.20	2.76	2.20	1.77	1.35	0.81	0.57	0.48	0.45	0.43
0.65	6.73	5.08	3.92	3.44	2.94	2.30	1.83	1.36	0.78	0.55	0.46	0.44	0.43
0.70	7.43	5.54	4.23	3.68	3.12	2.41	1.88	1.37	0.75	0.53	0.45	0.44	0.43
0.75	8.16	6.02	4.55	3.92	3.30	2.51	1.92	1.37	0.72	0.50	0.44	0.43	0.43
0.80	8.94	6.53	4.87	4.18	3.49	2.61	1.97	1.37	0.70	0.49	0.44	0.43	0.43

续附表2

(5) $C_s = 4C_v$

C_v \ $P(\%)$	0.01	0.1	0.5	1	2	5	10	20	50	75	90	95	99
0.05	1.21	1.17	1.14	1.12	1.11	1.08	1.06	1.04	1.00	0.97	0.94	0.92	0.89
0.10	1.46	1.37	1.30	1.26	1.23	1.18	1.13	1.08	0.99	0.93	0.88	0.85	0.80
0.15	1.76	1.59	1.47	1.41	1.35	1.27	1.20	1.12	0.98	0.89	0.82	0.78	0.72
0.20	2.10	1.85	1.66	1.58	1.49	1.37	1.27	1.16	0.97	0.85	0.77	0.72	0.65
0.25	2.49	2.13	1.87	1.76	1.64	1.47	1.34	1.19	0.96	0.82	0.72	0.67	0.60
0.30	2.92	2.44	2.10	1.94	1.79	1.57	1.40	1.22	0.94	0.78	0.68	0.63	0.56
0.35	3.40	2.78	2.34	2.14	1.95	1.68	1.47	1.25	0.92	0.74	0.64	0.59	0.54
0.40	3.92	3.15	2.60	2.36	2.11	1.78	1.53	1.27	0.90	0.71	0.60	0.56	0.52
0.42	4.15	3.30	2.70	2.44	2.18	1.83	1.56	1.28	0.89	0.70	0.59	0.55	0.52
0.45	4.49	3.54	2.87	2.58	2.28	1.89	1.59	1.29	0.87	0.68	0.58	0.54	0.51
0.48	4.86	3.79	3.04	2.71	2.39	1.96	1.63	1.30	0.86	0.66	0.56	0.53	0.51
0.50	5.10	3.96	3.15	2.80	2.45	2.00	1.65	1.31	0.84	0.64	0.55	0.53	0.50
0.52	5.36	4.12	3.27	2.90	2.52	2.04	1.67	1.31	0.83	0.63	0.55	0.52	0.50
0.55	5.76	4.39	3.44	3.03	2.63	2.10	1.70	1.31	0.82	0.62	0.54	0.52	0.50
0.58	6.18	4.67	3.62	3.19	2.74	2.16	1.74	1.32	0.80	0.60	0.53	0.51	0.50
0.60	6.45	4.85	3.75	3.29	2.81	2.21	1.76	1.32	0.79	0.59	0.52	0.51	0.50
0.65	7.18	5.34	4.07	3.53	2.99	2.31	1.80	1.32	0.76	0.57	0.51	0.50	0.50
0.70	7.95	5.84	4.39	3.78	3.18	2.41	1.85	1.32	0.73	0.55	0.51	0.50	0.50
0.75	8.76	6.36	4.72	4.03	3.36	2.50	1.88	1.32	0.71	0.54	0.51	0.50	0.50
0.80	9.62	6.90	5.06	4.30	3.55	2.60	1.91	1.30	0.68	0.53	0.50	0.50	0.50
0.85	10.49	7.46	5.42	4.55	3.74	2.68	1.94	1.29	0.65	0.52	0.50	0.50	0.50
0.90	11.41	8.05	5.77	4.82	3.92	2.76	1.97	1.27	0.63	0.51	0.50	0.50	0.50
0.95	12.37	8.65	6.13	5.09	4.10	2.84	1.99	1.25	0.60	0.51	0.50	0.50	0.50
1.00	13.36	9.25	6.50	5.37	4.27	2.92	2.00	1.23	0.59	0.50	0.50	0.50	0.50

附表 3　三点法用表(S 与 C_s 关系)

(1) $P=1\%—50\%—99\%$

S	0	1	2	3	4	5	6	7	8	9
0	0	0.03	0.05	0.07	0.10	0.12	0.15	0.17	0.20	0.23
0.1	0.26	0.28	0.31	0.34	0.36	0.39	0.41	0.44	0.47	0.49
0.2	0.52	0.54	0.57	0.59	0.62	0.65	0.67	0.70	0.73	0.76
0.3	0.78	0.81	0.84	0.86	0.89	0.92	0.94	0.97	1.00	1.02
0.4	1.05	1.08	1.10	1.13	1.16	1.18	1.21	1.24	1.27	1.30
0.5	1.32	1.36	1.39	1.42	1.45	1.48	1.51	1.55	1.58	1.61
0.6	1.64	1.68	1.71	1.74	1.78	1.81	1.84	1.88	1.92	1.95
0.7	1.99	2.03	2.07	2.11	2.16	2.20	2.25	2.30	2.34	2.39
0.8	2.44	2.50	2.55	2.61	2.67	2.74	2.81	2.89	2.97	3.05
0.9	3.14	3.22	3.22	3.46	3.59	3.73	3.92	4.14	4.44	4.90

例:当 $S=0.43$ 时,$C_s=1.13$。

(2) $P=3\%—50\%—97\%$

S	0	1	2	3	4	5	6	7	8	9
0	0	0.04	0.08	0.11	0.14	0.17	0.20	0.23	0.26	0.29
0.1	0.32	0.35	0.38	0.42	0.45	0.48	0.51	0.54	0.57	0.60
0.2	0.63	0.66	0.70	0.73	0.76	0.79	0.82	0.86	0.89	0.92
0.3	0.95	0.98	1.01	1.04	1.08	1.11	1.14	1.17	1.20	1.24
0.4	1.27	1.30	1.33	1.36	1.40	1.43	1.46	1.49	1.52	1.56
0.5	1.59	1.63	1.66	1.70	1.73	1.76	1.80	1.83	1.87	1.90
0.6	1.94	1.97	2.00	2.04	2.08	2.12	2.16	2.20	2.23	2.27
0.7	2.31	2.36	2.40	2.44	2.49	2.54	2.58	2.63	2.68	2.74
0.8	2.79	2.85	2.90	2.96	3.02	3.09	3.15	3.22	3.29	3.37
0.9	3.46	3.55	3.67	3.79	3.92	4.08	4.26	4.50	4.75	5.21

(3) $P=5\%—50\%—95\%$

S	0	1	2	3	4	5	6	7	8	9
0	0	0.04	0.08	0.12	0.16	0.20	0.24	0.27	0.31	0.35
0.1	0.38	0.41	0.45	0.48	0.52	0.55	0.59	0.63	0.66	0.70
0.2	0.73	0.76	0.80	0.84	0.87	0.90	0.94	0.98	1.01	1.04
0.3	1.08	1.11	1.14	1.18	1.21	1.25	1.28	1.31	1.35	1.38
0.4	1.42	1.46	1.49	1.52	1.56	1.59	1.63	1.66	1.70	1.74
0.5	1.78	1.81	1.85	1.88	1.92	1.95	1.99	2.03	2.06	2.10
0.6	2.13	2.17	2.20	2.24	2.28	2.32	2.36	2.40	2.44	2.48
0.7	2.53	2.57	2.62	2.66	2.70	2.76	2.81	2.86	2.91	2.97
0.8	3.02	3.07	3.13	3.19	3.25	3.32	3.38	3.46	3.52	3.60
0.9	3.70	3.80	3.91	4.03	4.17	4.32	4.49	4.72	4.94	5.43

续附表 3

(4) $P=10\%—50\%—90\%$

S	0	1	2	3	4	5	6	7	8	9
0	0	0.05	0.10	0.15	0.20	0.24	0.29	0.34	0.38	0.43
0.1	0.47	0.52	0.56	0.60	0.65	0.69	0.74	0.78	0.83	0.87
0.2	0.92	0.96	1.00	1.04	1.08	1.13	1.13	1.22	1.26	1.30
0.3	1.34	1.38	1.43	1.47	1.51	1.55	1.55	1.63	1.67	1.71
0.4	1.75	1.79	1.83	1.87	1.91	1.95	1.95	2.02	2.06	2.10
0.5	2.14	2.18	2.22	2.26	2.30	2.34	2.34	2.42	2.46	2.50
0.6	2.54	2.58	2.62	2.66	2.70	2.74	2.74	2.82	2.86	2.90
0.7	2.95	3.00	3.04	3.08	3.13	3.18	3.18	3.28	3.33	3.38
0.8	3.44	3.50	3.55	3.61	3.67	3.67	3.74	3.87	3.94	4.02
0.9	4.11	4.20	4.32	4.45	4.59	4.59	4.75	5.20	5.56	—

附表 4 三点法用表(C_s 与有关 Φ_P 值的关系)

C_s	$\Phi_{50\%}$	$\Phi_{1\%}-\Phi_{99\%}$	$\Phi_{3\%}-\Phi_{97\%}$	$\Phi_{5\%}-\Phi_{95\%}$	$\Phi_{10\%}-\Phi_{90\%}$
0	0	4.652	3.762	3.290	2.564
0.1	-0.017	4.648	3.756	3.287	2.560
0.2	-0.033	4.645	3.750	3.284	2.557
0.3	-0.055	4.641	3.743	3.278	2.550
0.4	-0.068	4.637	3.736	3.273	2.543
0.5	-0.084	4.633	3.732	3.266	2.532
0.6	-0.100	4.629	3.727	3.259	2.522
0.7	-0.116	4.624	3.718	3.246	2.510
0.8	-0.132	4.620	3.709	3.233	2.498
0.9	-0.148	4.615	3.692	3.218	2.483
1.0	-0.164	4.611	3.674	3.204	2.468
1.1	-0.179	4.606	3.656	3.185	2.448
1.2	-0.194	4.601	3.638	3.167	2.427
1.3	-0.208	4.595	3.620	3.144	2.404
1.4	-0.223	4.590	3.601	3.120	3.380
1.5	-0.238	4.586	3.582	3.090	2.353
1.6	-0.253	4.586	3.562	3.062	2.326
1.7	-0.267	4.587	3.541	3.032	2.296
1.8	-0.282	4.588	3.520	3.002	2.265
1.9	-0.294	4.591	3.499	2.974	2.232
2.0	-0.307	4.594	3.477	2.945	2.198

续附表 4

C_s	$\Phi_{50\%}$	$\Phi_{1\%}-\Phi_{99\%}$	$\Phi_{3\%}-\Phi_{97\%}$	$\Phi_{5\%}-\Phi_{95\%}$	$\Phi_{10\%}-\Phi_{90\%}$
2.1	-0.319	4.603	3.496	2.918	2.164
2.2	-0.330	4.613	3.440	2.890	2.130
2.3	-0.340	4.625	3.421	2.862	2.095
2.4	-0.350	4.636	3.403	2.833	2.060
2.5	-0.359	4.648	3.385	2.806	2.024
2.6	-0.367	4.660	3.367	2.778	1.987
2.7	-0.376	4.674	3.350	2.749	1.949
2.8	-0.383	4.687	3.333	2.720	1.911
2.9	-0.389	4.701	3.318	2.695	1.876
3.0	-0.395	4.716	3.303	2.670	1.840
3.1	-0.399	4.732	3.288	2.645	1.806
3.2	-0.404	4.748	3.273	2.619	1.772
3.3	-0.407	4.765	3.259	2.594	1.738
3.4	-0.410	4.781	3.245	2.568	1.705
3.5	-0.412	4.796	3.225	2.543	1.670
3.6	-0.414	4.810	3.216	2.518	1.635
3.7	-0.415	4.824	3.203	2.494	1.600
3.8	-0.416	4.837	3.189	2.470	1.570
3.9	-0.415	4.850	3.175	2.446	1.536
4.0	-0.414	4.863	3.160	2.422	1.502
4.1	-0.412	4.876	3.145	2.396	1.471
4.2	-0.410	4.888	3.130	2.372	1.440
4.3	-0.407	4.901	3.115	2.348	1.408
4.4	-0.404	4.914	3.100	2.325	1.376
4.5	-0.400	4.924	3.084	2.300	1.345
4.6	-0.396	4.934	3.067	2.276	1.315
4.7	-0.392	4.942	3.050	2.251	1.286
4.8	-0.388	4.949	3.034	2.226	1.257
4.9	-0.384	4.955	3.016	2.200	1.229
5.0	-0.379	4.961	2.997	2.174	1.200
5.1	-0.374		2.978	2.148	1.173
5.2	-0.370		2.960	2.123	1.145
5.3	-0.365			2.098	1.118
5.4	-0.360			2.072	1.090
5.5	-0.356			2.047	1.063
5.6	-0.350			2.021	1.035

附表5　瞬时单位线 S 曲线查用表

t/K \ n	1.0	1.1	1.2	1.3	1.4	1.5	1.6	1.7	1.8	1.9	2.0	2.1	2.2	2.3	2.4	2.5	2.6	2.7	2.8	2.9	3.0
0	0	0	0	0	0	0	0	0	0	0	0	0	0	0	0	0	0	0	0	0	0
0.1	0.095	0.072	0.054	0.041	0.030	0.022	0.017	0.012	0.009	0.006	0.005	0.003	0.002	0.002	0.001	0.001	0.001	0	0	0	0
0.2	0.181	0.147	0.118	0.095	0.075	0.060	0.047	0.037	0.029	0.023	0.018	0.014	0.010	0.008	0.006	0.005	0.004	0.003	0.002	0.002	0.001
0.3	0.259	0.218	0.182	0.152	0.126	0.104	0.085	0.069	0.056	0.046	0.037	0.030	0.024	0.019	0.015	0.012	0.009	0.007	0.006	0.005	0.004
0.4	0.330	0.285	0.245	0.209	0.178	0.151	0.127	0.107	0.089	0.074	0.062	0.051	0.042	0.034	0.028	0.023	0.019	0.015	0.012	0.010	0.008
0.5	0.393	0.347	0.304	0.265	0.230	0.199	0.171	0.147	0.125	0.106	0.090	0.076	0.064	0.054	0.045	0.037	0.031	0.026	0.021	0.018	0.014
0.6	0.451	0.404	0.359	0.319	0.281	0.247	0.216	0.188	0.164	0.141	0.122	0.105	0.090	0.076	0.065	0.055	0.047	0.039	0.033	0.028	0.023
0.7	0.503	0.456	0.412	0.370	0.331	0.294	0.261	0.231	0.203	0.178	0.156	0.136	0.118	0.102	0.088	0.076	0.065	0.056	0.047	0.040	0.034
0.8	0.551	0.505	0.460	0.418	0.378	0.341	0.306	0.273	0.243	0.216	0.191	0.169	0.148	0.130	0.113	0.099	0.086	0.074	0.064	0.055	0.047
0.9	0.593	0.549	0.505	0.463	0.423	0.385	0.349	0.315	0.284	0.255	0.228	0.203	0.180	0.159	0.141	0.124	0.109	0.095	0.083	0.072	0.063
1.0	0.632	0.589	0.547	0.506	0.466	0.428	0.391	0.356	0.324	0.293	0.264	0.238	0.213	0.190	0.170	0.151	0.134	0.118	0.104	0.092	0.080
1.1	0.667	0.626	0.585	0.545	0.506	0.468	0.431	0.396	0.363	0.331	0.301	0.273	0.247	0.222	0.200	0.179	0.160	0.143	0.127	0.113	0.100
1.2	0.699	0.660	0.621	0.582	0.544	0.506	0.470	0.435	0.401	0.368	0.337	0.308	0.281	0.255	0.231	0.209	0.188	0.169	0.151	0.135	0.121
1.3	0.727	0.691	0.654	0.616	0.579	0.543	0.507	0.471	0.437	0.405	0.373	0.343	0.315	0.288	0.262	0.239	0.216	0.196	0.177	0.159	0.143
1.4	0.753	0.719	0.684	0.648	0.612	0.577	0.541	0.507	0.473	0.440	0.408	0.378	0.348	0.321	0.294	0.269	0.246	0.224	0.203	0.184	0.167
1.5	0.777	0.744	0.711	0.677	0.643	0.608	0.574	0.540	0.507	0.474	0.442	0.411	0.382	0.353	0.326	0.300	0.275	0.252	0.231	0.210	0.191
1.6	0.798	0.768	0.736	0.704	0.671	0.638	0.605	0.572	0.539	0.507	0.475	0.444	0.414	0.385	0.357	0.331	0.305	0.281	0.258	0.237	0.217
1.7	0.817	0.789	0.759	0.729	0.698	0.666	0.634	0.602	0.570	0.538	0.507	0.476	0.446	0.417	0.389	0.361	0.335	0.310	0.287	0.264	0.243
1.8	0.835	0.808	0.781	0.752	0.722	0.692	0.661	0.630	0.599	0.568	0.537	0.507	0.477	0.448	0.419	0.392	0.365	0.340	0.315	0.292	0.269
1.9	0.850	0.826	0.800	0.773	0.745	0.716	0.687	0.657	0.627	0.596	0.566	0.536	0.507	0.478	0.449	0.421	0.395	0.368	0.343	0.319	0.296
2.0	0.865	0.842	0.818	0.792	0.766	0.739	0.710	0.682	0.653	0.623	0.594	0.565	0.536	0.507	0.478	0.451	0.423	0.397	0.372	0.347	0.323
2.1	0.878	0.856	0.834	0.810	0.785	0.759	0.733	0.705	0.677	0.649	0.620	0.592	0.563	0.535	0.507	0.479	0.452	0.425	0.400	0.375	0.350

续附表5

t/K \ n	1.0	1.1	1.2	1.3	1.4	1.5	1.6	1.7	1.8	1.9	2.0	2.1	2.2	2.3	2.4	2.5	2.6	2.7	2.8	2.9	3.0
2.2	0.889	0.870	0.849	0.826	0.803	0.779	0.753	0.727	0.700	0.673	0.645	0.618	0.590	0.562	0.534	0.507	0.480	0.453	0.427	0.402	0.377
2.3	0.900	0.882	0.862	0.841	0.819	0.796	0.772	0.748	0.722	0.696	0.669	0.642	0.615	0.588	0.560	0.533	0.507	0.480	0.454	0.429	0.404
2.4	0.909	0.893	0.875	0.855	0.835	0.813	0.790	0.767	0.742	0.717	0.692	0.665	0.639	0.613	0.586	0.559	0.533	0.507	0.481	0.455	0.430
2.5	0.918	0.902	0.886	0.868	0.849	0.828	0.807	0.784	0.761	0.737	0.713	0.688	0.662	0.636	0.610	0.584	0.558	0.532	0.506	0.481	0.456
2.6	0.926	0.912	0.896	0.879	0.861	0.842	0.822	0.801	0.779	0.756	0.733	0.708	0.684	0.659	0.634	0.608	0.582	0.557	0.532	0.506	0.482
2.7	0.933	0.920	0.905	0.890	0.873	0.855	0.836	0.816	0.796	0.774	0.751	0.728	0.704	0.680	0.656	0.631	0.606	0.581	0.556	0.531	0.506
2.8	0.939	0.927	0.914	0.899	0.884	0.867	0.849	0.831	0.811	0.790	0.769	0.747	0.724	0.701	0.677	0.653	0.629	0.604	0.579	0.555	0.531
2.9	0.945	0.934	0.922	0.908	0.894	0.878	0.862	0.844	0.825	0.806	0.785	0.764	0.742	0.720	0.697	0.674	0.650	0.626	0.602	0.578	0.554
3.0	0.950	0.940	0.929	0.916	0.903	0.888	0.873	0.856	0.839	0.820	0.801	0.781	0.760	0.738	0.716	0.694	0.671	0.648	0.624	0.600	0.577
3.1	0.955	0.946	0.935	0.924	0.911	0.898	0.883	0.868	0.851	0.834	0.815	0.796	0.776	0.756	0.734	0.713	0.691	0.668	0.645	0.622	0.599
3.2	0.959	0.951	0.941	0.930	0.919	0.906	0.893	0.878	0.863	0.846	0.829	0.811	0.792	0.772	0.752	0.731	0.709	0.688	0.665	0.643	0.620
3.3	0.963	0.955	0.946	0.937	0.926	0.914	0.902	0.888	0.873	0.858	0.841	0.824	0.806	0.787	0.768	0.748	0.727	0.706	0.685	0.663	0.641
3.4	0.967	0.959	0.951	0.942	0.932	0.921	0.910	0.897	0.883	0.869	0.853	0.837	0.820	0.802	0.783	0.764	0.744	0.724	0.703	0.682	0.660
3.5	0.970	0.963	0.956	0.947	0.938	0.928	0.917	0.905	0.892	0.879	0.864	0.849	0.832	0.815	0.798	0.779	0.760	0.741	0.721	0.700	0.679
3.6	0.973	0.967	0.960	0.952	0.944	0.934	0.924	0.913	0.901	0.888	0.874	0.860	0.844	0.828	0.811	0.794	0.776	0.757	0.737	0.718	0.697
3.7	0.975	0.970	0.963	0.956	0.948	0.940	0.930	0.920	0.909	0.897	0.884	0.870	0.856	0.840	0.824	0.807	0.790	0.772	0.753	0.734	0.715
3.8	0.978	0.973	0.967	0.960	0.953	0.945	0.936	0.926	0.916	0.905	0.893	0.880	0.866	0.851	0.836	0.820	0.804	0.786	0.768	0.750	0.731
3.9	0.980	0.975	0.970	0.964	0.957	0.950	0.941	0.932	0.923	0.912	0.901	0.889	0.876	0.862	0.848	0.832	0.817	0.800	0.783	0.765	0.747
4.0	0.982	0.977	0.973	0.967	0.961	0.954	0.946	0.938	0.929	0.919	0.908	0.897	0.885	0.872	0.858	0.844	0.829	0.813	0.796	0.779	0.762
4.1	0.983	0.980	0.975	0.970	0.964	0.958	0.951	0.943	0.935	0.925	0.915	0.905	0.893	0.881	0.868	0.854	0.840	0.825	0.809	0.793	0.776
4.2	0.985	0.981	0.977	0.973	0.967	0.962	0.955	0.948	0.940	0.931	0.922	0.912	0.901	0.890	0.877	0.864	0.851	0.837	0.822	0.806	0.790
4.3	0.986	0.983	0.979	0.975	0.970	0.965	0.959	0.952	0.945	0.937	0.928	0.919	0.909	0.898	0.886	0.874	0.861	0.847	0.833	0.818	0.803

续附表5

t/K \ n	1.0	1.1	1.2	1.3	1.4	1.5	1.6	1.7	1.8	1.9	2.0	2.1	2.2	2.3	2.4	2.5	2.6	2.7	2.8	2.9	3.0
4.4	0.988	0.985	0.981	0.977	0.973	0.968	0.962	0.956	0.949	0.942	0.934	0.925	0.915	0.905	0.894	0.883	0.870	0.857	0.844	0.830	0.815
4.5	0.989	0.986	0.983	0.979	0.975	0.971	0.966	0.960	0.953	0.947	0.939	0.931	0.922	0.912	0.902	0.891	0.879	0.867	0.854	0.841	0.826
4.6	0.990	0.987	0.985	0.981	0.978	0.973	0.968	0.963	0.957	0.951	0.944	0.936	0.928	0.919	0.909	0.899	0.888	0.876	0.864	0.851	0.837
4.7	0.991	0.989	0.986	0.983	0.980	0.976	0.971	0.966	0.961	0.955	0.948	0.941	0.933	0.925	0.916	0.906	0.895	0.884	0.873	0.861	0.848
4.8	0.992	0.990	0.987	0.985	0.981	0.978	0.974	0.969	0.964	0.958	0.952	0.946	0.938	0.930	0.922	0.913	0.903	0.892	0.881	0.870	0.857
4.9	0.993	0.991	0.988	0.986	0.983	0.980	0.976	0.972	0.967	0.962	0.956	0.950	0.943	0.936	0.928	0.919	0.910	0.900	0.889	0.878	0.867
5.0	0.993	0.992	0.990	0.987	0.984	0.981	0.978	0.974	0.970	0.965	0.960	0.954	0.947	0.940	0.933	0.925	0.916	0.907	0.897	0.886	0.875
5.1	0.994	0.992	0.990	0.988	0.986	0.983	0.980	0.976	0.972	0.968	0.963	0.957	0.951	0.945	0.938	0.930	0.922	0.913	0.904	0.894	0.884
5.2	0.994	0.993	0.991	0.989	0.987	0.985	0.982	0.978	0.975	0.970	0.966	0.961	0.955	0.949	0.942	0.935	0.928	0.919	0.911	0.901	0.891
5.3	0.995	0.994	0.992	0.990	0.988	0.986	0.983	0.980	0.977	0.973	0.969	0.964	0.959	0.953	0.947	0.940	0.933	0.925	0.917	0.908	0.898
5.4	0.995	0.994	0.993	0.991	0.989	0.987	0.985	0.982	0.979	0.975	0.971	0.967	0.962	0.957	0.951	0.945	0.938	0.930	0.923	0.914	0.905
5.5	0.996	0.995	0.994	0.992	0.990	0.988	0.986	0.983	0.980	0.977	0.973	0.969	0.965	0.960	0.955	0.949	0.942	0.935	0.928	0.920	0.912
5.6	0.996	0.995	0.994	0.993	0.991	0.989	0.987	0.985	0.982	0.979	0.976	0.972	0.968	0.963	0.958	0.952	0.946	0.940	0.933	0.926	0.918
5.7	0.997	0.996	0.995	0.993	0.992	0.990	0.988	0.986	0.984	0.981	0.978	0.974	0.970	0.966	0.961	0.956	0.950	0.944	0.938	0.931	0.923
5.8	0.997	0.996	0.995	0.994	0.993	0.991	0.989	0.987	0.985	0.982	0.979	0.976	0.973	0.969	0.964	0.959	0.954	0.948	0.942	0.936	0.928
5.9	0.997	0.997	0.996	0.995	0.993	0.992	0.990	0.988	0.986	0.984	0.981	0.978	0.975	0.971	0.967	0.962	0.957	0.952	0.946	0.940	0.933
6.0	0.998	0.997	0.996	0.995	0.994	0.993	0.991	0.989	0.987	0.985	0.983	0.980	0.977	0.973	0.969	0.965	0.961	0.956	0.950	0.944	0.938
6.1	0.998	0.997	0.996	0.996	0.994	0.993	0.992	0.990	0.988	0.986	0.984	0.981	0.979	0.975	0.972	0.968	0.964	0.959	0.954	0.948	0.942
6.2	0.998	0.997	0.997	0.996	0.995	0.994	0.993	0.991	0.989	0.988	0.985	0.983	0.980	0.977	0.974	0.970	0.966	0.962	0.957	0.952	0.946
6.3	0.998	0.998	0.997	0.996	0.995	0.994	0.993	0.992	0.990	0.989	0.987	0.984	0.982	0.979	0.976	0.973	0.969	0.965	0.960	0.955	0.950
6.4	0.998	0.998	0.997	0.997	0.996	0.995	0.994	0.993	0.991	0.990	0.988	0.986	0.983	0.981	0.978	0.975	0.971	0.967	0.963	0.959	0.954
6.5	0.998	0.998	0.998	0.997	0.996	0.995	0.994	0.993	0.992	0.990	0.989	0.987	0.985	0.982	0.980	0.977	0.973	0.970	0.966	0.962	0.957
6.6	0.999	0.998	0.998	0.997	0.997	0.996	0.995	0.994	0.993	0.991	0.990	0.988	0.986	0.984	0.981	0.978	0.975	0.972	0.968	0.964	0.960

续附表5

t/K \ n	1.0	1.1	1.2	1.3	1.4	1.5	1.6	1.7	1.8	1.9	2.0	2.1	2.2	2.3	2.4	2.5	2.6	2.7	2.8	2.9	3.0
6.7	0.999	0.998	0.998	0.997	0.997	0.996	0.995	0.994	0.993	0.992	0.991	0.989	0.987	0.985	0.983	0.980	0.977	0.974	0.971	0.967	0.963
6.8	0.999	0.999	0.998	0.998	0.997	0.996	0.996	0.995	0.994	0.993	0.991	0.990	0.988	0.986	0.984	0.982	0.979	0.976	0.973	0.969	0.966
6.9	0.999	0.999	0.998	0.998	0.997	0.997	0.996	0.995	0.994	0.993	0.992	0.991	0.989	0.987	0.985	0.983	0.981	0.978	0.975	0.972	0.968
7.0	0.999	0.999	0.998	0.998	0.998	0.997	0.996	0.996	0.995	0.994	0.993	0.991	0.990	0.988	0.986	0.984	0.982	0.980	0.977	0.974	0.970
7.1	0.999	0.999	0.999	0.998	0.998	0.997	0.997	0.996	0.995	0.994	0.993	0.992	0.991	0.989	0.988	0.986	0.983	0.981	0.979	0.976	0.973
7.2	0.999	0.999	0.999	0.998	0.998	0.998	0.997	0.996	0.996	0.995	0.994	0.993	0.992	0.990	0.989	0.987	0.985	0.983	0.980	0.977	0.975
7.3	0.999	0.999	0.999	0.999	0.998	0.998	0.997	0.997	0.996	0.995	0.994	0.993	0.992	0.991	0.989	0.988	0.986	0.984	0.982	0.979	0.976
7.4	0.999	0.999	0.999	0.999	0.998	0.998	0.998	0.997	0.996	0.996	0.995	0.994	0.993	0.992	0.990	0.989	0.987	0.985	0.983	0.981	0.978
7.5	0.999	0.999	0.999	0.999	0.999	0.998	0.998	0.997	0.997	0.996	0.995	0.994	0.993	0.992	0.991	0.990	0.988	0.986	0.984	0.982	0.980
7.6	0.999	0.999	0.999	0.999	0.999	0.998	0.998	0.998	0.997	0.996	0.996	0.995	0.994	0.993	0.992	0.990	0.989	0.987	0.986	0.983	0.981
7.7	1.000	0.999	0.999	0.999	0.999	0.998	0.998	0.998	0.997	0.997	0.996	0.995	0.994	0.994	0.992	0.991	0.990	0.988	0.987	0.985	0.983
7.8	1.000	0.999	0.999	0.999	0.999	0.999	0.998	0.998	0.997	0.997	0.996	0.996	0.995	0.994	0.993	0.992	0.991	0.989	0.988	0.986	0.984
7.9	1.000	1.000	0.999	0.999	0.999	0.999	0.998	0.998	0.998	0.997	0.997	0.996	0.995	0.995	0.994	0.993	0.991	0.990	0.989	0.987	0.985
8.0	1.000	1.000	0.999	0.999	0.999	0.999	0.999	0.998	0.998	0.997	0.997	0.996	0.996	0.995	0.994	0.993	0.992	0.991	0.989	0.988	0.986
8.1	1.000	1.000	0.999	0.999	0.999	0.999	0.999	0.998	0.998	0.998	0.997	0.997	0.996	0.995	0.995	0.994	0.993	0.992	0.990	0.989	0.987
8.2	1.000	1.000	1.000	0.999	0.999	0.999	0.999	0.999	0.998	0.998	0.997	0.997	0.996	0.996	0.995	0.994	0.993	0.992	0.991	0.990	0.988
8.3	1.000	1.000	1.000	0.999	0.999	0.999	0.999	0.999	0.998	0.998	0.998	0.997	0.997	0.996	0.995	0.995	0.994	0.993	0.992	0.990	0.989
8.4	1.000	1.000	1.000	1.000	0.999	0.999	0.999	0.999	0.999	0.998	0.998	0.997	0.997	0.996	0.996	0.995	0.994	0.993	0.992	0.991	0.990
8.5	1.000	1.000	1.000	1.000	0.999	0.999	0.999	0.999	0.999	0.998	0.998	0.998	0.997	0.997	0.996	0.996	0.995	0.994	0.993	0.992	0.991
8.6	1.000	1.000	1.000	1.000	0.999	0.999	0.999	0.999	0.999	0.999	0.998	0.998	0.997	0.997	0.996	0.996	0.995	0.994	0.994	0.993	0.991
8.7	1.000	1.000	1.000	1.000	1.000	0.999	0.999	0.999	0.999	0.999	0.998	0.998	0.998	0.997	0.997	0.996	0.996	0.995	0.994	0.993	0.992
8.8	1.000	1.000	1.000	1.000	1.000	0.999	0.999	0.999	0.999	0.999	0.999	0.998	0.998	0.997	0.997	0.997	0.996	0.995	0.994	0.994	0.993
8.9	1.000	1.000	1.000	1.000	1.000	1.000	0.999	0.999	0.999	0.999	0.999	0.998	0.998	0.998	0.997	0.997	0.996	0.996	0.995	0.994	0.993
9.0	1.000	1.000	1.000	1.000	1.000	1.000	0.999	0.999	0.999	0.999	0.999	0.999	0.998	0.998	0.997	0.997	0.997	0.996	0.995	0.995	0.994
9.1	1.000	1.000	1.000	1.000	1.000	1.000	1.000	0.999	0.999	0.999	0.999	0.999	0.998	0.998	0.998	0.997	0.997	0.996	0.996	0.995	0.994

续附表5

t/K \ n	3.1	3.2	3.3	3.4	3.5	3.6	3.7	3.8	3.9	4.0	4.1	4.2	4.3	4.4	4.5	4.6	4.7	4.8	4.9	5.0	5.1
0	0	0	0	0	0	0	0	0	0	0	0	0	0	0	0	0	0	0	0	0	0
0.1	0	0	0	0	0	0	0	0	0	0	0	0	0	0	0	0	0	0	0	0	0
0.2	0.001	0.001	0	0	0	0	0	0	0	0	0	0	0	0	0	0	0	0	0	0	0
0.3	0.003	0.002	0.002	0.001	0.001	0.001	0.001	0	0	0	0	0	0	0	0	0	0	0	0	0	0
0.4	0.006	0.005	0.004	0.003	0.003	0.002	0.002	0.001	0.001	0.001	0.001	0	0	0	0	0	0	0	0	0	0
0.5	0.012	0.010	0.008	0.006	0.005	0.004	0.003	0.003	0.002	0.002	0.001	0.001	0.001	0.001	0.001	0	0	0	0	0	0
0.6	0.019	0.016	0.013	0.011	0.009	0.007	0.006	0.005	0.004	0.003	0.003	0.002	0.002	0.001	0.001	0.001	0.001	0.001	0	0	0
0.7	0.029	0.024	0.021	0.017	0.014	0.012	0.010	0.008	0.007	0.006	0.005	0.004	0.003	0.003	0.002	0.002	0.001	0.001	0.001	0.001	0.001
0.8	0.041	0.035	0.030	0.025	0.021	0.018	0.015	0.013	0.011	0.009	0.008	0.006	0.005	0.004	0.004	0.003	0.003	0.002	0.002	0.001	0.001
0.9	0.054	0.047	0.041	0.035	0.030	0.026	0.022	0.019	0.016	0.013	0.011	0.010	0.008	0.007	0.006	0.005	0.004	0.003	0.003	0.002	0.002
1.0	0.070	0.061	0.053	0.046	0.040	0.035	0.030	0.026	0.022	0.019	0.016	0.014	0.012	0.010	0.009	0.007	0.006	0.005	0.004	0.004	0.003
1.1	0.088	0.077	0.068	0.060	0.052	0.045	0.040	0.034	0.030	0.026	0.022	0.019	0.016	0.014	0.012	0.010	0.009	0.008	0.006	0.005	0.005
1.2	0.107	0.095	0.084	0.074	0.066	0.058	0.051	0.044	0.039	0.034	0.029	0.026	0.022	0.019	0.017	0.014	0.012	0.011	0.009	0.008	0.007
1.3	0.128	0.114	0.102	0.091	0.081	0.071	0.063	0.056	0.049	0.043	0.038	0.033	0.029	0.025	0.022	0.019	0.017	0.014	0.012	0.011	0.009
1.4	0.150	0.135	0.121	0.109	0.097	0.087	0.077	0.069	0.061	0.054	0.047	0.042	0.037	0.032	0.028	0.025	0.022	0.019	0.016	0.014	0.012
1.5	0.173	0.157	0.142	0.128	0.115	0.103	0.092	0.083	0.074	0.066	0.058	0.052	0.046	0.040	0.036	0.031	0.028	0.024	0.021	0.019	0.016
1.6	0.198	0.180	0.164	0.148	0.134	0.121	0.109	0.098	0.088	0.079	0.070	0.063	0.056	0.050	0.044	0.039	0.035	0.031	0.027	0.024	0.021
1.7	0.223	0.204	0.186	0.170	0.154	0.140	0.127	0.115	0.103	0.093	0.084	0.075	0.067	0.060	0.054	0.048	0.043	0.038	0.033	0.030	0.026
1.8	0.248	0.228	0.210	0.192	0.175	0.160	0.146	0.132	0.120	0.109	0.098	0.089	0.080	0.072	0.064	0.058	0.051	0.046	0.041	0.036	0.032
1.9	0.274	0.253	0.234	0.215	0.197	0.181	0.166	0.151	0.138	0.125	0.114	0.103	0.093	0.084	0.076	0.068	0.061	0.055	0.049	0.044	0.039
2.0	0.301	0.279	0.258	0.239	0.220	0.203	0.186	0.171	0.156	0.143	0.130	0.119	0.108	0.098	0.089	0.080	0.072	0.065	0.059	0.053	0.047
2.1	0.327	0.305	0.283	0.263	0.244	0.225	0.208	0.191	0.176	0.161	0.148	0.135	0.123	0.112	0.102	0.093	0.084	0.076	0.069	0.062	0.056
2.2	0.354	0.331	0.309	0.287	0.267	0.248	0.230	0.212	0.196	0.181	0.166	0.153	0.140	0.128	0.117	0.107	0.097	0.088	0.080	0.072	0.066

续附表5

t/K \ n	3.1	3.2	3.3	3.4	3.5	3.6	3.7	3.8	3.9	4.0	4.1	4.2	4.3	4.4	4.5	4.6	4.7	4.8	4.9	5.0	5.1
2.3	0.380	0.356	0.334	0.312	0.291	0.271	0.252	0.234	0.217	0.201	0.185	0.171	0.157	0.144	0.132	0.121	0.111	0.101	0.092	0.084	0.076
2.4	0.406	0.382	0.359	0.337	0.316	0.295	0.275	0.256	0.238	0.221	0.205	0.190	0.175	0.161	0.149	0.137	0.125	0.115	0.105	0.096	0.087
2.5	0.432	0.408	0.385	0.362	0.340	0.319	0.299	0.279	0.260	0.242	0.225	0.209	0.194	0.179	0.166	0.153	0.141	0.129	0.119	0.109	0.100
2.6	0.457	0.433	0.410	0.387	0.364	0.343	0.322	0.302	0.283	0.264	0.246	0.229	0.213	0.198	0.183	0.170	0.157	0.145	0.133	0.123	0.113
2.7	0.482	0.458	0.434	0.411	0.389	0.367	0.346	0.325	0.305	0.286	0.268	0.250	0.233	0.217	0.202	0.187	0.174	0.161	0.149	0.137	0.126
2.8	0.506	0.482	0.459	0.436	0.413	0.391	0.369	0.348	0.328	0.308	0.289	0.271	0.253	0.237	0.221	0.206	0.191	0.178	0.165	0.152	0.141
2.9	0.530	0.506	0.483	0.460	0.437	0.414	0.392	0.371	0.350	0.330	0.311	0.292	0.274	0.257	0.240	0.224	0.209	0.195	0.181	0.168	0.156
3.0	0.553	0.530	0.506	0.483	0.460	0.438	0.416	0.394	0.373	0.353	0.333	0.314	0.295	0.277	0.260	0.244	0.228	0.213	0.198	0.185	0.172
3.1	0.576	0.552	0.529	0.506	0.483	0.461	0.439	0.417	0.396	0.375	0.355	0.335	0.316	0.298	0.280	0.263	0.247	0.231	0.216	0.202	0.188
3.2	0.597	0.574	0.552	0.529	0.506	0.484	0.462	0.440	0.418	0.397	0.377	0.357	0.338	0.319	0.301	0.283	0.266	0.250	0.234	0.219	0.205
3.3	0.618	0.596	0.573	0.551	0.528	0.506	0.484	0.462	0.441	0.420	0.399	0.379	0.359	0.340	0.321	0.303	0.286	0.269	0.253	0.237	0.223
3.4	0.638	0.616	0.594	0.572	0.550	0.528	0.506	0.484	0.463	0.442	0.421	0.400	0.380	0.361	0.342	0.324	0.306	0.289	0.272	0.256	0.240
3.5	0.658	0.636	0.615	0.593	0.571	0.549	0.528	0.506	0.485	0.463	0.442	0.422	0.402	0.382	0.363	0.344	0.326	0.308	0.291	0.275	0.259
3.6	0.677	0.656	0.634	0.613	0.592	0.570	0.549	0.527	0.506	0.485	0.464	0.443	0.423	0.403	0.384	0.365	0.346	0.328	0.311	0.294	0.277
3.7	0.695	0.674	0.653	0.633	0.612	0.590	0.569	0.548	0.527	0.506	0.485	0.464	0.444	0.424	0.404	0.385	0.366	0.348	0.330	0.313	0.296
3.8	0.712	0.692	0.672	0.651	0.631	0.610	0.589	0.568	0.547	0.527	0.506	0.485	0.465	0.445	0.425	0.406	0.387	0.368	0.350	0.332	0.315
3.9	0.728	0.709	0.689	0.670	0.649	0.629	0.609	0.588	0.567	0.547	0.526	0.506	0.485	0.465	0.446	0.426	0.407	0.388	0.370	0.352	0.334
4.0	0.744	0.725	0.706	0.687	0.667	0.648	0.627	0.607	0.587	0.567	0.546	0.526	0.506	0.486	0.466	0.446	0.427	0.408	0.389	0.371	0.353
4.1	0.759	0.741	0.723	0.704	0.685	0.665	0.646	0.626	0.606	0.586	0.566	0.546	0.526	0.506	0.486	0.466	0.447	0.428	0.409	0.391	0.373
4.2	0.773	0.756	0.738	0.720	0.701	0.682	0.663	0.644	0.624	0.605	0.585	0.565	0.545	0.525	0.506	0.486	0.467	0.448	0.429	0.410	0.392
4.3	0.787	0.770	0.753	0.735	0.717	0.699	0.680	0.661	0.642	0.623	0.603	0.584	0.564	0.545	0.525	0.506	0.486	0.467	0.448	0.430	0.411
4.4	0.799	0.783	0.767	0.750	0.733	0.715	0.697	0.678	0.660	0.641	0.621	0.602	0.583	0.563	0.544	0.525	0.506	0.486	0.468	0.449	0.430
4.5	0.812	0.796	0.781	0.764	0.747	0.730	0.712	0.695	0.676	0.658	0.639	0.620	0.601	0.582	0.563	0.544	0.524	0.505	0.487	0.468	0.449

续附表5

n / t/K	3.1	3.2	3.3	3.4	3.5	3.6	3.7	3.8	3.9	4.0	4.1	4.2	4.3	4.4	4.5	4.6	4.7	4.8	4.9	5.0	5.1
4.6	0.823	0.809	0.793	0.778	0.761	0.745	0.728	0.710	0.692	0.674	0.656	0.637	0.619	0.600	0.581	0.562	0.543	0.524	0.505	0.487	0.468
4.7	0.834	0.820	0.806	0.790	0.775	0.759	0.742	0.725	0.708	0.690	0.672	0.654	0.636	0.617	0.599	0.580	0.561	0.543	0.524	0.505	0.487
4.8	0.845	0.831	0.817	0.803	0.788	0.772	0.756	0.740	0.723	0.706	0.688	0.671	0.653	0.634	0.616	0.598	0.579	0.561	0.542	0.524	0.505
4.9	0.854	0.842	0.828	0.814	0.800	0.785	0.769	0.754	0.737	0.721	0.704	0.686	0.669	0.651	0.633	0.615	0.597	0.578	0.560	0.542	0.524
5.0	0.864	0.851	0.839	0.825	0.811	0.797	0.782	0.767	0.751	0.735	0.718	0.702	0.685	0.667	0.650	0.632	0.614	0.596	0.578	0.560	0.541
5.1	0.872	0.861	0.849	0.836	0.822	0.809	0.794	0.780	0.764	0.749	0.733	0.716	0.700	0.683	0.665	0.648	0.630	0.613	0.595	0.577	0.559
5.2	0.881	0.870	0.858	0.846	0.833	0.820	0.806	0.792	0.777	0.762	0.746	0.731	0.714	0.698	0.681	0.664	0.647	0.629	0.612	0.594	0.576
5.3	0.888	0.878	0.867	0.855	0.843	0.830	0.817	0.803	0.789	0.775	0.760	0.744	0.728	0.712	0.696	0.679	0.662	0.645	0.628	0.610	0.593
5.4	0.896	0.886	0.875	0.864	0.852	0.840	0.828	0.814	0.801	0.787	0.772	0.757	0.742	0.726	0.710	0.694	0.678	0.661	0.644	0.627	0.609
5.5	0.903	0.893	0.883	0.872	0.861	0.850	0.838	0.825	0.812	0.798	0.784	0.770	0.755	0.740	0.724	0.708	0.692	0.676	0.659	0.642	0.626
5.6	0.909	0.900	0.891	0.880	0.870	0.859	0.847	0.835	0.822	0.809	0.796	0.782	0.768	0.753	0.738	0.722	0.707	0.691	0.674	0.658	0.641
5.7	0.915	0.907	0.898	0.888	0.878	0.867	0.856	0.845	0.833	0.820	0.807	0.793	0.780	0.765	0.751	0.736	0.720	0.705	0.689	0.673	0.656
5.8	0.921	0.913	0.904	0.895	0.885	0.875	0.865	0.854	0.842	0.830	0.818	0.805	0.791	0.777	0.763	0.749	0.734	0.719	0.703	0.687	0.671
5.9	0.926	0.919	0.910	0.902	0.893	0.883	0.873	0.862	0.851	0.840	0.828	0.815	0.802	0.789	0.775	0.761	0.747	0.732	0.717	0.701	0.686
6.0	0.931	0.924	0.916	0.908	0.899	0.890	0.881	0.870	0.860	0.849	0.837	0.825	0.813	0.800	0.787	0.773	0.759	0.745	0.730	0.715	0.700
6.1	0.936	0.929	0.922	0.914	0.906	0.897	0.888	0.878	0.868	0.857	0.846	0.835	0.823	0.811	0.798	0.785	0.771	0.757	0.743	0.728	0.713
6.2	0.940	0.934	0.927	0.920	0.912	0.904	0.895	0.886	0.876	0.866	0.855	0.844	0.833	0.821	0.808	0.796	0.782	0.769	0.755	0.741	0.726
6.3	0.944	0.938	0.932	0.925	0.918	0.910	0.901	0.893	0.883	0.874	0.863	0.853	0.842	0.830	0.818	0.806	0.793	0.780	0.767	0.753	0.739
6.4	0.948	0.943	0.936	0.930	0.923	0.915	0.908	0.899	0.890	0.881	0.871	0.861	0.851	0.840	0.828	0.816	0.804	0.791	0.778	0.765	0.751
6.5	0.952	0.947	0.941	0.935	0.928	0.921	0.913	0.905	0.897	0.888	0.879	0.869	0.859	0.848	0.837	0.826	0.814	0.802	0.789	0.776	0.763
6.6	0.955	0.950	0.945	0.939	0.933	0.926	0.919	0.911	0.903	0.895	0.886	0.877	0.867	0.857	0.846	0.835	0.824	0.812	0.800	0.787	0.774
6.7	0.958	0.954	0.949	0.943	0.937	0.931	0.924	0.917	0.909	0.901	0.893	0.884	0.875	0.865	0.855	0.844	0.833	0.822	0.810	0.798	0.785
6.8	0.961	0.957	0.952	0.947	0.941	0.935	0.929	0.922	0.915	0.907	0.899	0.891	0.882	0.872	0.863	0.853	0.842	0.831	0.820	0.808	0.796

续附表5

n / t/K	3.1	3.2	3.3	3.4	3.5	3.6	3.7	3.8	3.9	4.0	4.1	4.2	4.3	4.4	4.5	4.6	4.7	4.8	4.9	5.0	5.1
6.9	0.964	0.960	0.955	0.950	0.945	0.939	0.933	0.927	0.920	0.913	0.905	0.897	0.889	0.880	0.870	0.861	0.850	0.840	0.829	0.818	0.806
7.0	0.967	0.963	0.958	0.954	0.949	0.943	0.938	0.932	0.925	0.918	0.911	0.903	0.895	0.887	0.878	0.868	0.859	0.848	0.838	0.827	0.816
7.1	0.969	0.965	0.961	0.957	0.952	0.947	0.942	0.936	0.930	0.923	0.916	0.909	0.901	0.893	0.885	0.876	0.866	0.857	0.846	0.836	0.825
7.2	0.971	0.968	0.964	0.960	0.955	0.951	0.946	0.940	0.934	0.928	0.921	0.915	0.907	0.899	0.891	0.883	0.874	0.864	0.855	0.844	0.834
7.3	0.973	0.970	0.967	0.963	0.959	0.954	0.949	0.944	0.938	0.933	0.926	0.920	0.913	0.905	0.897	0.889	0.881	0.872	0.862	0.853	0.843
7.4	0.975	0.972	0.969	0.965	0.961	0.957	0.953	0.948	0.942	0.937	0.931	0.925	0.918	0.911	0.903	0.896	0.887	0.879	0.870	0.860	0.851
7.5	0.977	0.974	0.971	0.968	0.964	0.960	0.956	0.951	0.946	0.941	0.935	0.929	0.923	0.916	0.909	0.902	0.894	0.886	0.877	0.868	0.859
7.6	0.979	0.976	0.973	0.970	0.966	0.963	0.959	0.954	0.950	0.945	0.939	0.934	0.928	0.921	0.914	0.907	0.900	0.892	0.884	0.875	0.866
7.7	0.980	0.978	0.975	0.972	0.969	0.965	0.961	0.957	0.953	0.948	0.943	0.938	0.932	0.926	0.919	0.913	0.906	0.898	0.890	0.882	0.873
7.8	0.982	0.979	0.977	0.974	0.971	0.968	0.964	0.960	0.956	0.952	0.947	0.942	0.936	0.930	0.924	0.918	0.911	0.904	0.896	0.888	0.880
7.9	0.983	0.981	0.979	0.976	0.973	0.970	0.966	0.963	0.959	0.955	0.950	0.945	0.940	0.935	0.929	0.923	0.916	0.909	0.902	0.894	0.887
8.0	0.984	0.982	0.980	0.978	0.975	0.972	0.969	0.965	0.962	0.958	0.953	0.949	0.944	0.939	0.933	0.927	0.921	0.915	0.908	0.900	0.893
8.1	0.986	0.984	0.981	0.979	0.977	0.974	0.971	0.968	0.964	0.960	0.956	0.952	0.947	0.942	0.937	0.932	0.926	0.919	0.913	0.906	0.899
8.2	0.987	0.985	0.983	0.981	0.978	0.976	0.973	0.970	0.967	0.963	0.959	0.955	0.951	0.946	0.941	0.936	0.930	0.924	0.918	0.911	0.904
8.3	0.988	0.986	0.984	0.982	0.980	0.977	0.975	0.972	0.969	0.965	0.962	0.958	0.954	0.949	0.945	0.940	0.934	0.929	0.923	0.916	0.910
8.4	0.989	0.987	0.985	0.983	0.981	0.979	0.977	0.974	0.971	0.968	0.964	0.961	0.957	0.953	0.948	0.943	0.938	0.933	0.927	0.921	0.915
8.5	0.989	0.988	0.986	0.985	0.983	0.980	0.978	0.976	0.973	0.970	0.967	0.963	0.960	0.956	0.951	0.947	0.942	0.937	0.931	0.926	0.920
8.6	0.990	0.989	0.987	0.986	0.984	0.982	0.980	0.977	0.975	0.972	0.969	0.966	0.962	0.958	0.954	0.950	0.945	0.941	0.935	0.930	0.924
8.7	0.991	0.990	0.988	0.987	0.985	0.983	0.981	0.979	0.976	0.974	0.971	0.968	0.965	0.961	0.957	0.953	0.949	0.944	0.939	0.934	0.929
8.8	0.992	0.990	0.989	0.988	0.986	0.984	0.982	0.980	0.978	0.976	0.973	0.970	0.967	0.963	0.960	0.956	0.952	0.948	0.943	0.938	0.933
8.9	0.992	0.991	0.990	0.989	0.987	0.985	0.984	0.982	0.980	0.977	0.975	0.972	0.969	0.966	0.962	0.959	0.955	0.951	0.946	0.942	0.937
9.0	0.993	0.992	0.991	0.989	0.988	0.986	0.985	0.983	0.981	0.979	0.976	0.974	0.971	0.968	0.965	0.961	0.958	0.954	0.950	0.945	0.940
9.1	0.993	0.992	0.991	0.990	0.989	0.987	0.986	0.984	0.982	0.980	0.978	0.976	0.973	0.970	0.967	0.964	0.960	0.957	0.953	0.948	0.944

续附表 5

t/K \ n	5.2	5.3	5.4	5.5	5.6	5.7	5.8	5.9	6.0	6.1	6.2	6.3	6.4	6.5	6.6	6.7	6.8	6.9	7.0
0	0	0	0	0	0	0	0	0	0	0	0	0	0	0	0	0	0	0	0
0.1	0	0	0	0	0	0	0	0	0	0	0	0	0	0	0	0	0	0	0
0.2	0	0	0	0	0	0	0	0	0	0	0	0	0	0	0	0	0	0	0
0.3	0	0	0	0	0	0	0	0	0	0	0	0	0	0	0	0	0	0	0
0.4	0	0	0	0	0	0	0	0	0	0	0	0	0	0	0	0	0	0	0
0.5	0	0	0	0	0	0	0	0	0	0	0	0	0	0	0	0	0	0	0
0.6	0	0	0	0	0	0	0	0	0	0	0	0	0	0	0	0	0	0	0
0.7	0.001	0	0	0	0	0	0	0	0	0	0	0	0	0	0	0	0	0	0
0.8	0.001	0.001	0.001	0.001	0	0	0	0	0	0	0	0	0	0	0	0	0	0	0
0.9	0.002	0.001	0.001	0.001	0.001	0.001	0.001	0	0	0	0	0	0	0	0	0	0	0	0
1.0	0.003	0.002	0.002	0.002	0.001	0.001	0.001	0.001	0.001	0	0	0	0	0	0	0	0	0	0
1.1	0.004	0.003	0.003	0.002	0.002	0.002	0.001	0.001	0.001	0.001	0.001	0.001	0	0	0	0	0	0	0
1.2	0.006	0.005	0.004	0.003	0.003	0.002	0.002	0.002	0.002	0.001	0.001	0.001	0.001	0.001	0.001	0	0	0	0
1.3	0.008	0.007	0.006	0.005	0.004	0.004	0.003	0.003	0.002	0.002	0.002	0.001	0.001	0.001	0.001	0.001	0.001	0	0
1.4	0.011	0.009	0.008	0.007	0.006	0.005	0.004	0.004	0.003	0.003	0.002	0.002	0.002	0.001	0.001	0.001	0.001	0.001	0.001
1.5	0.014	0.012	0.011	0.009	0.008	0.007	0.006	0.005	0.004	0.004	0.003	0.003	0.002	0.002	0.002	0.002	0.001	0.001	0.001
1.6	0.018	0.016	0.014	0.012	0.011	0.009	0.008	0.007	0.006	0.005	0.005	0.004	0.003	0.003	0.002	0.002	0.002	0.002	0.001
1.7	0.023	0.020	0.018	0.016	0.014	0.012	0.011	0.009	0.008	0.007	0.006	0.005	0.005	0.004	0.003	0.003	0.003	0.002	0.002
1.8	0.029	0.025	0.022	0.020	0.017	0.015	0.013	0.012	0.010	0.009	0.008	0.007	0.006	0.005	0.005	0.004	0.003	0.003	0.003
1.9	0.035	0.031	0.028	0.025	0.022	0.019	0.017	0.015	0.013	0.012	0.010	0.009	0.008	0.007	0.006	0.005	0.005	0.004	0.003
2.0	0.042	0.038	0.034	0.030	0.027	0.024	0.021	0.019	0.017	0.015	0.013	0.011	0.010	0.009	0.008	0.007	0.006	0.005	0.005
2.1	0.050	0.045	0.041	0.036	0.032	0.029	0.026	0.023	0.020	0.018	0.016	0.014	0.013	0.011	0.010	0.009	0.008	0.007	0.006
2.2	0.059	0.053	0.048	0.043	0.039	0.035	0.031	0.028	0.025	0.022	0.020	0.018	0.016	0.014	0.012	0.011	0.010	0.008	0.007

续附表5

t/K \ n	5.2	5.3	5.4	5.5	5.6	5.7	5.8	5.9	6.0	6.1	6.2	6.3	6.4	6.5	6.6	6.7	6.8	6.9	7.0
2.3	0.069	0.062	0.057	0.051	0.046	0.041	0.037	0.033	0.030	0.027	0.024	0.021	0.019	0.017	0.015	0.013	0.012	0.011	0.009
2.4	0.080	0.072	0.066	0.060	0.054	0.049	0.044	0.040	0.036	0.032	0.029	0.026	0.023	0.021	0.018	0.016	0.015	0.013	0.012
2.5	0.091	0.083	0.076	0.069	0.063	0.057	0.051	0.047	0.042	0.038	0.034	0.031	0.028	0.025	0.022	0.020	0.018	0.016	0.014
2.6	0.103	0.095	0.086	0.079	0.072	0.066	0.060	0.054	0.049	0.044	0.040	0.036	0.033	0.029	0.027	0.024	0.021	0.019	0.017
2.7	0.116	0.107	0.098	0.090	0.082	0.075	0.068	0.062	0.057	0.052	0.047	0.042	0.038	0.035	0.031	0.028	0.025	0.023	0.021
2.8	0.130	0.120	0.110	0.101	0.093	0.085	0.078	0.071	0.065	0.059	0.054	0.049	0.045	0.040	0.037	0.033	0.030	0.027	0.024
2.9	0.144	0.133	0.123	0.114	0.105	0.096	0.088	0.081	0.074	0.068	0.062	0.057	0.052	0.047	0.043	0.039	0.035	0.032	0.029
3.0	0.160	0.148	0.137	0.127	0.117	0.108	0.099	0.091	0.084	0.077	0.071	0.065	0.059	0.054	0.049	0.045	0.041	0.037	0.034
3.1	0.175	0.163	0.151	0.140	0.130	0.120	0.111	0.102	0.094	0.087	0.080	0.073	0.067	0.061	0.056	0.051	0.047	0.043	0.039
3.2	0.192	0.179	0.166	0.155	0.144	0.133	0.123	0.114	0.105	0.097	0.090	0.082	0.076	0.070	0.064	0.058	0.053	0.049	0.045
3.3	0.208	0.195	0.182	0.170	0.158	0.147	0.136	0.126	0.117	0.108	0.100	0.092	0.085	0.078	0.072	0.066	0.061	0.056	0.051
3.4	0.226	0.211	0.198	0.185	0.173	0.161	0.150	0.139	0.129	0.120	0.111	0.103	0.095	0.088	0.081	0.075	0.069	0.063	0.058
3.5	0.243	0.229	0.214	0.201	0.188	0.176	0.164	0.153	0.142	0.132	0.123	0.114	0.106	0.098	0.090	0.084	0.077	0.071	0.065
3.6	0.261	0.246	0.231	0.217	0.204	0.191	0.179	0.167	0.156	0.145	0.135	0.126	0.117	0.108	0.100	0.093	0.086	0.079	0.073
3.7	0.280	0.264	0.249	0.234	0.220	0.207	0.194	0.182	0.170	0.159	0.148	0.138	0.129	0.120	0.111	0.103	0.096	0.088	0.082
3.8	0.298	0.282	0.266	0.251	0.237	0.223	0.210	0.197	0.184	0.173	0.162	0.151	0.141	0.131	0.122	0.114	0.106	0.098	0.091
3.9	0.317	0.300	0.284	0.269	0.254	0.239	0.226	0.212	0.199	0.187	0.176	0.164	0.154	0.144	0.134	0.125	0.116	0.108	0.101
4.0	0.336	0.319	0.303	0.287	0.271	0.256	0.242	0.228	0.215	0.202	0.190	0.178	0.167	0.156	0.146	0.137	0.128	0.119	0.111
4.1	0.355	0.338	0.321	0.305	0.289	0.274	0.259	0.244	0.231	0.217	0.205	0.193	0.181	0.170	0.159	0.149	0.139	0.130	0.121
4.2	0.374	0.357	0.340	0.323	0.307	0.291	0.276	0.261	0.247	0.233	0.220	0.207	0.195	0.183	0.172	0.162	0.151	0.142	0.133
4.3	0.393	0.375	0.358	0.341	0.325	0.309	0.293	0.278	0.263	0.249	0.236	0.222	0.210	0.198	0.186	0.175	0.164	0.154	0.144
4.4	0.412	0.394	0.377	0.360	0.343	0.327	0.311	0.295	0.280	0.266	0.251	0.238	0.225	0.212	0.200	0.188	0.177	0.167	0.156
4.5	0.431	0.413	0.395	0.378	0.361	0.344	0.328	0.312	0.297	0.282	0.268	0.254	0.240	0.227	0.214	0.202	0.191	0.180	0.169

续附表5

n / t/K	5.2	5.3	5.4	5.5	5.6	5.7	5.8	5.9	6.0	6.1	6.2	6.3	6.4	6.5	6.6	6.7	6.8	6.9	7.0
4.6	0.450	0.432	0.414	0.397	0.379	0.363	0.346	0.330	0.314	0.299	0.284	0.270	0.256	0.242	0.229	0.217	0.205	0.193	0.182
4.7	0.469	0.451	0.433	0.415	0.398	0.381	0.364	0.348	0.332	0.316	0.301	0.286	0.272	0.258	0.244	0.232	0.219	0.207	0.195
4.8	0.487	0.469	0.451	0.433	0.416	0.399	0.382	0.365	0.349	0.333	0.318	0.303	0.288	0.274	0.260	0.247	0.234	0.221	0.209
4.9	0.505	0.487	0.469	0.452	0.434	0.417	0.400	0.383	0.366	0.350	0.335	0.319	0.304	0.290	0.276	0.262	0.249	0.236	0.223
5.0	0.523	0.505	0.487	0.470	0.452	0.435	0.418	0.401	0.384	0.368	0.352	0.336	0.321	0.306	0.292	0.278	0.264	0.251	0.238
5.1	0.541	0.523	0.505	0.488	0.470	0.453	0.435	0.418	0.402	0.385	0.369	0.353	0.338	0.322	0.308	0.293	0.279	0.266	0.253
5.2	0.558	0.541	0.523	0.505	0.488	0.470	0.453	0.436	0.419	0.402	0.386	0.370	0.354	0.339	0.324	0.309	0.295	0.281	0.268
5.3	0.575	0.558	0.540	0.523	0.505	0.488	0.471	0.453	0.437	0.420	0.403	0.387	0.371	0.356	0.340	0.326	0.311	0.297	0.283
5.4	0.592	0.575	0.557	0.540	0.522	0.505	0.488	0.471	0.454	0.437	0.421	0.404	0.388	0.372	0.357	0.342	0.327	0.312	0.298
5.5	0.608	0.591	0.574	0.557	0.539	0.522	0.505	0.488	0.471	0.454	0.438	0.421	0.405	0.389	0.374	0.358	0.343	0.328	0.314
5.6	0.624	0.607	0.590	0.573	0.556	0.539	0.522	0.505	0.488	0.471	0.455	0.438	0.422	0.406	0.390	0.375	0.359	0.344	0.330
5.7	0.640	0.623	0.606	0.590	0.573	0.556	0.539	0.522	0.505	0.488	0.472	0.455	0.439	0.423	0.407	0.391	0.376	0.360	0.346
5.8	0.655	0.639	0.622	0.606	0.589	0.572	0.555	0.538	0.522	0.505	0.488	0.472	0.456	0.439	0.423	0.408	0.392	0.377	0.362
5.9	0.670	0.654	0.638	0.621	0.605	0.588	0.571	0.555	0.538	0.522	0.505	0.488	0.472	0.456	0.440	0.424	0.408	0.393	0.378
6.0	0.684	0.668	0.652	0.636	0.620	0.604	0.587	0.571	0.554	0.538	0.521	0.505	0.489	0.472	0.456	0.440	0.425	0.409	0.394
6.1	0.698	0.683	0.667	0.651	0.635	0.619	0.603	0.587	0.570	0.554	0.538	0.521	0.505	0.489	0.473	0.457	0.441	0.425	0.410
6.2	0.712	0.696	0.681	0.666	0.650	0.634	0.618	0.602	0.586	0.570	0.553	0.537	0.521	0.505	0.489	0.473	0.457	0.441	0.426
6.3	0.725	0.710	0.695	0.680	0.664	0.649	0.633	0.617	0.601	0.585	0.569	0.553	0.537	0.521	0.505	0.489	0.473	0.457	0.442
6.4	0.737	0.723	0.708	0.693	0.678	0.663	0.648	0.632	0.616	0.600	0.585	0.569	0.553	0.537	0.521	0.505	0.489	0.473	0.458
6.5	0.749	0.735	0.721	0.707	0.692	0.677	0.662	0.646	0.631	0.615	0.600	0.584	0.568	0.552	0.536	0.521	0.505	0.489	0.473
6.6	0.761	0.748	0.734	0.720	0.705	0.690	0.676	0.661	0.645	0.630	0.614	0.599	0.583	0.568	0.552	0.536	0.520	0.505	0.489
6.7	0.772	0.759	0.746	0.732	0.718	0.704	0.689	0.674	0.659	0.644	0.629	0.614	0.598	0.583	0.567	0.551	0.536	0.520	0.505
6.8	0.783	0.771	0.758	0.744	0.730	0.716	0.702	0.688	0.673	0.658	0.643	0.628	0.613	0.597	0.582	0.567	0.551	0.536	0.520

续附表5

t/K \ n	5.2	5.3	5.4	5.5	5.6	5.7	5.8	5.9	6.0	6.1	6.2	6.3	6.4	6.5	6.6	6.7	6.8	6.9	7.0
6.9	0.794	0.782	0.769	0.756	0.742	0.729	0.715	0.701	0.686	0.672	0.657	0.642	0.627	0.612	0.597	0.581	0.566	0.551	0.535
7.0	0.804	0.792	0.780	0.767	0.754	0.741	0.727	0.713	0.699	0.685	0.671	0.656	0.641	0.626	0.611	0.596	0.581	0.566	0.550
7.1	0.814	0.802	0.790	0.778	0.765	0.752	0.739	0.726	0.712	0.698	0.684	0.669	0.655	0.640	0.625	0.610	0.595	0.580	0.565
7.2	0.823	0.812	0.800	0.788	0.776	0.764	0.751	0.738	0.724	0.710	0.697	0.682	0.668	0.654	0.639	0.624	0.610	0.595	0.580
7.3	0.832	0.821	0.810	0.798	0.787	0.774	0.762	0.749	0.736	0.723	0.709	0.695	0.681	0.667	0.653	0.638	0.624	0.609	0.594
7.4	0.841	0.830	0.819	0.808	0.797	0.785	0.773	0.760	0.747	0.734	0.721	0.708	0.694	0.680	0.666	0.652	0.637	0.623	0.608
7.5	0.849	0.839	0.828	0.818	0.806	0.795	0.783	0.771	0.759	0.746	0.733	0.720	0.706	0.693	0.679	0.665	0.651	0.636	0.622
7.6	0.857	0.847	0.837	0.826	0.816	0.805	0.793	0.781	0.769	0.757	0.744	0.731	0.718	0.705	0.691	0.678	0.664	0.650	0.635
7.7	0.864	0.855	0.845	0.835	0.825	0.814	0.803	0.791	0.780	0.768	0.755	0.743	0.730	0.717	0.704	0.690	0.676	0.663	0.649
7.8	0.871	0.862	0.853	0.843	0.833	0.823	0.812	0.801	0.790	0.778	0.766	0.754	0.741	0.729	0.716	0.702	0.689	0.675	0.662
7.9	0.878	0.870	0.861	0.851	0.842	0.832	0.821	0.810	0.799	0.788	0.776	0.765	0.752	0.740	0.727	0.714	0.701	0.688	0.674
8.0	0.885	0.877	0.868	0.859	0.850	0.840	0.830	0.819	0.809	0.798	0.786	0.775	0.763	0.751	0.738	0.726	0.713	0.700	0.687
8.1	0.891	0.883	0.875	0.866	0.857	0.848	0.838	0.828	0.818	0.807	0.796	0.785	0.773	0.762	0.749	0.737	0.724	0.712	0.699
8.2	0.897	0.889	0.881	0.873	0.864	0.855	0.846	0.836	0.826	0.816	0.805	0.795	0.783	0.772	0.760	0.748	0.736	0.723	0.710
8.3	0.903	0.895	0.888	0.880	0.871	0.863	0.854	0.844	0.835	0.825	0.814	0.804	0.793	0.782	0.770	0.759	0.747	0.734	0.722
8.4	0.908	0.901	0.894	0.886	0.878	0.870	0.861	0.852	0.843	0.833	0.823	0.813	0.802	0.791	0.780	0.769	0.757	0.745	0.733
8.5	0.913	0.907	0.899	0.892	0.884	0.876	0.868	0.859	0.850	0.841	0.831	0.821	0.811	0.801	0.790	0.779	0.767	0.756	0.744
8.6	0.918	0.912	0.905	0.898	0.891	0.883	0.875	0.866	0.858	0.849	0.839	0.830	0.820	0.810	0.799	0.788	0.777	0.766	0.754
8.7	0.923	0.917	0.910	0.903	0.896	0.889	0.881	0.873	0.865	0.856	0.847	0.838	0.828	0.818	0.808	0.798	0.787	0.776	0.765
8.8	0.927	0.921	0.915	0.909	0.902	0.895	0.887	0.880	0.872	0.863	0.855	0.846	0.836	0.827	0.817	0.807	0.796	0.785	0.774
8.9	0.931	0.926	0.920	0.914	0.907	0.900	0.893	0.886	0.878	0.870	0.862	0.853	0.844	0.835	0.825	0.815	0.805	0.795	0.784
9.0	0.935	0.930	0.924	0.918	0.912	0.906	0.899	0.892	0.884	0.877	0.869	0.860	0.851	0.842	0.833	0.824	0.814	0.804	0.793
9.1	0.939	0.934	0.929	0.923	0.917	0.911	0.904	0.897	0.890	0.883	0.875	0.867	0.859	0.850	0.841	0.832	0.822	0.812	0.802

参考文献

[1] 张子贤. 工程水文及水利计算[M].2 版. 北京:中国水利水电出版社,2008.
[2] 詹道江,叶守泽. 工程水文学[M].3 版. 北京:中国水利水电出版社,2000.
[3] 王金亭. 工程水力水文学[M]. 郑州:黄河水利出版社,2008.
[4] 朱岐武,拜存有. 水文与水利水电规划[M]. 郑州:黄河水利出版社,2008.
[5] 高建峰. 工程水文与水资源评价管理[M]. 北京:北京大学出版社,2006.
[6] 张耀先,夏于廉. 水力学水文学[M]. 南京:河海大学出版社,1995.
[7] 石玉波. 城市化地区水资源问题及对策[J]. 北京水利,2001(1):19-20.
[8] 王蜀南,曾道先. 环境水利[M]. 北京:水利电力出版社,1987.
[9] 冯尚友. 水资源持续利用与管理概论[M]. 北京:科学出版社,2000.
[10] 石振华,李传尧. 城市地下水工程与管理手册[M]. 北京:中国建筑工业出版社,1993.
[11] 太原工业大学. 建筑给水排水工程[M]. 北京:中国建筑工业出版社,1991.
[12] 吴季松. 水务知识读本[M]. 北京:中国水利水电出版社,2003.
[13] 吴季松. 现代水资源管理概论[M]. 北京:中国水利水电出版社,2002.
[14] 韩群. 城市水资源规划[M]. 北京:中国建筑工业出版社,1992.
[15] 杨凯,袁雯. 环境水文与城市雨洪[M]. 北京:气象出版社,1993.
[16] 张忠祥,钱易. 城市可持续发展与水污染防治对策[M]. 北京:中国建筑工业出版社,1998.
[17] 翁焕新. 城市水资源控制与管理[M]. 杭州:浙江大学出版社,1998.
[18] 曹型荣. 城市水资源的调查利用与预测[M]. 北京:中国环境科学出版社,1998.
[19] 张林祥. 水资源保护[M]. 北京:水利电力出版社,1987.
[20] 杨士弘,等. 城市生态环境学[M]. 北京:科学出版社,1997.
[21] 王超. 污水处置理论与技术[M]. 南京:河海大学出版社,1998.
[22] 和田健. 水环境指标[M]. 金浩,等,译. 北京:中国环境科学出版社,1990.
[23] 夏青,张旭辉,等. 水质标准手册[M]. 北京:中国环境科学出版社,1990.
[24] 中华人民共和国建设部,中华人民共和国水利部. CJJ 50—92 城市防洪工程设计规范[S]. 北京中国计划出版社,1992.
[25] 关伯仁. 环境科学基础教程[M]. 北京:中国环境科学出版社,1997.
[26] 李焰. 环境科学导论[M]. 北京:中国电力出版社,2000.
[27] 王宝贞. 水污染控制工程[M]. 北京:高等教育出版社,1990.
[28] 方子云. 水环境保护工作手册[M]. 南京:河海大学出版社,1988.
[29] 中国科学院地理研究所. 水污染与水体保护[M]. 北京:科学出版社,1976.
[30] 许自达,关业祥. 洪涝灾害对策及其效应评估[M]. 南京:河海大学出版社,1997.